Professional Engineer Library

水理学

PEL 編集委員会　[監修]

神田佳一　[編著]

実教出版

はじめに

「Professional Engineer Library (PEL)：自ら学び自ら考え自ら高めるシリーズ」は，高等専門学校（高専）・大学・大学院の学生が主体的に学ぶことによって，卒業・修了後も修得した能力・スキル等を公衆の健康・環境・安全への考慮，持続的成長と豊かな社会の実現などの場面で，総合的に活用できるエンジニアとなることを目的に刊行しました。ABET，JABEE，IEA の GA (Graduate Attributes) などの対応を含め，国際通用性を担保した "エンジニア" 育成のため，統一した思想*のもとに編集するものです。

▶本シリーズの特徴は，以下のとおりです。

❶……学習者（以下，学生と表記）が主体となり，能動的に学べるような，学習支援の工夫があります。学生が，必ず授業前に自学自習できる「予習」を設け，1 つの章は，「導入⇒予習⇒授業⇒振り返り」というサイクルで構成しています。

❷……自ら課題を発見し解決できる "技術者" 育成を想定し，各章で，学生の知的欲求をくすぐる，実社会と工学（科学）を結び付ける分野横断の問いも用意しています。

❸……シリーズを通じて内容の重複を避け，効率的に編集しています。発展的な内容や最新のトピックスなどは，Web と連携することで，柔軟に対応しています。

❹……能力別の領域や到達レベルを網羅した分野別の学習到達目標に対応しています。これにより，国際通用性を担保し，学生および教員がラーニングアウトカム（学習成果）を評価できるしくみになっています。

❺……社会で活躍できる人材育成の観点から，教育界（高専，大学など）と産業界（企業など）の第一線で活躍している方に執筆をお願いしています。

本シリーズは，高度化・複雑化する科学・技術分野で，課題を発見し解決できる人材および国際的に先導できる人材の養成に応えるものと確信しております。幅広い教養教育と高度の専門教育の結合に活用していただければ幸いです。

最後に執筆を快く引き受けいただきました執筆者各位と企画・編集に献身的なお世話をいただいた実教出版株式会社に衷心より御礼申し上げます。

2015 年 3 月
PEL 編集委員会一同

＊文部科学省平成 22,23 年度先導的大学改革推進委託事業「技術者教育に関する分野別の到達目標の設定に関する調査研究報告書」準拠，国立高等専門学校機構「モデルコアカリキュラム（試案）」準拠

本シリーズの使い方

　高専や大学，大学院では，単に知識量をつけ，よい点数や単位を取ればよいというものではなく，複雑で多様な地球規模の問題を認識してその課題を発見し解決できる，知識・理解を基礎に応用や分析，創造できる能力・スキルといった，幅広い教養と高度の専門力の結合が問われます。その力を身につけるためには，学習者が能動的に学ぶことが大切です。主体的に学ぶことにより，複雑で多様な問題を解決できるようになります。

　本シリーズは，学生が主体となって学ぶために，次のように活用していただければより効果的です。

❶……学生は，必ず授業前に各章の到達目標（学ぶ内容・レベル）を確認してください。その際，学ぶ内容の"社会とのつながり"をイメージしてください。また，その章の内容を事前に学習したり，関連科目や前章までに学んだ知識・理解度を確認してください。⇒ **授業の前にやっておこう!!**

❷……学習するとき，ページ横のスペース・欄に注目し活用してください。執筆者からの大切なメッセージが記載してあります。⇒ **Web に Link!，プラスアルファ，Don't forget!!，工学ナビ，ヒント**

　また，空いたスペースには，学習の際気づいたことなどを積極的に書き込みましょう。

❸……例題，演習問題に主体的，積極的に取り組んでください。本シリーズのねらいは，将来技術者として知識・理解を応用・分析，創造できるようになることにあります。⇒ **例題・演習を制覇!!**

❹……節の終わりの「あなたがここで学んだこと」で，必ず"振り返り"学習成果を確認しましょう。
　　　　⇒ **この節であなたが到達したレベルは？**

❺……わからないところ，よくできなかったところは，早めに解決・到達しましょう。⇒ **仲間など　わかっている人，先生に Help（※わかっている人は他者に教えることで，より効果的な学習となります。教える人，教えられる人，ともにメリットに！）**

❻……現状に満足せず，さらなる高みにいくために，さらに問題に挑戦しよう。⇒ **Let's Try!!**

　以上のことを意識して学習していただけると，執筆者の熱い思いが伝わると思います。

Webに Link	**+α プラスアルファ**	**Let's TRY!!**
本書に書ききれなかった解説や解釈（写真や動画），問題の解答や補充問題などを Web に記載。	本文のちょっとした用語解説や補足・注意など。「Web に Link」にするほどの文字量ではないもの。	おもに発展的な問題など。
Don't Forget!!	**工学ナビ**	**ヒント**
忘れてはいけない知識・理解（この関係はよく使うのでおぼえておこう！）	関連する工学関連の知識などを記載。	文字通り，問題のヒント，学習のヒントなど。

※「Web に Link!」，「問題解答」のデータは本書の書籍紹介ページよりご利用いただけます。下記 URL のサイト内検索で「PEL 水理学」を検索してください。　http://www.jikkyo.co.jp/

まえがき

「覆水盆に返らず」という諺がある。一度容器からこぼれた水はもとの容器には戻らないという意味で，流体としての水の特性を端的に表している言葉である。水は命の源であり，我々の生活に欠くことのできないものであるが，一方で，東日本大震災や鬼怒川水害に見るように，津波や洪水となったときの水の破壊力ははかり知れない。水理学とは，物理学や数学を基礎とし，このような水の運動を科学的に説明するため経験的に発展してきた学問である。本書は，「Professional Engineer Library（PEL）」として，これから水理学を学ぼうとする読者が自主的・能動的に学習できるように，その内容をわかりやすく丁寧に解説した教科書である。

技術者にとって多様化・高度化した現代社会を生き抜くには，自ら課題を発見し解決をはかる「エンジニアリング・デザイン能力」が必須とされる。大学・高専など教育現場においても，ただ単に知識を与えるだけでなく，学生が能動的に学ぶこと（アクティブ・ラーニング）の実践が求められている。「PEL　水理学」は，そのための「ツール」として作り上げたもので，学習内容の関連図のとおり，10 章 30 節で構成されている。各節には，授業前の準備としての予習，到達目標の明示，知識定着のための例題，知識を活用し知恵へと転換するための解説，到達目標をチェックするための演習問題，学びの振り返り，自己学習用スペースの確保など，アクティブ・ラーニングを充実させるための仕掛けを数多く用意している。また，テキスト横のスペースを利用した Don't Forget!!，プラスアルファ，工学ナビ，Let's Try!!，Web に Link などの側注は，各節間のさまざまな学習内容や他の関連科目を結びつける学びの手助けとなるはずである。

授業アンケートの結果を見ると，水理学が難しいと感じている学生が多い。水の挙動を扱ううえで，科学の理論だけでは説明できない部分が多く，問題を解くための仮定やモデル化，覚えるべき経験的な公式も少なくないのが一因であろう。それゆえに，実際の現象をしっかりとみすえ，なぜそうなるのか，ここではどんな手法（公式）を用いればよいのか，自ら考え，解決法を探究することが重要となる。この「PEL　水理学」を活用することで，アクティブ・ラーニングを実践し，技術者として必要な「エンジニアリング・デザイン能力」をぜひ身につけてもらいたい。

最後に，本書の出版にあたり多大なご支援，ご協力を頂いた実教出版の平沢健様に心より謝意を表する。

著者を代表して

明石工業高等専門学校　　神田佳一

学習内容の相関図

第1章 水の物性

1-1 次元と単位
1-2 水の物理的性質

第2章 静水力学

2-1 静水圧
2-2 浮体の安定問題
2-3 相対的静止

第3章 流れの基礎理論

3-1 流れの水理量
3-2 流れの連続式とその応用
3-3 運動方程式とその応用
3-4 運動量保存則とその応用
3-5 ポテンシャル流れの水理

第4章 管路の流れ(1)

4-1 層流と乱流
4-2 管路の摩擦損失
4-3 管路の形状損失

第6章 開水路の流れ(1)

6-1 開水路の流れ
6-2 常流と射流の流れ
6-3 比力と跳水

第10章 流れの計測と相似則

10-1 流量の測定
10-2 流速の測定
10-3 模型実験と相似則

定常流

第9章 水の波の基礎

9-1 波の諸量と分類
9-2 波の方程式
　　（微小振幅波理論）
9-3 波のエネルギーと
　　エネルギー輸送

第5章 管路の流れ(2)

5-1 単一管路の流れ
5-2 分岐・合流管路の
　　流れ
5-3 ポンプ・水車

第7章 開水路の流れ(2)

7-1 開水路の等流
7-2 開水路の不等流
7-3 開水路の非定常流

第8章 物体に作用する力

8-1 定常な流れにおける
　　流体力
8-2 非定常な流れにおけ
　　る流体力

非定常流

目次

まえがき ———————————————————————— 4

1 ——章
水の物性

1 節　次元と単位 ——————————————————— 12
  1. 次元
  2. 単位
◀ 演習問題 ————————————————————————— 15
2 節　水の物理的性質 —————————————————— 16
  1. 水の密度と単位体積重量
  2. 圧縮性
  3. 粘性
  4. 表面張力
◀ 演習問題 ————————————————————————— 22

2 ——章
静水力学

1 節　静水圧 ————————————————————————— 24
  1. 静水圧の性質
  2. 静水圧を利用した測定器
  3. 平面に作用する静水圧
  4. 曲面に作用する静水圧
◀ 演習問題 ————————————————————————— 37
2 節　浮体の安定問題 —————————————————— 39
  1. 浮力と浮心
  2. 浮体のつり合い
  3. 浮体の安定問題
◀ 演習問題 ————————————————————————— 43
3 節　相対的静止 ————————————————————— 45
  1. 等圧面
  2. 直線運動における相対的静止の問題
  3. 回転体の水面形
◀ 演習問題 ————————————————————————— 49

3 ——章
流れの基礎理論

1 節　流れの水理量 ——————————————————— 52
  1. 流体の分類
  2. 流れの速度および量
  3. 流れの分類
  4. 水路の流れ
  5. 流線・流跡線・流脈線
  6. 流れの観測
◀ 演習問題 ————————————————————————— 60
2 節　流れの連続式とその応用 ————————————— 63
  1. 流れのある流体の質量
  2. 連続式

◆演習問題 ─────────── 65
3節 運動方程式とその応用 ─────────── 69
 1. ベルヌーイの定理(エネルギー保存則)
 2. ベルヌーイの定理の適用
 3. ベルヌーイの定理の応用
◆演習問題 ─────────── 77
4節 運動量保存則とその応用 ─────────── 80
 1. 運動量と運動量保存則
 2. 運動量保存則の応用
◆演習問題 ─────────── 87
5節 ポテンシャル流れの水理 ─────────── 90
 1. 速度ポテンシャルと流れ関数
 2. 複素速度ポテンシャルとその応用
◆演習問題 ─────────── 96

4 ─章
管路の流れ(1)

1節 層流と乱流 ─────────── 98
 1. レイノルズの実験とレイノルズ数
 2. 層流の流速分布
 3. レイノルズ応力と混合距離モデル
 4. 乱流の流速分布
◆演習問題 ─────────── 108
2節 管路の摩擦損失 ─────────── 110
 1. 流速分布係数
 2. エネルギー損失とエネルギー勾配
 3. 壁面摩擦による損失水頭
 4. 摩擦損失係数の評価式
 5. 相当粗度
 6. 平均流速公式
◆演習問題 ─────────── 121
3節 管路の形状損失 ─────────── 123
 1. 形状損失水頭とその表現
 2. 管の断面積の急変による損失
 3. 管断面積の漸変による損失
 4. 管の曲がりおよび屈折による損失
 5. その他の損失
◆演習問題 ─────────── 130

5 ─章
管路の流れ(2)

1節 単一管路の流れ ─────────── 134
 1. 単一管路のエネルギー線と動水勾配線
 2. サイフォン
◆演習問題 ─────────── 138

2節　分岐・合流管路の流れ ——————————— 142
  1.　並列管
  2.　分岐管
  3.　合流管
  4.　管網
◆演習問題 —————————————————————— 146
3節　ポンプ・水車 ——————————————————— 149
  1.　管内の流水の持つ仕事
  2.　水車による水力発電
  3.　ポンプによる揚水
◆演習問題 —————————————————————— 151

6 ——章
開水路の流れ(1)

1節　開水路の流れ ——————————————————— 154
  1.　開水路の流れの分類
  2.　比エネルギー
  3.　比エネルギー図と限界水深
  4.　流量図
◆演習問題 —————————————————————— 161
2節　常流と射流の流れ ————————————————— 163
  1.　常流と射流
  2.　水路断面の変化と水面形
◆演習問題 —————————————————————— 169
3節　比力と跳水 ——————————————————— 171
  1.　開水路の流れにおける運動量保存則
  2.　比力と共役水深
  3.　流れの遷移と跳水
◆演習問題 —————————————————————— 179

7 ——章
開水路の流れ(2)

1節　開水路の等流 ——————————————————— 182
  1.　等流の平均流速
  2.　等流の計算
  3.　水理学的に有利な断面
◆演習問題 —————————————————————— 191
2節　開水路の不等流 ————————————————— 193
  1.　不等流の基礎方程式
  2.　一様水路の不等流と水面形状特性
  3.　不等流における水面形計算法
◆演習問題 —————————————————————— 202
3節　開水路の非定常流 ———————————————— 204
  1.　非定常流の基礎方程式
  2.　洪水流の伝播速度
◆演習問題 —————————————————————— 209

8 ──章
物体に作用する力

1節　定常な流れにおける流体力 ── 212
1. 流体力の分類
2. 流体力の表現
3. 摩擦抵抗
4. 圧力抵抗
5. 揚力
◆演習問題 ── 226
2節　非定常な流れにおける流体力 ── 227
1. 物体の加速度に起因する流体力
2. 流体の加速度に起因する流体力
◆演習問題 ── 229

9 ──章
水の波の基礎

1節　波の諸量と分類 ── 232
1. 波の諸量
2. 波の分類
◆演習問題 ── 236
2節　波の方程式（微小振幅波理論） ── 238
1. 基礎方程式と境界条件
2. 微小振幅波理論
3. 速度ポテンシャル
4. 波速と波長
5. 水粒子の運動
◆演習問題 ── 245
3節　波のエネルギーとエネルギー輸送 ── 246
1. 波のエネルギー
2. エネルギー輸送速度
◆演習問題 ── 252

10 ──章
流れの計測と相似則

1節　流量の測定 ── 254
1. 堰の種類とナップ
2. 三角堰，四角堰，全幅堰の流量公式
3. 長方形堰の越流量
4. 広頂堰の越流量
5. ゲートから流出する流量
6. ベンチュリーメータによる流量計測
7. ベンチュリーフリュームによる流量計測
◆演習問題 ── 262
2節　流速の測定 ── 264
1. ピトー管による流速計測
2. 河川における各種流速計測法
◆演習問題 ── 267

3節　模型実験と相似則 268
1. 次元解析
2. 相似則
◇演習問題 272
参考文献 274
問題解答 276
索引 282

※本書の各問題の「解答例」は，下記URLよりダウンロードすることができます。キーワード検索で「PEL 水理学」を検索してください。 http://www.jikkyo.co.jp/download/

1章

水の物性

水は，高いところから低いところへと流れる。これを具現化した典型的な例が川，すなわち河川であろう。川は上流から下流へと流れ，やがて海に到達する。左上の写真は北アメリカ大陸を流れるミシシッピー川の水源であるアイタスカ(Itasca)湖からミシシッピー川が流れ出るところである。川岸の標識には"Here 1475 feet above the ocean, the mighty Mississippi begins to flow on its winding way 2552 miles to the Gulf of Mexico."と記されている。この地点からメキシコ湾まで距離2552マイル(約4100 km)，標高差1475フィート(約450 m)を流れ下るが，その間にいくつもの支川が合流して大きくなり，下流では上水道の水源，農業用水，工業用水などとして利用されている。右上の写真はミシシッピー川の唯一の滝，セントアンソニー滝付近(アメリカ合衆国ミネソタ州ミネアポリス市)の様子を示しているが，左上の写真に比べて川幅が大きく広がり，水量も増大しているのがわかる。

私達はこの「水」とうまくつき合うことにより，今日の繁栄を築き上げてきた。古代文明が大河川に沿って発達したのは，私達の生活に「水」が不可欠だからであり，十分な量の水を確保し，有効に活用するためには，「水」の性質を理解する必要がある。

● **この章で学ぶことの概要**

水は，固体と同様に，ニュートン(Newton)の運動の法則に従う。水の運動状態を理解するためには，水の密度・圧縮性・粘性・表面張力などの物理的性質を知ることが重要である。本章では，水理学で取り扱う全水圧・静水圧・流速などの物理量の次元と単位のとり方および水の物理的性質について学ぶ。

1 1 次元と単位

予習 ✍ **授業の前にやっておこう!!**

水の質量 m, 体積 V, および密度 ρ の間には

$$m = \rho V$$

なる関係がある。後述のように，密度とは，単位体積当たりの質量である。水理学における質量，たとえば，質量保存則や運動方程式中の水の質量は，上式で表される質量であり，重量と区別する必要がある[*1]。

地球上での水の運動は，ニュートンの運動第2法則によって表される。すなわち，力 F, 質量 m, 加速度 a の間には

$$F = ma$$

なる関係がある。

---

1. 体積 $100\ \text{cm}^3$, 質量 $200\ \text{g}$ の物体の密度[kg/m^3]を求めよ。

Webに Link 🖳
予習問題解答

2. 前間の物体が $10\ \text{m/s}^2$ で鉛直下向きに加速するとき，この物体に作用する力[N]を求めよ。

[*1]
工学ナビ

重量は，後述(p.14)のように，質量に重力加速度を乗じたものである。地球上においては，地球が物体を引っ張る力の大きさである。

[*2]
工学ナビ

本書では，SI 単位系が用いられているが，従来は工学単位系がよく用いられた。工学単位系は長さ(L)，時間(T)，力(F)を基本量とする単位系で，単位質量に働く力(重力)を基本量とするため重力単位系とも呼ばれる。単位は kgf を用い，1 kgf＝9.8 N である。

1-1-1 次元

1. SI単位系　量を測定するためには，まず基準となる量を定めなければならない。この基準となる量を単位(unit)といい，これには国際単位系(SI)を用いる[*2]。SI では，表1-1に示す単位(基本量という)を用いる。すべての物理的な量は，いくつかの基本量を組み合わせて表すことができる。ここで，水理学に関係してくるのは長さ[L]，質量[M]，時間[T]の3個であり，その物理量の性質は，一般にこの3個の量の組み合わせ，すなわち

$$[L^{\alpha} M^{\beta} T^{\gamma}] \qquad\qquad 1-1$$

で表される。このべき指数 α, β, γ をそれぞれ基本量 L, M, T の次元といい，$[L^{\alpha} M^{\beta} T^{\gamma}]$ をその物理量の次元式という。たとえば，速度は(距離)÷(時間)であるから，速度の次元式は$[LT^{-1}]$である。このように，基本量を組み合わせて作られる単位を組立単位という。水理学で用いるおもな組立単位を表1-2に示す。

なお，きわめて大きい量や小さい量を表すためにはメガ(M)，キロ

12　1章　水の物性

(k)，センチ(c)などの接頭語を単位記号の前に付記する。たとえば，$10^3\,\mathrm{kg}=1\,\mathrm{Mg}$，また，$10^{-6}\,\mathrm{kg}=1\,\mathrm{mg}$ のように表す。

WebにLink
単位の接頭語

表1-1　SI基本単位

基本量	基本単位
長さ[L]	m(メートル)
質量[M]	kg(キログラム)
時間[T]	s(秒)
電流[I]	A(アンペア)
温度[Θ]	K(ケルビン)
物質量[N]	mol(モル)
光度[J]	cd(カンデラ)

表1-2　組立単位

基本量	単位	他のSI単位による表現
力	N(ニュートン)	$\mathrm{kg\cdot m/s^2}$
圧力	Pa(パスカル)	$\mathrm{N/m^2}$
応力	$\mathrm{N/m^2}$	
仕事	J(ジュール)	$\mathrm{N\cdot m}$
仕事率	W(ワット)	$\mathrm{J/s}$

例題 1-1-1 毎秒 **10 m** の速度を時速[km/hr]に換算せよ。

解答 速度の次元は $[\mathrm{LT^{-1}}]$ である。長さの単位を m から km に 10^3 倍すると，速度は $\dfrac{1}{10^3}$ 倍となる。一方，時間は1秒から1時間に，すなわち，3600倍する。結局，速度の単位を m/s から km/hr に変換するには，その数値を $\dfrac{3600}{10^3}$ 倍する必要がある。よって，

$$10\,\frac{\mathrm{m}}{\mathrm{s}}=10\,\frac{\dfrac{1}{10^3}\,\mathrm{km}}{\dfrac{1}{3600}\,\mathrm{hr}}=10\times\frac{3600}{10^3}\,\frac{\mathrm{km}}{\mathrm{hr}}=36\,\frac{\mathrm{km}}{\mathrm{hr}}$$

1-1-2 単位

1. 力の単位　水理学で用いられる基本的な物理量は力，密度，重量，圧力である。そのうち，まず，力について述べる。SI単位系における力の単位は，質量1kgの物体に $1\,\mathrm{m/s^2}$ の加速度を与える力であり，これを1ニュートン(Newton：記号N)という。すなわち，

$$\begin{aligned}1\,\mathrm{N}&=1\,\mathrm{kg}\times1\,\mathrm{m/s^2}\\&=1\,\mathrm{kg\cdot m/s^2}\end{aligned}\qquad 1-2$$

と表される。力と質量の関係は，$F[\mathrm{N}]$：力，$m[\mathrm{kg}]$：質量，$a[\mathrm{m/s^2}]$：加速度とすると，ニュートンの運動第2法則から，次式で表される。

$$F=ma\qquad 1-3$$

2. 密度　気体や液体のように，変形が自由である連続体を流体という。水や空気は流体である。流体の単位体積当たりの質量を密度(density)という。流体の質量を $m[\mathrm{kg}]$，体積を $V[\mathrm{m^3}]$ とすると，その流体の密

1－1　次元と単位　13

度 ρ[kg/m³] は

$$\rho = \frac{m}{V} \qquad 1-4$$

であり，その次元式は [M L⁻³] である。

地球上にある物体は，地球から引力を受ける。この引力によって物体には重力(gravity)が生じる。質量 m の物体に働く重力 W[N] の大きさは，重力加速度を g[m/s²]*3 とすれば，次式のように表される。

$$W = mg \qquad 1-5$$

なお，重力の大きさ W は重量(weight)ともいう。

3. 圧力 図1-1に示すように静水中の底面積 A，水深 h の直方体を切り出して考える。この直方体の底面を押す力について考えると，この力は空気の重さ(大気圧)を無視すれば水の重量 W となり，この力を全水圧(total pressure) P という。また，全水圧 P の単位面積当たりに作用する力の大きさを静水圧*4(hydrostatic pressure) p といい，一般に，これを水圧という。

*3 **+α プラスアルファ**
本書では，重力加速度は g = 9.8 m/s² とする。

*4 **+α プラスアルファ**
静水圧については 2-1 節で詳しく述べる。

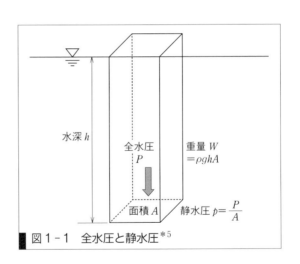

図1-1 全水圧と静水圧*5

*5 **工学ナビ**
水理学では，自由水面，すなわち，空気と水との境界面の存在と位置を示す記号として，図中に示すような ▽ を用いる。これは，万国共通の記号である。

全水圧 P[N] と静水圧 p[Pa] との関係は，水槽の底面積を A[m²] とすると次式

$$p = \frac{P}{A}, \quad P = pA \qquad 1-6$$

で表される。なお，静水圧 p の単位は，単位面積 1 m² 当たりに作用する力[N]，すなわち N/m² = Pa で表す。1 Pa = 1 N/m² である。

例題 1-1-2 後述するように，水の密度 ρ は SI 単位で
$\rho=1000\,\mathrm{kg/m^3}$ である[*6]。これを工学単位で表せ。

解答

$$\rho = 1000\,\frac{\mathrm{kg}}{\mathrm{m^3}} = 1000\,\mathrm{kg}\,\frac{\mathrm{m}}{\mathrm{s^2}}\,\frac{\mathrm{s^2}}{\mathrm{m^4}} = 1000\,\mathrm{N}\,\frac{\mathrm{s^2}}{\mathrm{m^4}}$$

ここで，$1\,\mathrm{kgf}=9.8\,\mathrm{N}$ より

$$\rho = 102\,\mathrm{kgf}\,\frac{\mathrm{s^2}}{\mathrm{m^4}}$$

[*6]
➕α プラスアルファ

水の密度については 1−2−1 項で詳しく述べる。

演習問題 A 　基本の確認をしましょう

WebにLink
演習問題解答

■-1-A1　図 1−1 において，面積 $A=5\,\mathrm{m^2}$，全水圧 $P=500\,\mathrm{kN}$ のとき，静水圧 $p\,[\mathrm{Pa}]$ を求めよ。

■-1-A2　重さが $2\,\mathrm{kN}$，体積が $0.4\,\mathrm{m^3}$ の油の密度を求めよ。

■-1-A3　時速 $900\,\mathrm{km/hr}$ で飛行している航空機がある。この航空機の速度を $\mathrm{m/s}$ に換算せよ。

演習問題 B 　もっと使えるようになりましょう

■-1-B1　質量 $300\,\mathrm{g}$ の物体の地球上，および月面における重量を求めよ。ただし，月面における重力加速度は，地球の $\frac{1}{6}$ とする。

■-1-B2　問題■-1-A2 の油の密度を工学単位で表せ。

■-1-B3　実験室内で水槽に水を入れて重量を測定したところ $490\,\mathrm{N}$ であった。この水槽を一定の加速度で上昇するエレベーターに載せて重量を測定したところ $588\,\mathrm{N}$ であった。エレベーターの加速度を求めよ。

あなたがここで学んだこと

この節であなたが到達したのは

□水理学を学ぶうえで基礎となる各種水理量の次元と単位が説明できる

　本節では，各種水理量の次元と単位について学習するとともに，SI 単位と従来用いられてきた工学単位との関係を学んだ。また，力を表すニュートン[N]や圧力を表すパスカル[Pa]などの組立単位について勉強した。これらは，今後の水理学の学習の基礎となるものであるので，確実に習得してほしい。

1 | 2 　水の物理的性質

予習 　授業の前にやっておこう‼

　応力(stress)とは，物体の内部に生じる力の大きさとその作用方向を表現するために用いられる物理量であり，水や空気のような流体内部の微小面積に作用する単位面積当たりの力として定義される。このうち，力の作用面と力の作用方向とが直交する場合，これを法線応力という。なお，作用面を引っ張る方向に作用した場合には引張応力(tensile stress)，作用面を押し込む方向に作用した場合には圧縮応力(compressive stress)である。一方，物体内部のある面の平行方向に，滑らせるように作用する応力は，せん断応力(shear stress)と呼ばれる。応力は，物体の変形速度と関係づけて表される場合が多い。

1. せん断力およびせん断応力の次元式をSI単位系で表せ。

WebにLink
予習問題解答

2. 縦10 m，横20 m，深さ5 mの水槽に満水状態で水を貯めるとき，水槽底面での水圧[Pa]を求めよ。

■1-■2-■1 水の密度と単位体積重量

1. 水の密度 　水の密度は，表1-3に示すように，わずかではあるが温度によって変化し，4℃のとき約1 g/cm^3＝1000 kg/m^{3}である。本書では，以後，とくに断らないかぎりρ＝1000 kg/m^{3}とする。

2. 単位体積重量 　流体の単位体積当たりの重さを単位体積重量(unit weight)，または単位重量という。これをw[N/m^3]で表すと密度ρとの間には，重力加速度をgとすれば

$$w = \frac{M}{V}g = \rho g \tag{1—7}$$

の関係がある。ここで，Mは水の質量，Vは体積である。単位体積重量の次元式は[M L^{-2} T^{-2}]であり，その単位はN/m^{3}である。

　流体に加わる圧力と温度が異なると，流体の体積が変化するので，それにつれて密度と単位体積重量も変化する。表1-3は標準気圧(1 atm＝101.3 kPa)下での水の密度，および単位体積重量と水温との関係を示したものである。この表からわかるように，温度により密度の変化する程度はわずかである。また，圧力の増減にともなう水の密度と単位体積重量の変化率も後述(表1-4)のように無視しうるので，通常の水理学の計算では

16 　1章 　水の物性

表1-3 1気圧における水の密度と単位体積重量

水温 (℃)	密度 ρ (kg/m³)	単位体積重量 (kN/m³)
0	999.8	9.805
5	1000.0	9.807
10	999.7	9.804
20	998.2	9.789
30	995.7	9.764
40	992.2	9.730
50	988.2	9.689
60	983.2	9.642
70	977.8	9.589
80	971.8	9.530
90	965.3	9.466
100	958.4	9.399

表1-4 1気圧での水の圧縮率

水温(℃)	圧縮率 α (m²/kN)
0	0.505×10^{-6}
5	0.487×10^{-6}
10	0.476×10^{-6}
15	0.465×10^{-6}
20	0.461×10^{-6}
25	0.450×10^{-6}
30	0.444×10^{-6}
40	0.439×10^{-6}
50	0.437×10^{-6}

$$w = 9.80\,\mathrm{kN/m^3} \qquad\qquad 1-8$$

で一定とみなしてもよい[*1]。

1-2-2 圧縮性

1. 圧縮性　水にかぎらず，物体は圧力が加えられると圧縮され，密度も変化する。こうした性質は圧縮性(compressibility)と呼ばれ，水の圧縮率(modulus of compressibility)α によって具体的に評価され

$$\alpha = -\frac{1}{V}\frac{dV}{dp} = \frac{1}{\rho}\frac{d\rho}{dp} \qquad\qquad 1-9$$

となる。ここに，V：元の体積，dp：圧力の増加量，dV：体積の減少量，$d\rho$：質量保存のもとでの体積変化にともなう密度の変化量である。

　表1-4は1気圧のもとでの水の圧縮率 α と水温との関係を示したものである。これより，常温常圧では水の圧縮率 $\alpha \fallingdotseq 4.5 \times 10^{-7}\,\mathrm{m^2/kN}$ とみなして差し支えない。このように，水の圧縮率は非常に小さく，水中の弾性波などを問題としないかぎり，圧縮性は無視できる。すなわち，圧力による体積や密度変化のない流体，つまり，非圧縮性流体(incompressible fluid)として扱える[*2]。

1-2-3 粘性

1. 層流と乱流[*3]　流れている流体の動きを注意深く観察すると，性質を異にした2つの流れ方があることを知ることができる。その1つは，流れの中のそれぞれの流体粒子が層状をなして滑るように流れるもので

[*1]
Let's TRY!!
水の単位体積重量
$w = 9.80\,\mathrm{kN/m^3}$ を工学単位で表してみよう。

[*2]
工学ナビ
空気の密度および単位体積重量は，温度と圧力によって容易に変化する。空気は圧縮性流体である。

[*3]
プラスアルファ
層流と乱流については，4-1節で詳しく述べる。

あり，このような流れを層流(laminar flow)という。もう1つの流れ方は，流れの中に大小さまざまの渦があって，流体粒子の軌道は一定せずに不規則に流れるものであり，このような流れを乱流(turbulent flow)という。

2. 粘性法則と動粘性係数　いま，図1-2のような固体平面上を流れる層流を考える。固体面上($y=0$)では流速uはゼロとなり，固体面から離れるとともに流速は増加していく。なお，流速は鉛直方向にのみ変化し，それ以外の方向には一様と考えている。流体内の隣り合う部分が異なる速度で運動する場合，速度の大きい上層の分子が分子間力によって遅い層の分子を引きずり，逆に遅い下層の分子が上層の速い分子を引き留めようとする力を境界面の接線方向に作用させる。この力をせん断力(shearing force)，あるいは摩擦力(friction force)といい，このような力を生ずる性質を粘性(viscosity)という。水や空気の流れでは，境界面の単位面積当たりに作用するせん断力，すなわち，せん断応力(摩擦応力)τは次式で与えられる。

$$\tau = \mu \frac{du}{dy} \qquad 1-10$$

ここに，$\dfrac{du}{dy}$は速度勾配である。また，μは比例係数であり，粘性係数(coefficient of viscosity)という。式1-10の関係をニュートンの粘性法則(Newton's law of viscosity)という。水理学では粘性係数μを密度ρで割ったものを用いることが多い。その値

$$\nu = \frac{\mu}{\rho} \qquad 1-11$$

を流体の動粘性係数(coefficient of kinematic viscosity)という。

1気圧のもとでの水と空気の動粘性係数と温度の関係は，表1-5のようである[*4]。

[*4] **工学ナビ**
水は温度とともに動粘性係数は減少するが，空気では反対に増加する。空気の場合，分子は離散的に離れて存在し，分子どうしが衝突して運動量の交換を行う。その結果，上層の速い流れは下層の遅い流れを流れ方向に引っ張る方向にせん断応力をおよぼす。逆に，下層の遅い層の分子は上層に飛び込んで速い層の分子の速度を遅くし，流れと逆の方向にせん断応力を生ずることになる。したがって，温度が上昇し分子運動が活発になるほど，粘性も大きくなることが期待される。他方，水のような液体では，温度が上昇して熱運動がさかんになるほど，分子間の力が減少して粘性も減少する。

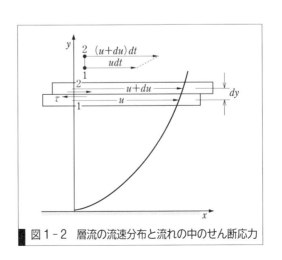

図1-2　層流の流速分布と流れの中のせん断応力

表1-5 動粘性係数 ν(10⁻⁶ m²/s)と温度との関係

温度(℃)	水	空気
0	1.792	0.132
10	1.307	0.141
20	1.004	0.150
30	0.801	0.160
40	0.658	0.169
50	0.554	0.177

粘性係数の単位は，

$$[\mu] = \frac{[\tau]}{[du/dy]} = \left[\frac{N/m^2}{m/(s \cdot m)}\right] = \left[\frac{N \cdot s}{m^2}\right] = [Pa \cdot s] \quad 1-12$$

である。また，動粘性係数の単位は

$$[\nu] = \frac{[\mu]}{[\rho]} = \left[\frac{\frac{N \cdot s}{m^2}}{kg/m^3}\right] = \left[\frac{\frac{kg \cdot m}{s^2} \cdot \frac{1}{m^2} \cdot s}{kg/m^3}\right] = \left[\frac{m^2}{s}\right] \quad 1-13$$

となる。

表1-5のように，水の動粘性係数は 1.792×10^{-6} m²/s (0℃)である。他の液体では，たとえば，灯油 3.65×10^{-6} m²/s，エチレングリコール 48.0×10^{-6} m²/s，濃硫酸では 90×10^{-6} m²/s であり，水はこれらの液体と比較すれば，粘性の低い流体といえる。図1-3は洗濯糊などに用いられるポリビニルアルコールであり，高粘性の流体の典型的な例である。

図1-3 高粘性の流体の例（ポリビニルアルコール）

例題 1-2-1 20℃における水の密度 ρ と粘性係数 μ はそれぞれ，$\rho = 998.2$ kg/m³，および $\mu = 1.002 \times 10^{-3}$ kg/(m·s)である。このとき，動粘性係数 ν を求めよ。

解答 式1-11より，動粘性係数 ν は

$$\nu = \frac{\mu}{\rho} = \frac{1.002 \times 10^{-3}}{998.2} = 1.00 \times 10^{-6} \text{ m}^2/\text{s} = 0.0100 \text{ cm}^2/\text{s}$$

水理学では，とくに断らないかぎり水の動粘性係数として $\nu = 1.0 \times 10^{-6}$ m²/s，あるいは，$\nu = 0.01$ cm²/s が用いられることが多い。

1-2-4 表面張力

1. 表面張力 液体の分子相互の間には凝集力(cohesion)によって引力が働いている。液体内部の分子は周囲のすべての分子から等しい引力を受けるので，力のベクトルの和はゼロとなり，引力が働かないのと同じ

状態にある。しかし，異なった流体との接触面では，分子に働く引力の大きさに不均衡が起こり，液体の内部へ収縮しようとする力が生じる。この力を表面張力 T(surface tension)という。表面張力は他の流体と接触する非常に薄い層の中でのみ働くので，表面張力の強さを表すのには液体表面沿いの単位長さ当たりの力，すなわち，N/m を単位として用いる。表 1-6 に液体の表面張力を示す。

表 1-6 各種液体の表面張力

物質	温度(℃)	表面張力(N/m)
水	0	0.07562
	15	0.07348
	20	0.07272
水銀	15	0.487
エチルアルコール	20	0.0223
ベンゼン	20	0.0289

2. 毛管現象 図 1-4 のように液体中に直径 d の細い管を立てると，表面張力の作用によって，管内の液体は上昇または下降する。この現象を毛管現象(capillarity)という。管内の液面は曲面をなすが，その平均上昇高さ h は次のようにして計算できる。水面 $S-S$ 上の圧力，および上昇した管内の水面の圧力はともに大気圧 p_0 に等しいから，高さ h の液体柱に働く力のつり合いは，下向きの重力と表面張力の上向き方向成分から次式

$$\rho g \cdot \frac{\pi d^2}{4} h - \pi d \cdot T \cdot \cos \theta = 0 \qquad 1-14$$

で表される。ここで，θ は液体と管との接触角(angle of contact)である。式 1-14 より毛管高(capillary height)は

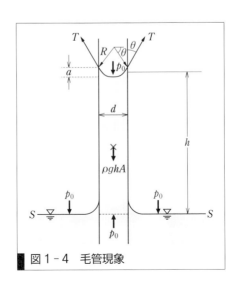

図 1-4 毛管現象

$$h = \frac{4T\cos\theta}{\rho g d} = \frac{4T\cos\theta}{wd} \qquad 1-15$$

となる。接触角 θ は，接触する物質によってほぼ一定であり，表 1-7 に常温での値を示す。水とよく磨いたガラスとの接触角はほぼ 0°であり，液面は図 1-5(a)のように上向きに凹となる。一方，水銀の場合，θ は約 130°であり，同図(b)のように上向きに凸となる。

表 1-7 液体とガラス面との接触角（常温）

液体の種類	水	水銀	ベンゾール	エチルアルコール
接触角 θ°	0〜9	130〜150	0	0

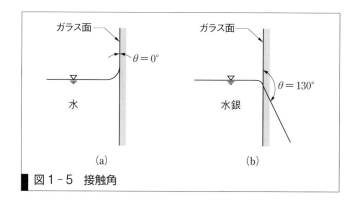

図 1-5 接触角

例題 1-2-2 図 1-4 において，液面の凹み a と接触角 θ との関係を求めよ。

解答 液面を球面と考えれば，表面の曲率半径 R は次式

$$\frac{d}{2} = R\cos\theta$$

で表される。一方，曲率半径 R と凹み a との間には，次の関係

$$R = a + R\sin\theta$$

がある。よって，

$$a = \frac{d}{2} \cdot \frac{1 - 2\sin\theta}{\cos\theta}$$

となる。上式より，表面の凹み a を測定すると，接触角 θ を算出することができる。なお，水理学では表面張力の影響を考慮する必要はほとんどないが，圧力の測定にマノメータを用いるときには，若干の注意が必要である。すなわち，図のように，目盛を読む際には表面張力の影響を考慮して，一番低いところを読む。

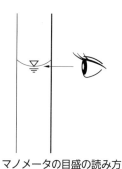

マノメータの目盛の読み方

Webにリンク
演習問題解答

演習問題　A　基本の確認をしましょう

1-2-A1　ある液体の 20 ℃ における粘性係数が 12×10^{-4} Pa·s，動粘性係数が 0.0152 cm²/s のとき，その液体の密度と単位体積重量を求めよ。

1-2-A2　20 ℃ における水銀の密度は 13600 kg/m³，粘性係数は 15.5×10^{-4} Pa·s である。動粘性係数を求めよ。

1-2-A3　内径 1 cm のガラス管を水面に差したときの毛管高を求めよ。ただし，表面張力 $T = 0.073$ N/m，水とガラス面との接触角 $\theta = 5°$ とする。

演習問題　B　もっと使えるようになりましょう

1-2-B1　体積 200 cm³，質量 300 g の物体の月面における単位体積重量を求めよ。ただし，月面の重力の加速度は，地球の $\dfrac{1}{6}$ とする。

1-2-B2　内径 1 mm のガラス管を水銀中に立てたとき，毛管現象によって水銀が管内を上昇する高さを求めよ。ただし，水銀の密度を 13.55 g/cm³，表面張力 $T = 0.487$ N/m，接触角を 140° とする。

1-2-B3　平板上を流れる流体の速度 u[cm/s]と，平板からの垂直距離 y[cm]の間に $u = 2 \cdot y^{\frac{3}{2}}$ の関係があるとき，平板より 2 cm，10 cm 離れた点における速度勾配 $\dfrac{du}{dy}$，およびせん断応力 τ を求めよ。ただし，流体の粘性係数は 15.5×10^{-4} Pa·s とする。

╭──────────────────────────────────╮
あなたがここで学んだこと

この節であなたが到達したのは

　□ 水の基本的性質である密度と単位体積重量，圧縮性および粘性を説明できる

　□ 表面張力や毛管現象について説明できる

　本節では，水理学が対象とする "水" に着目して，その物性について学んだ。これらは，のちに学習する静水圧，管水路，開水路などの基礎となるものである。すなわち，水の力学を勉強するうえで不可欠であり，確実に理解しておく必要があるので，本章で取り組んだ演習問題以外にも，他の参考書などで演習問題に取り組んでほしい。本書では，従前に用いられていた工学単位は使用せず，SI 単位で統一した。これは，我が国のみならず，諸外国においても用いられている。なお，実務においては，工学単位が用いられる場合もありうるので，SI 単位と工学単位との関係を整理しておくとよい。
╰──────────────────────────────────╯

22　1章　水の物性

2章

静水力学

黒部ダム
関西電力株式会社提供

水槽の厚さ
須磨海浜水族園提供

　左上の写真は富山県の黒部峡谷に建設された黒部ダムである。ダム貯水池に収まった水は，水平な水面を保ち静止している。静止している水の内部には，液体の粘性に関係なく相対的な運動が見られないことから，せん断応力(摩擦応力)は働かない。また表面張力が作用するのも水面付近のみである。したがって，水中に働く力は水の重量によって生じる圧力のみとなる。この圧力を静水圧という。

　静水圧の大きさがどれほどのものかを視覚的に知るために，身近な施設のなかから1つの事例を紹介しよう。右上の写真は兵庫県神戸市の須磨水族園にある大型回遊水槽(容積 1200 m^3)で使われているアクリル板を柱状にくり抜いたものである。水槽内の水による圧力に耐えるために，その厚みはなんと 25 cm もある。自宅にある観賞魚用の水槽と比較するなどして，静止した水のおよぼす力の大きさを想像してみてほしい。

● この章で学ぶことの概要

　本章では，まず静水圧の性質について学ぶ。次に水面下にあるさまざまな構造に作用する静水圧の大きさの求め方について学ぶ。また，水圧機で用いられるパスカルの原理，アルキメデスの原理に基づく浮体の安定問題，相対的静止問題について学習する。

2　1　静水圧

予習　授業の前にやっておこう!!

密度：$\rho = \dfrac{m}{V}$，　単位体積重量：$w = \rho g$，　角速度：$\omega = \dfrac{2\pi}{T}$

力の合成：$F = \sqrt{F_x^2 + F_y^2}$，　$F_x = F\cos\theta$，　$F_y = F\sin\theta$，　$\theta = \tan^{-1}\dfrac{F_y}{F_x}$

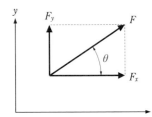

1. 次の諸量の単位の次元を示せ。

   例：仕事　$[ML^2T^{-1}]$

   (1) 密度

   (2) 単位体積重量

   (3) 圧力

2. $F_x = 4.3\,\text{N}$，$F_y = 2.5\,\text{N}$ のとき，合力 F の大きさと向きを求めよ。

WebにLink
予習問題解答

2-1-1 静水圧の性質

1. 大気圧と静水圧　地球上の物体は，すべて大気圧（p_0，標準気圧1気圧，101.3 kPa で水銀柱 760 mm，水柱 10.33 m に相当[*1]）の影響を受けている。静止した水面下にある物体は，この大気圧に加えてさらに水からの圧力を受けている。この静止している液体の中の物体の任意の面に作用する圧力を静水圧 p という。

地上で物体の圧力をはかる際に，図 2-1 に示すように大気圧を基準にするか，真空状態を基準にするかで数値が変わってくる。大気圧を基準にした圧力をゲージ圧 p，真空状態を基準にした圧力を絶対圧 p' と呼ぶ。両者の関係は次式で示される[*2]。

$$p = p' - p_0 \qquad 2-1$$

すなわち，絶対圧では測定時の大気圧を考慮した値となる。しかし，水理学では多くが水面下の事象のみを取り扱うため，圧力に関してゲー

[*1] **Let's TRY!**
標準気圧1気圧下で，水銀柱 760 mm，水柱 10.33 m となる理由を考えてみよう。

[*2] **+α プラスアルファ**
ゲージ（gauge または gage）とは，計器などの意味。ゲージ圧とは圧力計などの計器によって直接はかることのできる圧力をいう。

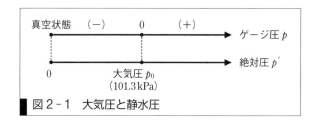

図2-1 大気圧と静水圧

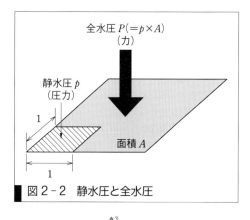

図2-2 静水圧と全水圧

圧で表すことが多い。本書でも圧力に関してはゲージ圧で取り扱うこととする。

さて，静水圧pは単位面積に作用する力の大きさで表され，その単位は[N/m^2]や[Pa]などとなる。また，水理学では水中の任意の点に作用する静水圧だけでなく，構造物全体に作用する力を求める場合がある。そこで面全体に作用する圧力の合計値，すなわち静水圧にそれが作用する面積Aを乗じた力を全水圧Pといい，その単位には[N]や[kN]などが用いられる。静水圧と全水圧の関係は図2-2および次式で示される*3。

$$p = \frac{P}{A} \qquad 2-2$$

2. 静水圧の性質 静水圧は水中の構造物に水がおよぼす圧力であり，

（ア）あらゆる面に対して垂直に作用する

（イ）一点における水圧はあらゆる方向に対して等しい

（ウ）水深に比例し，同一水平面上の水圧はすべて等しい

といった性質を有する。

（ア）については以下のように考えることで導かれる。水などの液体は分子配列が不規則で，分子間距離*4も一定ではない。そのため分子は自由に飛び回り，固体のように常に同じ形を保つことはできない。ある面に衝突する無数の分子の力は斜め方向から当たる力がたがいに打ち消

*3
Don't Forget!!

1 Nは，1 kgの質量をもつ物体に1 m/s^{2}の加速度を生じさせる力と定義されている。Nは組立単位であり，基本単位で書き表すとN＝kg·m/s^{2}となる。

*4
＋α プラスアルファ

水（液体）の1 molは18 g＝18 cm^3＝6×10^{23}個（分子数，アボガドロ数という）。水分子1個が占める空間は18 cm^3÷6×10^{23}個より3×10^{-23} cm^{3}となる。水分子1個がこの立方体の中心にあると仮定すれば，水の分子間距離（隣の水分子までの距離）はその立方体の一辺の長さとなる。すなわち，体積3×10^{-23} cm^{3}の立方体の一辺の長さは体積の3乗根をとることで求められ，3.11×10^{-8} cmとなる。

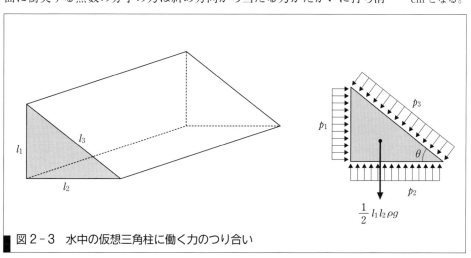

図2-3 水中の仮想三角柱に働く力のつり合い

し合って，結局は壁面に垂直な衝突だけが残ることになる。

（イ）については，水中に図2-3に示すような仮想の三角柱を置いて，これに働く力のつり合い*5 を考えることで説明できる。いま水の密度を ρ とすると，この微小三角柱の各面に作用する静水圧 p_1, p_2, p_3 の水平方向と鉛直方向の成分は

水平方向成分 $(\sum H = 0)$*6 $p_1 l_1 - p_3 l_3 \sin\theta = 0$ 2-3

鉛直方向成分 $(\sum V = 0)$ $p_2 l_2 - p_3 l_3 \cos\theta - \frac{1}{2} l_1 l_2 \rho g = 0$ 2-4

ここで，$l_1 = l_3 \sin\theta$, $l_2 = l_3 \cos\theta$ の関係から上式を整理すると

$$p_1 = p_3 \quad\quad 2\text{-}5$$

$$p_2 = p_3 + \frac{1}{2} l_1 \rho g = 0 \quad\quad 2\text{-}6$$

となる。この仮想の三角柱を小さくしていく，すなわち水中の任意の一点に近づけていくと式2-6の第2項はゼロとなり，

$$p_1 = p_2 = p_3 \quad\quad 2\text{-}7$$

となる。すなわち，静水中の一点における水圧はすべての方向に対して等しくなる。

（ウ）については，図2-4に示す静水中に断面積 A，高さ h の仮想水柱（ここでは円柱）を置いて，上面と下面の2点間の圧力差から考えることができる。いま，この水柱の上面と下面に作用する水圧をそれぞれ p_1, p_2 とすると，鉛直下向きに p_1 と水柱の自重 $\rho g h A$，鉛直上向きに p_2 が作用する。側面に働く静水圧はすべて水平方向に同じ深さでたが

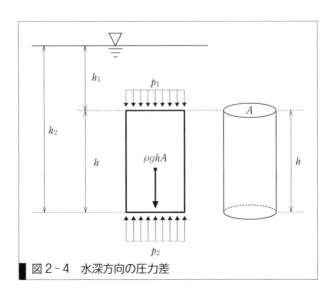

図2-4 水深方向の圧力差

> *5 **Don't Forget!!**
> 物体に複数の力が作用しているのに，物体が動かない場合，これらの力はつり合っているという。これは複数の力の合力がゼロになっているからで，この現象を「力のつり合い」という。

> *6 **+α プラスアルファ**
> Σ は英字のSに対応し，英語でSummationという総和を意味する数学記号である。

いに打ち消し合うので，この水柱が静止状態を保つためには，次の条件を満たす必要がある．

$$p_1 A + \rho g h A = p_2 A$$

したがって

$$p_2 = p_1 + \rho g h \qquad 2-8$$

このとき水柱の上面を自由水面(大気と接する水面[*7])に一致させれば，$h_1 = 0$ となり，水圧 p_1 はゼロになる．また，水圧 p_2 は水面から深さ h の位置での静水圧 p にほかならない．これらのことを考慮して式 2-8 は以下のように書き表せる．

$$p = \rho g h \qquad 2-9$$

この式から静水圧 p は水深 h に比例し，三角分布となることがわかる(図 2-5)．

また，式 2-9 の両辺を，水の単位体積重量 $w = \rho g$ で割ると，以下のようになる．

$$h = \frac{p}{\rho g} \qquad 2-10$$

この h は，圧力 p を生じるのに必要な水深であって，圧力水頭 H またはたんに水頭[*8]という．

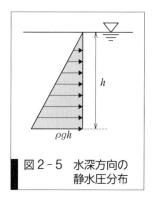

図 2-5 水深方向の静水圧分布

例題 2-1-1 大気圧 $p_0 = 101.22 \text{ kPa}$ を(圧力)水頭に換算せよ．ただし，重力加速度 $g = 9.8 \text{ m/s}^2$，水の密度は 1000 kg/m^3 とする．

解答 式 2-8 より圧力水頭 H を求める．

$$H = h = \frac{p}{\rho g} = \frac{101.22 \times 10^3}{1000 \times 9.8} = 10.3 \text{ m}^{*9}$$

2-1-2 静水圧を利用した測定器

1. マノメータ 我々は 2-1-1 項で $p = \rho g h$ の関係から水圧 p が水深 h に比例することを学んだ．この関係を利用して任意の点の水深から圧力を求めることができる．ここでは，初めに圧力計の一種であるマノメータ[*10]の測定原理について考えてみよう．いま比重の異なる 2 種類の液体と U 字管を用意し，図 2-6 のように液体 A (密度 ρ_A) の入った U 字管の片側から，液体 B (密度 ρ_B) を入れ，おたがいが混ざり合うことなく図のような状態でつり合ったとする．このとき，静水圧の性質より，同一液体内の同一水平面上の圧力は等しくなることから，液体 A，B

[*7] 工学ナビ
ダムなどの貯水池にたたえられた水，河川水などは自由水面を持つ．これに対して，たとえば水道管のように断面を満水状態で流れる場合は，自由水面を持たない．

[*8] +α プラスアルファ
英語では，hydraulic head またはたんに head という．水の持つエネルギーを水柱の高さに置き換えたもので，長さの次元を持つ．

[*9] 工学ナビ
我々は日常生活において空気の重さを実感することはないが，じつは水面下 10 m の水圧に相当する圧力のもとで暮らしていることになる．

[*10] +α プラスアルファ
通常は大気圧付近の圧力をはかるのに使われるもので，中空の管に液体を入れて静水圧をはかる器具である．

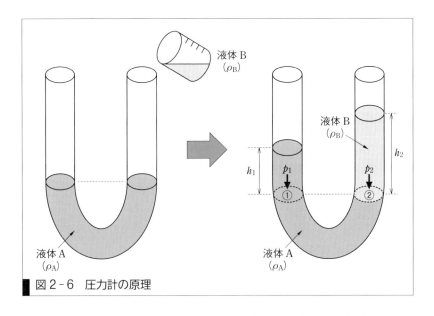
図2-6 圧力計の原理

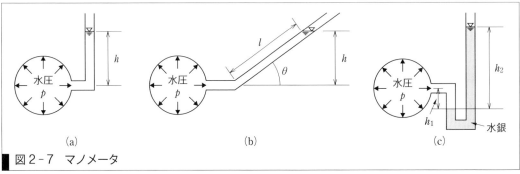
図2-7 マノメータ

の境界面に水平線を引いた場合も，同じ高さの点①と点②の圧力は等しくなるはずである。ここで，点①の圧力は $p_1 = \rho_A g h_1$，点②の圧力は $p_2 = \rho_B g h_2$ と表されるので，次の関係が成り立つ[*11]。

$$\rho_A g h_1 = \rho_B g h_2 \qquad 2-11$$

この原理を利用して，水槽や管路内の圧力を求めることができる。

図2-7に示すマノメータはその一例である。これは管壁に小孔を開けて，これにビニールチューブなどの透明な管を接続し，水頭 h を読み取ることで圧力水頭をはかるものである。(a)は最も一般的に使われるマノメータであるが，圧力が小さい場合は(b)の傾斜マノメータを，圧力が大きい場合は(c)に示す水銀マノメータを選択し，水頭 H が適切に読み取れるようにすればよい。

例題 2-1-2 図に示す各種のマノメータから各管内の圧力を求めよ。ただし，水銀の密度は $\rho_q = 13600 \text{ kg/m}^3$ とする。

[*11] **Don't Forget!!**
すでに学んだように，静止している液体（密度 ρ）中の水深 h の任意の面に作用する圧力（静水圧）p は，$\rho g h$ で求まる。

解答

・傾斜マノメータ（図a）

$$p = \rho g l \sin\theta = 1000 \times 9.8 \times 0.5 \times \sin 30°$$
$$= 2.45 \times 10^3 \, \text{N/m}^2 = 2.45 \, \text{kPa}$$

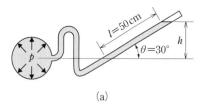

(a)

・水銀マノメータ（図b）

$$p = \rho_q g h_2 - \rho_q g h_1 = 13600 \times 9.8 \times 0.5 - 1000 \times 9.8 \times 0.30$$
$$= 63.7 \times 10^3 \, \text{N/m}^2 = 63.7 \, \text{kPa}$$

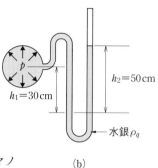

(b)

2. 差圧計 異なる2断面間の圧力差を測定するものに差圧計（差動マノメータ*12）がある。図2-8にその一例を示す。(a)は圧力差が大きい場合に用いられ、接続部には管内の液体（密度 ρ）より重い液体（密度 ρ'）を入れる。このときの差圧 Δp は、次式より求めることができる。

$$\Delta p = (\rho' - \rho)gh \qquad 2\text{-}12$$

一方、(b)は圧力差が小さい場合に用いられ、接続部には管内の液体より軽い液体（密度 ρ''）を入れる。このときの差圧 Δp は、次式のようになる。

$$\Delta p = (\rho - \rho'')gh \qquad 2\text{-}13$$

*12
工学ナビ

工業生産の場などで実際に使われている差圧計は、2つの差込口が差圧をはかりたいそれぞれの環境につながっており、その圧力の差を表示するようになっている。そのため観測者が計測した2点の圧力差をわざわざ計算しなくてすむようになっている。

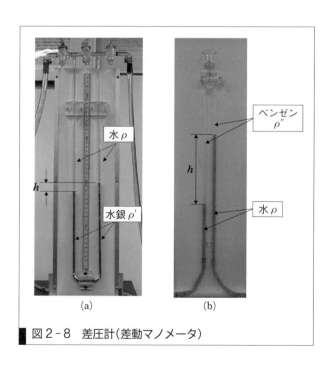

図2-8 差圧計（差動マノメータ）

*13
+α プラスアルファ
パスカル(Pascal)はフランスの哲学者,自然哲学者(近代的物理学の先駆),思想家,数学者,キリスト教神学者。圧力のSI単位,Paは彼の名にちなんだものである。

3.水圧機 小さな力で大きな力を得ることができる水圧機はパスカル*13の原理を応用したものである。パスカルの原理とは,「密閉された液体の一部に圧力を伝えると,その圧力は増減することなく液体の各部に伝わる」というものである。ここでは図2-9に示すような水圧機を例にその原理について考えてみよう。両ピストンの断面積を A_1, A_2, 加える力を P_1, P_2 とするとき,水圧機内の任意の点Cの圧力 p_C は次の2式

$$p_C = \frac{P_1}{A_1} + \rho g h - p_1 + \rho g h \qquad 2-14$$

$$p_C = \frac{P_2}{A_2} + \rho g(h' + h) = p_2 + \rho g(h' + h) \qquad 2-15$$

で求められる。ここでピストンに加える力 P_1, P_2 が十分に大きい場合には,$\frac{P}{A}$ に比べて $\rho g h'$ は非常に小さいとみなせるので,上の2式より次式が導かれる。

$$\frac{P_1}{A_1} = \frac{P_2}{A_2} \qquad 2-16$$

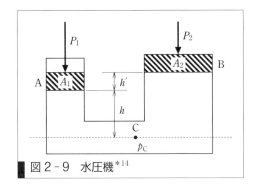

図2-9 水圧機*14

*14
工学ナビ
パワーショベルやフォークリフト,レッカー車の作業機部分で使われる油圧ポンプは,この原理を適用している。

2-1-3 平面に作用する静水圧

水は容器内を均質に満たすため,同じ深さであれば静水圧は等しくなる。また,任意の深さにある点の静水圧はあらゆる方向に等しく作用するため,同じ深さであれば同じ大きさの静水圧が面に鉛直向きに作用する。ここでは,平面に作用する静水圧について考える。

*15
Don't Forget!!
静水圧は単位面積当たりの力,つまり圧力なのに対し,全水圧は面全体に働く力をいう。漢字表記ではどちらにも「水圧」の文字が含まれるが,その物理的な意味合いは異なるものである。両者を混同しないように十分に注意されたい。

1.水面に水平な面に作用する静水圧 図2-10に示す水槽の底面に作用する静水圧 p は,鉛直下向きに一様に作用する。その大きさは,水深に比例し,$p = \rho g h$ で求められる。底面全体に作用する全水圧 P は,次式に示すように,静水圧 p にこれが作用する平面の面積 A を乗じれば

$$P = p \times A = \rho g h A \qquad 2-17$$

となる*15。ここで水の体積を V とすると,$\rho g h A = \rho g V$ から全水圧 P

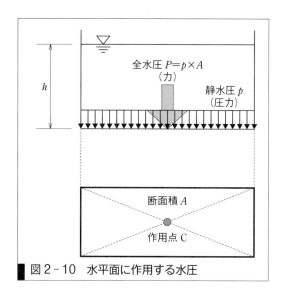

図 2-10　水平面に作用する水圧

は水の全重量と等しくなる。なお，水面に水平な面に作用する場合の全水圧の作用点 C は底面の図心*16 を通る。

2. 水面に鉛直な面に作用する静水圧　私たちはすでに鉛直な平面に作用する静水圧分布が三角形分布になることを学んだ。ここでは，図 2-11 に示すような任意の深さにある鉛直面に作用する水圧について考えてみよう。この図において幅 B，長さ H の長方形の板の上端が水面下 h_1，下端が h_2 の位置に沈められて静止している。もし，この板の上端が水面に達していれば水圧分布は三角形となるが，上端部分がないため上端の三角形分布の部分を取り除いた台形分布となる。

すなわち全水圧 P は，次式

$$P = \frac{p_1 + p_2}{2} HB \qquad 2-18$$

で求められる。ここで，$p_1 = \rho g h_1$，$p_2 = \rho g h_2$，$A = BH$ を代入すると，

$$P = \frac{\rho g (h_1 + h_2)}{2} A \qquad 2-19$$

となる。図心 G までの水深 h_G は，

*16
Don't Forget!!
図心とは図形(平面)の重心のことである。重心は空間的広がりをもって質量が分布するような系において，その質量に対して他の物体から働く万有引力の合力の作用点をいうが，図形(平面)には質量がないため，このように呼んでいる。

なお，重心とは重力の作用する点である。重力加速度がいたるところで一様で，かつ重力が作用する物体が均質であれば重心と図心は重なる。水理学では通常，重心と図心は同じものとして扱われることが多い。

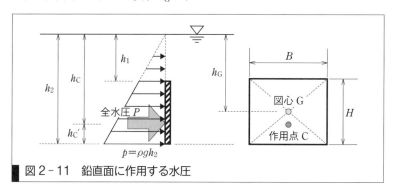

図 2-11　鉛直面に作用する水圧

$$h_G = h_1 + \frac{h_2 - h_1}{2} = \frac{h_1 + h_2}{2} \qquad 2-20$$

となり，これを用いると式2-19は次式のように書ける．

$$P = \rho g h_G A \qquad 2-21$$

また，作用点までの水深 h_C は台形の図心を通るから，次式のようになる．

$$\left. \begin{array}{l} h_C' = \dfrac{H}{3} \dfrac{2p_1 + p_2}{p_1 + p_2} = \dfrac{H}{3} \dfrac{2h_1 + h_2}{h_1 + h_2} \\ h_C = h_2 - h_C' \end{array} \right\} \qquad 2-22$$

3. 傾斜した平面に作用する静水圧 これまで水平面や鉛直な平面についての静水圧について考えてきたが，ここではより一般的な断面を対象に，傾斜した面に働く静水圧について取り上げる．面が傾斜していても水圧は対象とする面に垂直に作用し，その水深に相当する圧力が作用する．よって鉛直平面での静水圧分布が傾斜面と水面のなす傾斜角 θ だけ傾くだけのことで，これまでと同様の考え方で求めることができる．いま，図2-12のような傾斜平面(面積 A)に作用する静水圧について考える．この平面内の深さ h にある水平な帯状の微小面積 dA をとれば，この微小面積上での静水圧は $p = \rho g h$ とみなすことができ，dA に作用する全水圧 dP は次式

$$dP = \rho g h\, dA = \rho g s \sin\theta\, dA \qquad 2-23$$

で表される．全平面に作用する全水圧 P は，これらを全面積にわたって積分したものである．すなわち，

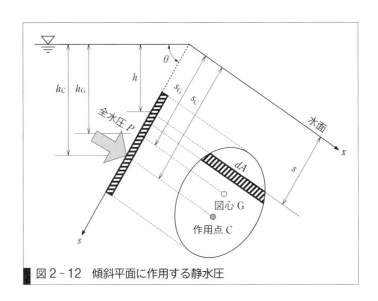

図2-12 傾斜平面に作用する静水圧

$$P = \int_A \rho g s \sin\theta \, dA = \rho g \sin\theta \int_A s \, dA \qquad 2-24$$

となる。上式の$\int_A s \, dA$は，平面のx軸に関する断面一次モーメント[*17]であり，x軸から図心Gまでの距離をs_G(図2-13)とすれば，$s_G A$に等しくなる。したがって，全水圧Pは

$$P = \rho g \sin\theta s_G A \qquad 2-25$$

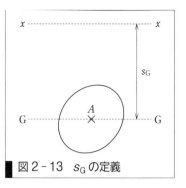

図2-13 s_Gの定義

となる。つまり，平面に作用する全水圧Pは図心における水圧$p_G = \rho g h_G$に傾斜平面の面積を乗じることで求められる。

この全水圧Pの作用点をCとし，x軸からの距離をs_Cとすると，Pのx軸に関するモーメント[*18]は$P s_C$となる。これは微小面積dAに作用するdPのモーメント$s \, dP$を全断面について積分したものに相当する。すなわち，

$$P s_C = \int_A s \, dP \qquad 2-26$$

である。これをs_Cについて変形し，式2-23と2-25を代入すれば

$$s_C = \frac{\int_A s \, dP}{P} = \frac{\rho g \sin\theta \int_A s^2 \, dA}{\rho g \sin\theta s_G A} = \frac{\int_A s^2 \, dA}{s_G A} \qquad 2-27$$

となる。上式の$\int_A s^2 \, dA$は，平面のx軸(水面)に関する断面二次モーメントI_x[*19]である。一般に図心を通るG軸に関する断面二次モーメントI_Gは

表2-1 代表的な平面図形の諸量[*20]

	断面積 A	図心高さ y	断面二次モーメント I_G	断面二次半径 $r = \sqrt{\dfrac{I_G}{A}}$
長方形 ($B \times H$)	BH	$\dfrac{H}{2}$	$\dfrac{BH^3}{12}$	$\dfrac{\sqrt{3}}{6}H$
三角形 ($B \times H$)	$\dfrac{1}{2}BH$	$\dfrac{H}{3}$	$\dfrac{BH^3}{36}$	$\dfrac{\sqrt{2}}{6}H$
円 (D)	$\dfrac{\pi D^2}{4}$	$\dfrac{D}{2}$	$\dfrac{\pi D^4}{64}$	$\dfrac{D}{4}$
楕円 ($2a \times 2b$)	πab	a	$\dfrac{\pi a^3 b}{4}$	$\dfrac{a}{2}$

[*17] **Don't Forget!!**
断面一次モーメントとは，断面の性質を表すパラメータの一つである。断面一次モーメントを断面積で割って得られる値は，軸から図心までの距離となる。図心は，その点を通る任意の軸に対する断面一次モーメントがゼロになる点であり，断面形状を平面図形ととらえたときの重心という意味を持つ。

[*18] **プラスアルファ**
いわゆる，「力のモーメント」のことで，力学において，物体に回転を生じさせるような力の性質を表すものである。機械工学の分野などでは固定された回転軸のまわりの力のモーメントをトルクまたはねじりモーメントと呼ぶ。

[*19] **Don't Forget!!**
断面二次モーメントとは，曲げモーメントに対する図形の変形のしにくさを表すパラメータであり，橋梁部材の設計などで使われる重要なものである。

[*20] **Don't Forget!!**
表2-1に示す平面図形の諸量は，水理学のみならず構造力学など土木工学の他の専門分野でもよく使うので覚えておこう！

2-1 静水圧　33

$$I_x = s_G{}^2 A + I_G \qquad 2\text{-}28$$

であるから s_C は以下の式で求められる。

$$s_C = \frac{I_x}{s_G A} = \frac{s_G{}^2 A + I_G}{s_G A} = s_G + \frac{I_G}{s_G A} \qquad 2\text{-}29$$

代表的な平面図形の諸元を表2-1に示す。

2-1-4 曲面に作用する静水圧

水中に設置される構造物には曲面を持つものが多い。たとえば，ダム放流部に取りつけられるテンターゲート（ラジアルゲート）やローリングゲートなどがある[21]。ここでは，こうした曲面を持つ構造物に働く静水圧について考えてみよう。

1. 曲面に作用する鉛直方向の静水圧　曲面に作用する鉛直方向の静水圧 P_z は，曲面を底面とする水柱の重さに等しい。その作用点の位置は水柱の重心を通る鉛直線上にある。図2-14に，曲面に作用する鉛直方向の静水圧の求め方についての説明図を示す。(a)のようにゲート（円弧の部分）に作用する力の鉛直成分は，図中のグレーの部分の体積 V を求めて，$P_z = \rho g V$ として求めることができる。一方，(b_0)のようなゲート（円弧の部分）に作用する力の鉛直成分について考える場合，ゲートの上側と下側とで力の作用する向きが異なる。このような場合は，以下のように考える。まず，上から下に作用する力は，(b_1)のグレーの部分の体積 V_1 を求め，$P_{z1} = \rho g V_1$ となる。その向きは鉛直下向きである。一方，下から上に作用する力は，(b_2)のグレーの部分の体積 V_2 を求め，$P_{z2} = \rho g V_2$ となる。その向きは鉛直上向きである。したがって，この構造物の鉛直方向の力は，$P_z = \rho g (V_2 - V_1)$ となり上向きの力（浮力，詳しくは後述）が作用する。$V_2 - V_1$ は(c)のグレーの部分の体積に相当する。

2. 曲面に作用する水平方向の静水圧　曲面に作用する水平方向の静水圧 P_x は，曲面を鉛直面に投影した断面に作用する水圧として考えることができる。たとえば，図2-15に示す半径 R，中心角 α，奥行き B

[21]

工学ナビ

テンターゲート（ラジアルゲート，上の写真）は表面が円弧状で，その曲線の中心を軸として回転することによって開閉する。一方，ローリングゲート（下の写真）は，堤体とゲートの歯車をかませて回転させながらゲートを上下させるしくみで，古くに建設されたダムなどで見かける構造である。

旭ダム（湯野上発電所：福島県）
昭和電工株式会社提供

大井川ダム（大井川水力発電所：静岡県）
中部電力株式会社提供

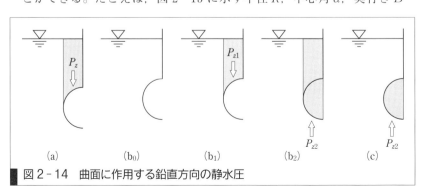

図2-14　曲面に作用する鉛直方向の静水圧

のテンターゲートに作用する水平方向の静水圧は以下のように求めることができる。

いま図2-16に示すような微小面積dAに作用する静水圧を考える。この場合，微小面は平面とみなせるので，これに作用する全水圧dPは$dP=pdA$，水平分力は$dP=pdA\sin\theta$と表せる。一方，微小面積の水平方向の投影面（グレーの部分）に作用する全水圧P_xは，dsの水平方向の投影面に作用する全水圧に等しい。すなわち

$$P_x = \int \rho ghB\sin\alpha\, ds = \rho g\sin\alpha \int_A z\, dA \qquad 2\text{-}30$$

と求めることができる。

構造物に作用する全水圧Pは，鉛直方向の静水圧P_z（先に述べたとおり曲面を底面とした水面までの鉛直水柱の重量に相当）と水平方向の静水圧P_xの合力を求めればよい[*22]。

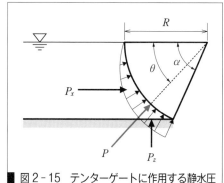

図2-15 テンターゲートに作用する静水圧

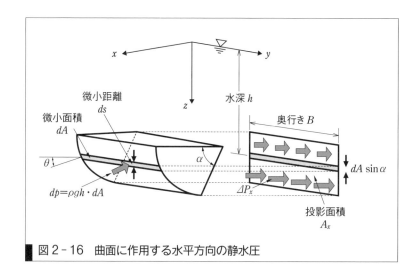

図2-16 曲面に作用する水平方向の静水圧

*22
Don't Forget!!

分力P_x，P_zの合力Pの大きさと2つの分力どうしのなす角は以下の式で求められることを確認しておこう。

$$P = \sqrt{P_x^2 + P_y^2}$$
$$\theta = \tan^{-1}\frac{P_y}{P_x}$$

テンターゲートの例（鹿野川ダム）
株式会社丸島アクアシステム提供

例題 2-1-3 図のような幅4mのテンターゲート（ラジアルゲート）がある。このゲートに作用する全水圧を鉛直方向（P_z）と水平方向（P_x）に分けて求め，それぞれの作用点（z_c，a）を示せ。また，全水圧を1つの力（合力P）で表した場合の力が水平となす角θを求めよ。

2-1 静水圧

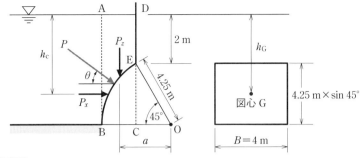

解答

① 全水圧 P を求める

x 方向成分 P_x について

$$P_x = \rho g h_G A$$

$$h_G = 2.0 + \frac{r \sin 45°}{2}$$

$$= 2.0 + \frac{4.25 \times \sin 45°}{2} = 3.50 \text{ m}$$

$A =$ 奥行き × ゲート水平方向投影面の高さ

$$= 4 \times r \sin 45°$$

$$= 4 \times (4.25 \times \sin 45°) = 12.02 \text{ m}^2$$

したがって，$P_x = \rho g h_G A = 9.8 \times 3.5 \times 12.02 = 412.3 \text{ kN}$

次に，z 方向成分 P_z について求める。曲面に作用する全水圧の鉛直分布は，その曲面を底面として水面までの鉛直水柱の重量に等しい。ここでは体積（面積 ABED × 奥行）の水が，その鉛直水柱に相当する。

そこで，まず，この鉛直水柱の体積を求めるために，面積 ABED について以下のように分けて求める[*23]。

面積 ABED ＝ 面積 ABCD − 面積 BCE
　　　＝ 面積 ABCD −（扇形 OBE の面積 − 三角形 OCE の面積）

それぞれは以下のように求められる。

面積 $ABCD = (2 + 4.25 \sin 45°) \times (4.25 - 4.25 \cos 45°) = 6.23 \text{ m}^2$

扇形 $OBE = \pi \times 4.25^2 \times \dfrac{45°}{360°} = 7.09 \text{ m}^2$

三角形 $OCE = \dfrac{1}{2} \times 4.25 \sin 45° \times 4.25 \cos 45° = 4.52 \text{ m}^2$

よって，面積 $ABED = 6.23 - (7.09 - 4.52) = 3.66 \text{ m}^2$

鉛直水柱の体積 V は，$V =$ 奥行 × 面積 $ABED = 4 \times 3.66 = 14.64 \text{ m}^3$

したがって，$P_z = \rho g V = 9.8 \times 14.64 = 143.5 \text{ kN}$

全水圧 P は，$P = \sqrt{P_x^2 + P_z^2} = \sqrt{412.3^2 + 143.5^2} = 437 \text{ kN}$ となる。

② P_x，P_z の作用点を求める

---

*23 **ヒント**
複雑な形状の水柱も分割して考えることで確実に解ける。一つ一つの計算をていねいにやろう。

水面から投影図心までの距離 h_G は，

$$h_G = 2 + \frac{r\sin 45°}{2} = 2 + \frac{3.0}{2} = 3.5 \text{ m}$$

P_x の作用点 h_c

$$h_c = h_G + \frac{I_x}{h_G A} = 3.5 + \frac{\frac{4 \times 3^3}{12}}{3.5 \times 12.02} = 3.71 \text{ m}$$

P_z の作用点（点 O からの距離）は，点 O でのモーメントのつり合いより求める。

$$P_z \times a - P_x \times (2 + r\sin 45° - h_c) = 0$$

したがって，$a = \dfrac{412.3 \times (2 + 4.25\sin 45° - 3.71)}{143.5}$

$$a = 3.72 \text{ m}$$

③ θ を求める

$$\tan\theta = \frac{P_z}{P_x} = \frac{143.5}{412.3} = 0.348$$

したがって，$\theta = 19.2°$

演習問題　A　基本の確認をしましょう

2-1-A1 1気圧を hPa で示せ。

2-1-A2 大気圧が1気圧のときの，水面下 10 m での絶対圧を求めよ。

2-1-A3 図 2-9 のような水圧機（ピストン断面積：$A_1 = 10 \text{ cm}^2$，$A_2 = 30 \text{ cm}^2$）に $P_1 = 2 \text{ kN}$ の力を作用させたとき，反対側のピストンで持ち上げられる重量を求めよ。

2-1-A4 図の点 A〜C における静水圧の作用方向を図示せよ[*24]。

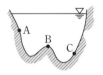

[*24]
❓ヒント
静水圧は面に直接作用する。

演習問題　B　もっと使えるようになりましょう

2-1-B1 図のような水槽に油（比重 0.92），水（比重 1.0）および海水（比重 1.025）が入っている。それぞれの液体は混ざらないものとして，各液体底面での圧力の強さを求めよ。

2.2m	油
1.9m	水
3.7m	海水

2m

2-1-B2 図のような左右から水圧が作用する場合について，円形栓に作用する全水圧の大きさと向きおよび，左側水面から作用点までの距離を求めよ。

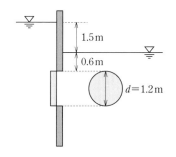

2-1-B3 図のように，独立した3本の水平部材で支える構造の堰がある。それぞれの部材に作用する水圧を同一にしたい。ただし，堰の幅は単位幅（奥行き $B=1$ m）とする。

(1) 3つの部材に同一の水圧を作用させるには，部材下端までの深さ h_1, h_2 をいくらにすればよいか求めよ。

(2) 3つの部材を設置すべき位置（河床からの距離）d_1, d_2, d_3 を求めよ。

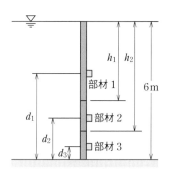

2-1-B4 図のような自動堰を設置して，水深 1.8 m 以上になると，堰板が倒れて水が流れるようにしたい。

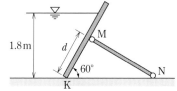

(1) 堰板の下端からヒンジ（点 M）までの長さ d を何 m にすればよいか。

(2) 角 KMN を直角とした場合，部材 MN に作用する最大の荷重はいくらか。ただし，幅（奥行き）1 m 当たりを考えるものとし，堰板や支持部材の自重は無視する。

あなたがここで学んだこと

この節であなたが到達したのは

☐ 大気圧とゲージ圧の違いを説明できる
☐ 静水圧と全水圧の違いを説明できる
☐ 平面や曲面に働く静水圧の計算ができる
☐ マノメータの測定原理が説明できる

本節では，静水状態にある物体の表面に作用する静水圧について学んだ。その算定にあたっては，構造力学等の他の分野でも学ぶ断面一次モーメントや断面二次モーメントなどの断面諸量を用いる。それらの定義を正しく理解しておくことが重要である。

2.2 浮体の安定問題[*1]

> **予習　授業の前にやっておこう!!**
>
> 中学校の理科の授業で習った「浮力」について，以下の点を確認しておこう。
> （イ）ある物体に働く浮力は，その物体が押しのけた水の重さに等しい。
> （ロ）浮力は水中にある物体の体積に比例するだけで，深さや物体の形は関係しない。
>
> 1. ある物体の重さをばねはかりではかったところ，1.2 N であった。その物体を水に入れると，物体全部が水に入り，ばねはかりの目盛は 0.8 N を示した。
>   (1) 物体に働く浮力を求めよ。
>   (2) 物体の体積を求めよ。
>
> WebにLink
> 予習問題解答

2-2-1 浮力と浮心

図 2-17 に示すように体積 V の物体に作用する静水圧について考える。この物体の表面には，あらゆる方向から面に垂直な静水圧が作用している。この静水圧を，水平方向と鉛直方向の各成分に分けて考えてみよう。すでに学んだように，水平方向の成分は鉛直面に投影された平面に作用する水圧となるが，おたがいに打ち消し合うので全体でゼロとなる。一方，鉛直方向成分に関しては，図(b)に示すように水柱 ABC′FE の重量が面 ABC′ で上向きに作用する静水圧の総和となり，図(c)に示すように水柱 ADC′FE の重量が面 ADC′ で下向きに作用する静水圧の総和となる。両者の差 $\rho g V$ が上向きに働く力(a)となり，これを浮力という。また浮力が作用する点 C を浮心という。

「水中にある物体は，それが排除した体積の水の重量に等しい浮力を

[*1]
工学ナビ
浮体の安定問題は，船舶工学の分野にかぎらず，浮体式洋上風力発電機の設置や大型ケーソンの曳航など建設分野においても重要な事項である。

浮体式洋上風力発電
福島洋上風力コンソーシアム提供

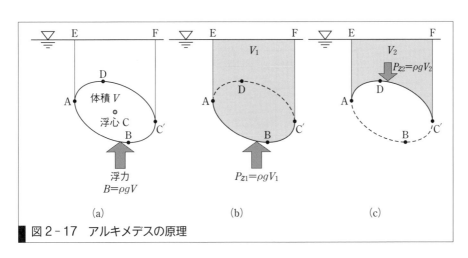

図 2-17　アルキメデスの原理

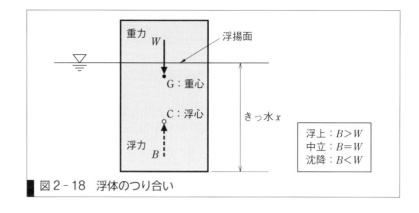

図2-18 浮体のつり合い

*2
Let's TRY!!
コップに浮かんだ氷が解けると氷の体積が減り，水の体積が増える。このとき，コップの水面はどうなるだろうか。アルキメデスの原理を使って考えてみよう。

受ける」ことになり，これをアルキメデスの原理という*2。

2-2-2 浮体のつり合い

　物体は，その物体が排除した水の重量分の浮力を受けることになる。浮体の重心である浮心は水面下にある物体の重心である。さて，物体を水中に投じた場合のつり合いの様子を考えてみよう（図2-18）。物体が重い場合には沈んでいくとともに水面下の体積が増大し浮力が増す。やがて物体の重量と浮力がつり合ったところで静止する。物体が重くて完全に水面下に沈んでもその浮力が重量を下回るのであれば，物体は底へと沈んでいく。

　物体の重力と浮力がつり合った状態で浮いているとき，浮体と水面が接する面を浮揚面という。また，浮揚面から浮体の最も深い点までの水深をきっ水（喫水）という*3。

*3

船が適切な推進力を得るためには，適当なきっ水が必要である。また，空荷のままだと重心が上がり，船が転覆しやすくなる。そのため，貨物をおろして戻る際には海水をバラスト（底荷，船底に積む重し）として注水し，きっ水を調整する。なお，バラスト水に含まれている生物が，排出先の海域の外来種として，本来の生態系に悪影響を与える環境問題も生じている。

*4

ケーソンとは，仕上げられた岩盤の上に設置して，その内部に海中コンクリートを充填するための箱状の巨大鋼製型枠のことをいう。

曳航される瀬戸大橋のケーソン
本州四国連絡高速道路株式会社提供

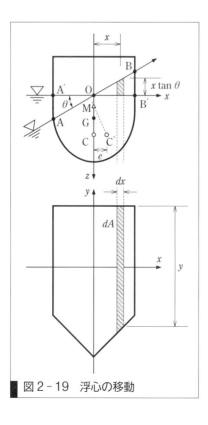

図2-19 浮心の移動

2-2-3 浮体の安定問題

　船舶の航行やケーソン*4の曳航では，それらが浮いていることはもちろんのこと，その安定性が問題となる。ここでは，浮体の安定問題について考えてみよう。浮体が静止状態にある場合は，重力Wと浮力Bは同一鉛直線上にある。この浮体が図2-19に示すように傾くと，水面下の体積の容量が変わり浮

心 C が C′ に移動する。この C′ を通る鉛直線と $\overline{GC}$ の交点 M を傾心（メタセンタ）と呼び，$\overline{MG}$ を傾心高と呼ぶ。

さて，浮体が傾くと重力 W と浮力 B が同一直線状にはなくなるため，偶力[*5]が生じる。図のように重心 G が浮心 C より上にある場合は，傾心 M と重心 G の位置関係より，以下の3つの状態が考えられる。(i) 傾心 M が重心 G より上にくる場合（$\overline{MG} > 0$）は，偶力の働きによって浮体の傾きをもとに戻そうとする。このとき「復原力」があるといい，この場合，浮体は「安定」している。一方，(ii) 傾心 M が重心 G より下にくる場合（$\overline{MG} < 0$）は，偶力が浮体をさらに傾ける方向に働き，浮体は「不安定」である。また，(iii) 傾心 M と重心 G が重なる場合（$\overline{MG} = 0$）は，傾いた状態のままで「中立」であるという。つまり，傾心高 $\overline{MG}$ の値を調べれば浮体の安定性を判断することができる。

傾心高 $\overline{MG}$ については，以下のように導ける。いま移動距離 e，浮力 B（= 重量 W）とすると，OAA′ と OBB′ による偶力のモーメントは $W \times e = B \times e$ となる。

$$B \cdot e = \int_A \rho g x \tan\theta \cdot dA \cdot x = \rho g \tan\theta \int_A x^2 \, dA \qquad 2\text{--}31$$

ここで，$\int_A x^2 dA$ は，$x^2 dA$ を全面積について積分したもので，浮体のきっ水面の y 軸に関する断面二次モーメント I_y である。また，浮力 B は物体が押しのけた水の体積を V とすると，$\rho g V$ とも表されるので，これらを代入して式 2-31 を変形すると

$$\rho g V e = \rho g \tan\theta I_y$$
$$e = \frac{I_y}{V} \tan\theta \qquad 2\text{--}32$$

となる。また，$e = \overline{MC}\tan\theta = (\overline{MG} + \overline{GC})\tan\theta$ であるから，上式は，

$$\left(\overline{MG} + \overline{GC}\right)\tan\theta = \frac{I_y}{V}\tan\theta$$
$$\overline{MG} = \frac{I_y}{V} - \overline{GC} \qquad 2\text{--}33$$

となる。なお，$\overline{MG} + \overline{GC}$ の各項においては M が G より上のとき，G が C より上のとき，それぞれ正の値をとるものとする。

[*5]
Don't Forget!!

作用線が平行で，たがいに大きさが等しく，方向が反対向きの2つの力（ここでは重力と浮力）を偶力という。偶力が働くと物体は回転を始める。ただし，同一直線上であれば，物体は回転しない。

例題 **2-2-1** 図のような長さ 10 m，幅 5 m，高さ 2.5 m，底および側壁の厚さが 0.4 m，比重 2.25 の中空ケーソンを，比重 1.03 の海水に浮かべた。この浮体のきっ水 x を求め，安定を調べよ。

解答
・ケーソンの体積 V

$$V = 2.5 \times 10 \times 5 - (2.5 - 0.4) \times (10 - 0.4 \times 2) \times (5 - 0.4 \times 2)$$
$$= 43.856 \, \text{m}^3$$

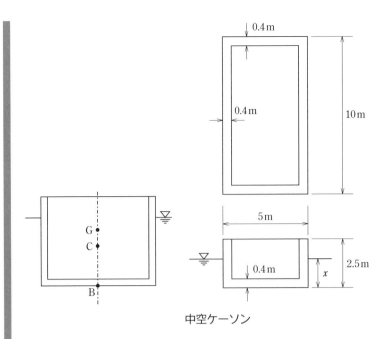

中空ケーソン

・ケーソンの重量 W

$$W = \rho' g V = 2.25 \times 9.8 \times 43.856 = 967.02 \text{ kN}$$

・ケーソンが受ける浮力 B

$$B = \rho'' g \times (x \times 10 \times 5) = (1.03 \times 9.8) \times 50 x = 504.7 x \text{ kN}$$

$W = B$ より，きっ水 x は

$$x = \frac{967.02}{504.7} = 1.92 \text{ m}$$

水中の体積は，$V_s = 1.92 \times 10 \times 5 = 96 \text{ m}^3$

浮心の底面からの距離は，

$$\overline{CB} = \frac{x}{2} = \frac{1.92}{2} = 0.96 \text{ m}$$

断面二次モーメント I_y は小さいほう[*6]をとり，

$$I_y = \frac{Bh^3}{12} = \frac{10 \times 5^3}{12} = 104.2 \text{ m}^4$$

となる。浮体の重心 G は，底面に対するモーメントのつり合いより求める。

$$W \times \overline{GB} = \rho' g \times \left\{ 2.5 \times 10 \times 5 \times \frac{2.5}{2} - (2.5 - 0.4)(10 - 0.4 \times 2) \right.$$
$$\left. \times (5 - 0.4 \times 2) \times \left(0.4 + \frac{2.5 - 0.4}{2} \right) \right\}$$
$$= (2.25 \times 9.8) \times (156.25 - 117.66) = 850.9 \text{ kN} \cdot \text{m}$$

[*6] **ヒント**
長方形のような図形では，軸のとり方によって断面二次モーメント I_y の値が変わってくる。このような場合には，より転倒しやすい条件（式 2-33 で計算される傾心高 $\overline{MG}$ がより小さくなる条件）で算定すればよい。

$W = 967.02 \text{ kN}$ より，$\overline{GB} = \dfrac{850.9}{W} = \dfrac{850.9}{967.02} = 0.880 \text{ m}$

したがって，
$\overline{GC} = \overline{GB} - \overline{CB} = 0.88 - 0.96 = -0.08 \text{ m}$*7

$\overline{MG} = \dfrac{I_y}{V_s} - \overline{GC} = \dfrac{104.2}{96} + 0.08 = 1.16 > 0$　よって，安定である。

*7
💡ヒント
$\overline{GC}$ がマイナスの値になるということは，重心 G が浮心 C より下にあるということで，この時点でケーソンは安定することがわかる。

WebにLink
演習問題解答

演習問題　A　基本の確認をしましょう

2-2-A1　密度 920 kg/m³ の氷山が密度 1025 kg/m³ の海水に浮いている。海水面上に見える氷の体積が 120 m³ であったとき，この氷の海水面下にある体積を求めよ。

2-2-A2　ある物体の重量を空気中ではかったところ，250 N であった。この物体を密度 1000 kg/m³ の水中ではかったら 160 N になった。この物体の体積を求めよ。

2-2-A3　図のような密度 $\rho' = 7850$ kg/m³ の鋼棒の水中重量 W' を求めよ。

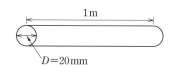

2-2-A4　図のような密度 $\rho = 650$ kg/m³ の円柱形の木材を水中に入れたときのきっ水 x を求めよ。

2-2-A5　前問の傾心高を求めよ。

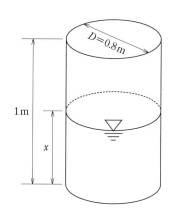

演習問題　B　もっと使えるようになりましょう

2-2-B1　図のようなコンクリートケーソン（比重 2.4）を海水（比重 1.025）に浮かべたときのケーソンの安定性を検討せよ。

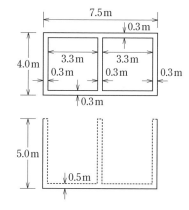

2-2-B2 図に示すように全体積 V, 高さ $H=5$ m の水柱が水面に浮かんでいる。高さ 4 m, 体積 V_1 の円柱上部の比重は $s_1=0.8$, 高さ 1 m, 体積 V_2 の円柱下部の比重は $s_2=1.3$ である。この浮体が安定するためには直径 D をいくらにすればよいか求めよ。ただし，周辺の水の比重は $s_3=1.0$ とする。

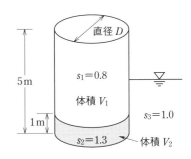

2-2-B3 図に示すような円錐体（中心角 2θ）について，安定・中立・不安定となる θ の範囲を求めよ。ただし，円錐体の比重は $s=0.6$ とする。

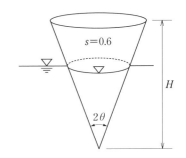

あなたがここで学んだこと

この節であなたが到達したのは
- □ アルキメデスの原理について説明できる
- □ 浮体のきっ水や傾心高が計算できる
- □ 浮体の安定性を検討できる

　本節では，静水中に浮かぶ物体の安定性について学んだ。これを理解するためには，まず中学校の理科の授業でも習ったアルキメデスの原理について復習し，重力と浮力のつり合い関係について理解する必要がある。浮体の安定問題については，きっ水や傾心高といった新しい用語が出てくるが，図などを参照しながらその定義を正しく理解しておく必要がある。

2 3 相対的静止

予習 授業の前にやっておこう!!

慣性力とは加速度 a で運動する観測者から質量 m の物体を見た場合，物体には観測者の加速度と違う反対向きに $-ma$ の力が働いているように見える力のことである。

角速度とは，回転の速さを表す量のことで，円運動において動径ベクトルが 1 秒間に回転する角度を指す。単位はラジアン毎秒[rad/s]で，記号は ω が用いられる。t[s]間に θ[rad]だけ回転したときの角速度 ω[rad/s]は以下のように表せる。

$$\omega = \frac{\theta}{t}$$

半径 r の円周上を等速円運動する物体の動径ベクトルが，t[s]間に θ[rad]だけ回転したとき，物体が進んだ距離 l[m]は

$$l = r\theta$$

である。これを時間 t で割って物体の速さ U[m/s]を求めると

$$U = \frac{l}{t} = \frac{r\theta}{t}$$

となり，これに上で示した $\omega = \dfrac{\theta}{t}$ を代入すると，

$$U = r\omega$$

が得られる。

物体が円運動をするとき 1 周するのに要する時間 T[s]を周期という。円周の長さ $2\pi r$[m]，周回する速さ $U = r\omega$[m/s]より，

（時間）＝（長さ）÷（速さ）　なので

$$T = \frac{2\pi r}{r\omega} = \frac{2\pi}{\omega}$$

一方，周期の逆数，すなわち物体が 1 秒間に回転する回数を回転数といい，量記号 N で表す。単位にはヘルツ[Hz]が用いられる。

---

1. 電車がまっすぐなレールの上を一定の加速度 a で走り出した。このとき電車の床上で静止していた質量 M の物体に働く慣性力の大きさと向きを求めよ。

WebにLink
予習問題解答

2. 10 秒間に 4 回転する物体の周期と角速度を求めよ。

2-3-1 等圧面

　実際に流体が運動していて静止していない場合でも，流体粒子に重力およびそれ以外の外力が働き，かつ各流体粒子が相対的に運動をしない場合を考えると，運動する物体に働く圧力は，静水中の圧力と同様な取り扱いができる。

　たとえば，容器内に液体を入れ，容器に一定の加速度を加えた場合，液体には容器から加速度が伝えられ，液体も加速度を持つ運動をすることになる。液体の運動が定常になった状態を考えると，容器に加えられた加速度と大きさが等しく方向が反対の加速度が液体に作用することになり，液体にその加速度に相当する質量力が働くことになる。このとき，液体は一緒に運動している容器に対しては見かけ上静止している。この状態を相対的に静止（相対的静止）しているという[1]。

　この質量力と重力とを同時に考えた外力の単位質量当たりの3成分をX，Y，Zとすると，力のつり合い式は，

$$\frac{1}{\rho}\frac{\partial p}{\partial x}=X, \quad \frac{1}{\rho}\frac{\partial p}{\partial y}=Y, \quad \frac{1}{\rho}\frac{\partial p}{\partial z}=Z \qquad 2\text{－}34$$

であるから，

$$dp=\frac{\partial p}{\partial x}dx+\frac{\partial p}{\partial y}dy+\frac{\partial p}{\partial z}dz=\rho(Xdx+Ydy+Zdz) \qquad 2\text{－}35$$

となる。これをオイラーのつり合いの方程式という[2]。

　いま，圧力の一定な等圧面を考えると$dp=0$であるから，

$$Xdx+Ydy+Zdz=0 \qquad 2\text{－}36$$

が等圧面を表す方程式となる。

例題 2-3-1 式2–35を用いて静水圧の大きさを求めよ。

解答 x，y軸を水面上にとり，z軸を鉛直下向きにとれば，

$$X=0, \quad Y=0, \quad Z=g$$

それぞれを式2–35に代入して整理すると，

$$dp=\rho g dz$$

ρを一定とし，$x=0$で$p=0$の条件で積分すれば，

$$p=\rho g z$$

が得られる。

---

*1

Don't Forget!!

重力やクーロン力など，体積要素の全体に働く力を「質量力」または「体積力」という。一方，粘性力やせん断力など，表面に対して働く力を「表面力」という。

*2

WebにLink

オイラーのつり合いの方程式の誘導

2-3-2 直線運動における相対的静止の問題

図2-20に示すように，水を入れた容器を水平方向に加速度 a で動かしたときの水面形を考えてみよう。容器中の水には，鉛直方向の重力に加えて，x 方向に $-a$ の加速度を

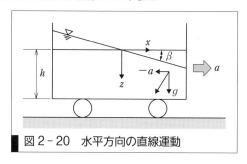

図2-20 水平方向の直線運動

与えることにより，相対的静止の状態が得られる。すなわち，式2-35において，$X=-a$，$Y=0$，$Z=g$ の加速度を与えることにより，

$$dp = \rho(-adx + gdz) \qquad 2\text{-}37$$

となる。これを積分して，

$$p = \rho(-ax + gz) + C \qquad 2\text{-}38$$

となる。ここには，C は積分定数であり，$x=0$，$z=0$ のとき，$p=0$（大気圧）となる条件から $C=0$ であり，任意の点における水圧は

$$p = \rho(-ax + gz) \qquad 2\text{-}39$$

となる。水面では $p=0$（大気圧）として，式2-39を整理すると，水面形を示す式が得られる。

$$z = \frac{a}{g}x \qquad 2\text{-}40$$

例題 2-3-2 図のような，高さ2.5 m，長さ3 m，幅(奥行き)2 mの水槽に水深1.5 mで水が入れてある。

(1) この水槽を加速度 $a = 3 \text{ m/s}^2$ で引っ張った場合の水面形を図示せよ。

(2) 加速度 a を大きくしていくと水がこぼれ始める。このときの a の値を求めよ。

解答 (1) $z = \frac{a}{g}x$ より，加速度 $a = 3 \text{ m/s}^2$，中心から壁までの距離 $x = 1.5$ m を代入する。

$$z = \frac{3.0}{9.8} \times 1.5 = 0.459 \text{ m}$$

進行方向の壁側ではもとの水面より0.459 m下がり，進行方向と反対の壁ではもとの水面より0.459 m上昇する。

(2) $z=-(2.5-1.5)=-1.0$ m で, 進行方向と反対の壁($x=-1.5$ m) で水がこぼれ始める。

$$z = \frac{a}{g}x \text{ より,}$$

$$z = \frac{a}{9.8} \times (-1.5) < -1.0$$

したがって, $a > \dfrac{9.8}{1.5} = 6.53$ m/s^2

2-3-3 回転体の水面形

図2-21のように半径rの水槽が回転している場合を考える。回転する水面の一点(回転軸からxの距離にある)における遠心加速度[*3]は角速度ωを用いて$x\omega^2$であって, 式2-36において,

$$X = x\omega^2, \quad Z = -g \qquad 2-41$$

であるから, 等圧面の一つである水面の方程式は

$$x\omega^2 dx - g dz = 0 \qquad 2-42$$

これを積分して,

$$\frac{1}{2}x^2\omega^2 - gz = const. \qquad 2-43$$

となる。いま, 容器の縁($x=r$)における水深をh_aとすると, 回転の中心からxの距離にある点の水深h_xは,

$$h_x = h_a - \frac{\omega^2}{2g}(r^2 - x^2) \qquad 2-44$$

となる。また, 中心における水深h_0は, 上式で$x=0$とおいて,

[*3]
＋α プラスアルファ

遠心加速度とは, 回転運動をする系において物体に加わる遠心力の大きさを加速度の形で表したもの。回転の中心からの距離の絶対値および回転運動の角速度の2乗に比例して大きくなる。物体に加わる遠心力がその物体の質量にも比例する量であるのに対して, 遠心加速度はどのような物体についても一定の値をとる量である。

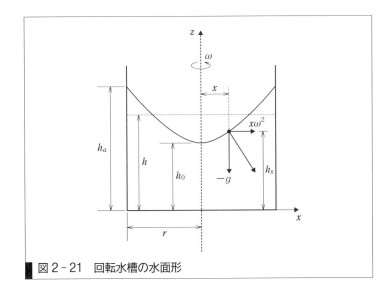

図2-21 回転水槽の水面形

$$h_0 = h_a - \frac{\omega^2 r^2}{2g} \qquad\qquad 2-45$$

一方，連続の条件[*4]より，容器内の水の容積は回転によって変化しないから，

$$\pi r^2 h = \int_0^r 2\pi x h_x dx = \pi r^2 \left(h_a - \frac{\omega^2 r^2}{4g} \right) \qquad\qquad 2-46$$

となる。これより h_a を求め，式 2-44 に代入すれば，

$$h_x = h - \frac{\omega^2}{4g}(r^2 - 2x^2) \qquad\qquad 2-47$$

となる。

> **＋α プラスアルファ**
>
> 連続の条件とは，「原因もなく物質が突然現れたり消えたりすることはない」という条件で，質量保存則を満たすことを意味している。これについては次章で詳しく学ぶ。

例題 2-3-3 図 2-21 のような半径 $r=15\,\mathrm{cm}$ の円筒状ガラス水槽に水を入れ，水槽中心の水深と側壁に接する水深の差が $24\,\mathrm{cm}$ になるまで回転を上げる。このときの回転数（1 分間当たりの回転数：rpm）は，毎分何回転（rpm）か。ただし，水槽中央でも水深があり，水は外へこぼれないものとする。

解答

$$h_x = h_a - \frac{\omega^2}{2g}(r^2 - x^2)$$

水槽中央 $(x=0)$ での水深 h_a は

$$h_0 = h_a - \frac{\omega^2 r^2}{2g}$$

題意より，

$$h_a - h_0 = h_a - \left(h_a - \frac{\omega^2 r^2}{2g} \right) = \frac{\omega^2 r^2}{2g} = 0.24$$

$$\frac{\omega^2}{2 \times 9.8} \times 0.15^2 = 0.24$$

したがって，$\omega = 14.46\,\mathrm{rad/s}$

$$\omega = \frac{2\pi n}{60}{}^{*5} \quad \text{より，} \quad n = \frac{60\omega}{2\pi} = \frac{60 \times 14.46}{2\pi} = 138.08$$

よって，回転数は毎分 139 回転である。

> **＋α プラスアルファ**
>
> 回転数 n は，回転速度ともいい，単位時間当たりに物体が回転する速さ（回数）のことをいう。SI 単位では毎秒 $(\mathrm{s^{-1}})$ だが，実用的には r p m (revolutions per minute) が多く用いられている。
>
> 回転速度に 2π ラジアンを乗じると，角速度 ω の大きさになる。回転速度を $n[\mathrm{s^{-1}}]$，角速度の大きさを $\omega[\mathrm{rad/s}]$ とすれば，次のようになる。
>
> $$\omega = 2\pi n$$
>
> たとえば，物体が 1 秒間に $360°$ の割合で回転するならば，その回転速度は $1\,\mathrm{s^{-1}}$ つまり $60\,\mathrm{rpm}$ であり，角速度の大きさは $2\pi\,\mathrm{rad/s}$ となる。

演習問題 A 基本の確認をしましょう

2-3-A1 荷台に水槽を積んだトラックが時速 $60\,\mathrm{km/hr}$ で走っている。このトラックが 5 秒で静止する場合，水槽の水面の傾斜角を求めよ。

2-3-A2 直径 $20\,\mathrm{cm}$ の円筒容器を鉛直中心軸まわりに毎分 50 回転させたとき，円筒の側壁と中心の水面差を求めよ。

WebにLink
演習問題解答

2-3 相対的静止　49

演習問題 B　もっと使えるようになりましょう

2-3-B1 図のように，水を入れた容器を角度 θ の斜面に沿って，加速度 a で引き上げる。このとき，水面が水平となす角度を求めよ。

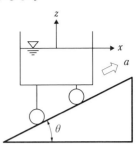

2-3-B2 前問の状態から手を放すと容器が斜面に沿って滑り落ちる。このとき，水面が水平となす角度を求めよ。

2-3-B3 図のように z 軸から 0.6 m 離れた位置に軸と 30° の傾きを有する円錐形容器が取りつけてある。z 軸のまわりを回転させて，容器内水を完全に空にするのに必要な回転数を求めよ。

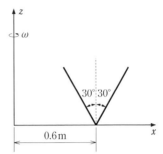

あなたがここで学んだこと

この節であなたが到達したのは

□ 相対的静止状態下での水面形を求めることができる

　本節に登場した相対的静止に関する問題は，これまでの静水問題と違って，加速度や慣性力などの質量力を考慮する必要がある。初めはこのことに戸惑いを覚えるかもしれないが，繰り返し問題を解くことによって習得してほしい。

3章

流れの基礎理論

堰の上を流れる水

水路を流れる水

写真は，実際の河川と実験水路を流れる水の様子を示したものである。我々が生活するなかで，水が流れている様子を見ないことはない。このような水の流れを力学的に理解することは，安全かつ便利に生活するうえで非常に重要である。たとえば，洪水にならないような安全な河川を計画する場合やダムの放流管を設計する場合など，多くの実務現場で流れを正確に把握することが求められる。しかしながら，連続的に流れている水は，内部でどのように流れているか，またその圧力がどのように作用しているのかは見ただけではわからないことが多い。流体内部の流速および圧力の分布などを知るためには，流体の流れを力学的な法則に当てはめて考えることが重要である。

●この章で学ぶことの概要

　本章では，流れを視覚的に表す方法として用いられる流線，流跡線，流脈線について説明するとともに，流体・流れの分類などの用語および定義の説明を行う。さらに，すでに学んでいる物理学の質量保存則，エネルギー保存則，ニュートンの運動第2法則を流体に適用させた場合の考え方とそこから導かれる連続式，ベルヌーイの式，運動量保存式とその応用，ポテンシャル流れの水理について説明を行う。本章で学習する内容は，このあとの章でも頻繁に使用される重要な内容である。

3.1 流れの水理量

予習 授業の前にやっておこう!!

すでに物理学で学んでいる物体の速さや速度などが，この節で学習する水の流れの水理量の定義，時間的および空間的な変化における流れの分類，流れの可視化などを理解するために必要な基礎知識である。

そこで，質点系力学における質点の速さおよび速度について確認してみよう。

1. 物体の速さ 物体が単位時間当たりに進む距離が速さである。

2. 物体の速度 物体が運動しているときに，物体は速さのほかに向きを持っており，速さと向きを合わせて考えたものを速度という。速度を用いることで，物体の動きを可視化的に見ることができる。たとえば，物体は，物体の持つ速度の向きの接線方向に向かって進むため，図のように各時間の速度の向きを描くことで，物体が動いた軌跡などを可視化的に見ることができる。

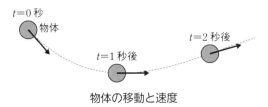

物体の移動と速度

1. 地点 A から移動した物体は，地点 B まで到達するのに 10 秒間かかった。図のように地点 A から B までの距離が 150 m であったときに物体が移動した速度 U を計算しなさい。

WebにLink
予習問題解答

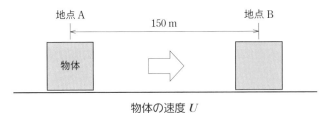

物体の速度 U

3-1-1 流体の分類

1. 流体の圧縮性と粘性 流体には圧縮性と粘性があり，流体の種類によってその性質が異なる。まず，流体の圧縮性であるが，流体は圧力を加えると圧縮する。ただし，空気のような気体では圧縮される量は非常に大きく，水のような流体では小さくなる。水のように圧縮性が小さく，

流体の圧縮性を無視して取り扱うことができる流体を非圧縮性流体という。一方，気体のように圧縮性が大きく，圧縮性を考慮する必要がある流体を圧縮性流体という。水理学では，対象としている流体の多くが水であり，非圧縮性流体として扱うのが一般的である。

流体の粘性であるが，流体にはその成分に応じた粘性があり，粘性が大きい流体ほど流れにくい性質がある。水理学では，粘性を考慮した流体を粘性流体といい，粘性を無視した流体は非粘性流体と呼ばれる[*1]。

2. 完全流体（理想流体） 圧縮性と粘性を無視した流体を完全流体（理想流体）という。流体を完全流体と仮定することで，流れの現象が単純化され，流れの基本的な性質を数学的に表現しやすくなる。

以上の流体の分類を整理すると表3-1のようになる。

[*1] ➕α プラスアルファ
流体の持つ粘性は，粘性係数 μ で表されており，流体の種類と温度によって異なる。その値はこれまでの実験で明らかにされている。

表3-1 流体の分類

	圧縮性	粘性
流体の分類	圧縮性流体	粘性流体
		非粘性流体
	非圧縮性流体（水理学）	粘性流体
		非粘性流体（完全流体）

3-1-2 流れの速度および量

1. 流速 流体粒子（水粒子）の流れる速度のことを流速 u という。すなわち，流体粒子が単位時間に進んだ距離のことである。図3-1のように，水粒子がある時間 t に進んだ距離を x とすると，流速は式3-1のように表すことができる[*2]。

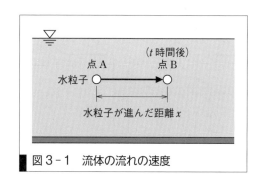

図3-1 流体の流れの速度

[*2] ➕α プラスアルファ
速度は，ある時間当たりの移動距離 x の変化量であるため，以下のように表すことができる。

$$\frac{dx}{dt} = u$$

ここで，dx は微小な時間で移動した距離，dt は微小時間，u は流速である。移動距離を時間で微分することによって，その速度を表すことができる。さらに，速度を時間で微分すると加速度となる。

$$u = \frac{x}{t} \qquad 3-1$$

また，断面全体で平均して表した流速を断面平均流速（または平均流速）U という。

2. 流量　ある断面を単位時間に通過する水の体積のことを流量 Q という。たとえば，図 3-2 の左の図のような水粒子の流速 u が等しい微小断面積 dA を考えた場合，そこを通過する水の流量 dQ は式 3-2 のように計算できる。

$$dQ = dA \cdot u \qquad 3-2$$

この微小断面の流量 dQ を断面全体で積分する（断面全体で足し合わせる）ことで，右の図のような断面全体を流れる水の流量 Q を計算することができる。また，断面平均流速 U を使用すれば，断面全体を通過する水の流量 Q は式 3-3 で計算することができる[*3]。

$$Q = \int_A dQ = \int_A u\, dA = A \cdot U \qquad 3-3$$

$$U = \frac{1}{A} \int_A u\, dA \qquad 3-4$$

[*3] **Don't Forget!!**
流量 Q の計算は頻繁に使用するため，式を使用できるようにしておこう！

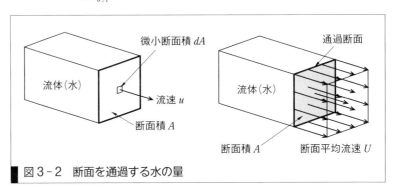

図 3-2　断面を通過する水の量

例題 3-1-1　図に示すような長方形断面水路を断面平均流速 $U=2.0$ m/s で水が流れているときの流量 Q を求めよ。

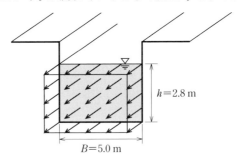

長方形断面水路

解答　流量を求める式 3-3 から，水路を流れる水の流量 Q は，断面積 A（水で満たされている部分）と断面平均流速 U から計算することができる。

断面積 A　　$A = B \times h = 5.0 \times 2.8 = 14.0$ m^2

流量 Q　　$Q = A \times U = 14.0 \times 2.0 = 28.0$ m^3/s

3-1-3 流れの分類

1. 流れの時間的・空間的な変化による分類 流れは時間的および空間的な変化によって,いくつかに分類される。時間的な変化による分類では,定常流と非定常流に分類することができる。定常流とは,時間的に流量や流速が変化しない流れである。非定常流とは,時間的に流量や流速が変化する流れのことである[*4]。

定常流のなかでさらに空間的に分類することができる。すべての場所で流れが変化しないような流れを等流,一方,場所によって変化するものを不等流という。定常流と非定常流,等流と不等流を整理したものを図3-3に示す。

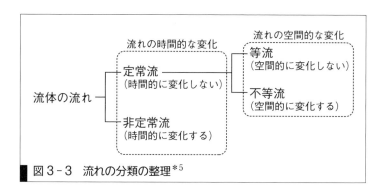

図3-3 流れの分類の整理[*5]

2. 流体粒子の流れによる分類 流体の流れを粒子で見た場合,その流速や流体の粘性,流体が接している壁面の状況に応じて,流体粒子の動きが異なる。図3-4(a)のように流体粒子(水粒子)が層状に流れているものを層流と呼ぶ。一方,(b)のように流体粒子が乱れながら流れているようなものを乱流と呼ぶ[*6,*7]。

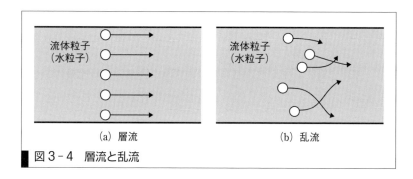

図3-4 層流と乱流

[*4] **工学ナビ**

水道の栓を一定の量を回して,そのままにしたときに,流れる水は定常流であり,一方,栓を閉めたり,開けたりして絶えず水道から流出する水の量を変化させたときの流水は非定常流である。

[*5] **Don't Forget!!**

流れの分類は重要なので,覚えておこう!

[*6] **+αプラスアルファ**

4-1節で学ぶが,層流と乱流は,レイノルズ数と呼ばれる無次元数で判別できることが実験で示されている。

[*7] **Let's TRY!!**

図のように水が流れており,その水は透明であるため,見ただけでは水の流れがわからない。この流れを視覚的に表し,層流と乱流を判別する方法について考えてみよう。

3-1 流れの水理量

3-1-4 水路の流れ

1. 水路の分類　水の流れる水路は，大きく2つに分けることができる。1つ目は，自由水面（大気に接した水面）を持たず，流体が水路壁に囲まれた状態で流れる水路であり，管路と呼ばれる。管路にはさまざまな形状のものがあり，図3-5のように長方形断面管路，円形断面管路，台形管路などがある[*8]。

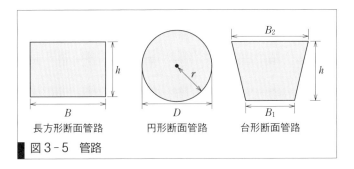

図3-5　管路

2つ目は，自由水面を持って流体が流れる水路であり，開水路と呼ばれる。図3-6のような長方形断面水路，水の満たされていない円管の中の流れ（円形断面水路），複断面水路などさまざまな形状のものがある[*9, *10]。

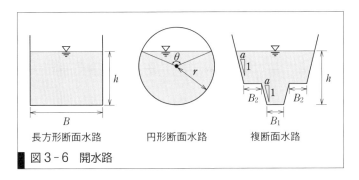

図3-6　開水路

2. 流水断面積（流積）・潤辺・径深　水理学で断面を流れる流量や水の流れやすさなどを表すときに，頻繁に利用されるのが流水断面積（流積），潤辺，径深である。まず，水路の水で満たされた部分の断面積のことを流水断面積（流積）A という。管路と開水路の場合では，それぞれ図3-7のようになる。

さらに，水路壁面と水が接している部分の長さを潤辺 S という。水路の図を用いて表すと図3-7のようになる。管路の場合は，水路壁面の長さと潤辺は等しくなる。

流水断面積 A を潤辺 S で割った値を径深 R という。径深を式で表すと式3-5のようになる[*11]。

$$R = \frac{A}{S}$$

3-5

[*8] 工学ナビ
管路は，上水道管，雨水を河川に排出する排水管，ダムに貯められた水を放水するための放流管など多くの場面で古くから使用されている（写真は昭和初期に建設された水道施設の配水管の例）。

[*9] 工学ナビ
用水路，下水道，写真のような河川などが実生活のなかの開水路の例である。

[*10] ＋αプラスアルファ
管中を水が流れている場合でも，管中が水で満たされておらず，自由水面を持つものは開水路に分類される。

[*11] ＋αプラスアルファ
径深の意味としては，水路断面の平均的な水深を示すものである。

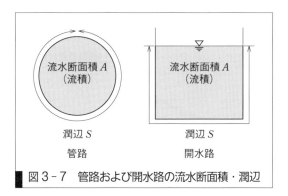

図3-7 管路および開水路の流水断面積・潤辺

3-1-5 流線・流跡線・流脈線

1. 定常流と非定常流の流速ベクトル　定常流は時間が変化しても流れが一定であるため，図3-8のように時間が$t=0\sim2\,\mathrm{s}$に変化しても流速ベクトルは一定である。非定常流では，時間によって流れが変化するため，図のように，各時間で流速ベクトルが異なる。

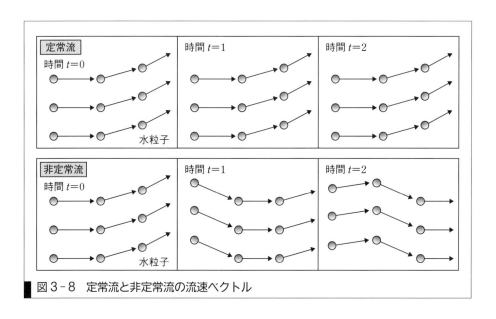

図3-8 定常流と非定常流の流速ベクトル

2. 流線・流跡線・流脈線　瞬間的な水粒子の速度方向の接線を結んだ線のことを流線という。図3-9のように，定常流の場合では，流速ベクトルの接線方向が時間によって変化しないため，すべての時間で流線は一致する。非定常流の場合では，流線は各瞬間で図のように変化する。

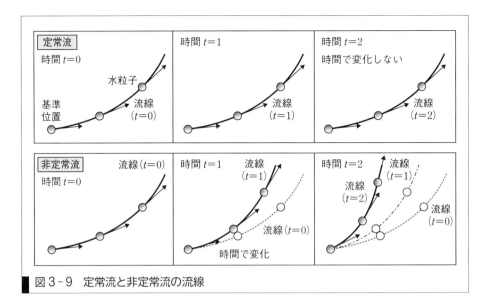

図3-9 定常流と非定常流の流線

流線を式で表すと式3-6のようになる。ここで，dx，dy，dzは粒子の移動距離，u，v，wは流速のx，y，z成分である。

$$\frac{dx}{u} = \frac{dy}{v} = \frac{dz}{w} \quad\quad 3-6$$

流跡線とは1つの流体粒子が移動した軌跡のことである。定常流では，流体の粒子は流線上を移動するため，図3-10のように流線と流跡線は一致する。非定常流の場合では，流線が時間によって変化するため，各瞬間の流線に応じた軌跡となる。いま，ある瞬間から微小時間dt間での流体粒子の軌跡（移動距離）を考えると，流跡線の式は流線の式に時間項dtを考慮した次式で表せる。

$$\frac{dx}{u} = \frac{dy}{v} = \frac{dz}{w} = dt \quad\quad 3-7$$

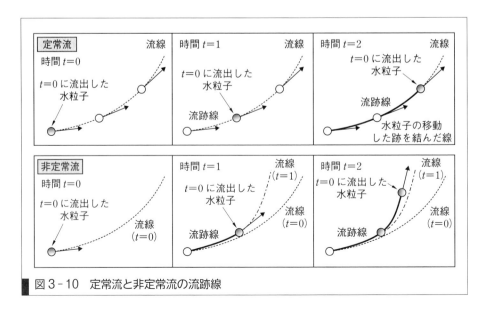

図3-10 定常流と非定常流の流跡線

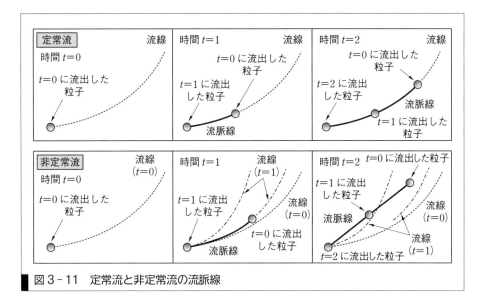

図3-11 定常流と非定常流の流脈線

　ある点から水と同じ比重の粒子を次々と流した場合に，それらを結んで描かれる線のことを流脈線という。定常流の場合は，図3-11のように流線と一致する。非定常流の場合は，時間によって流れが変化するため，図のように描くことができる*12。

　以上を整理すると，定常な流れの場であれば，流線，流跡線，流脈線はすべて一致することがわかる。水理学では，定常な場を扱うことが一般的であるため，比較的簡単にこれらを用いて流れを視覚的に見ることができる。

3. 流管　流れている流体中に描いた閉曲線から流線を引くと，図3-12のような流体の管となる。この仮想的な管のことを流管という。流体の流れは，流線を横切ることはないため，この流管の内部の流体が外部へ流出することはない。

*12

流脈線を比較的容易に確認する方法がある。たとえば，図のように流れがある水の中にインクを連続的に流したときにインクが線状に見える。それが流脈線であり，水理実験等で流れの可視化の一つとして行われることがある。

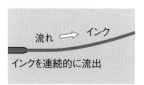

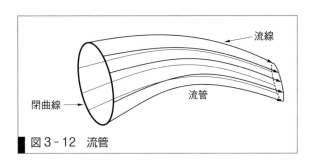

図3-12 流管

3-1-6 流れの観測

流れを観測するための方法として，オイラー的観測とラグランジュ的観測の2つがある。オイラー的観測は，図3-13(a)のように座標軸を固定し，その中の流体の動きを示すものである。水理学では，オイラー的観測を用いることが多い。ラグランジュ的観測は，図3-13(b)のように，水粒子の動きに追跡して座標系が移動するようなものである[*13]。

*13
Let's TRY!!
オイラー的観測とラグランジュ的観測について，実生活のなかでの適用例をそれぞれあげてみよう！

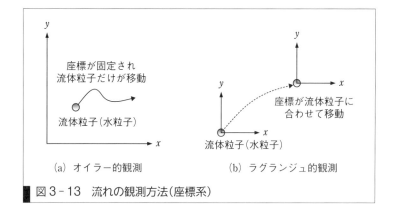

図3-13 流れの観測方法(座標系)

WebにLink
演習問題解答

演習問題 A 基本の確認をしましょう

3-1-A1 図のような四角形断面の管路と開水路の流水断面積 A，潤辺 S，径深 R を求めよ。さらに，水が断面平均流速 $U=2.0$ m/s で流れたときの流量 Q を求めよ。

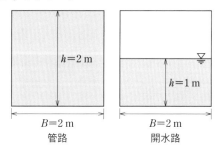

3-1-A2 図のような円形断面の管路と開水路における流水断面積 A，潤辺 S，径深 R を求めよ。さらに，水が断面平均流速 $U=2.0$ m/s で流れたときの流量 Q を求めよ。

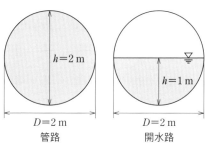

3-1-A3 図のような正三角形断面の管路と開水路における流水断面積 A, 潤辺 S, 径深 R を求めよ。さらに，水が断面平均流速 $U=2.0$ m/s で流れたときの流量 Q を求めよ。

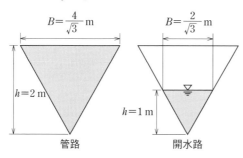

3-1-A4 図のような四角形，円形，正三角形断面に断面平均流速 $U=1.0$ m/s の水が流れている。流量 Q が大きい順に並べよ。さらに，径深 R を求めて大きい順に並べよ。

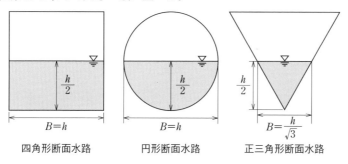

演習問題 B　もっと使えるようになりましょう

3-1-B1 図のような直径 D の円形断面水路内を断面平均流速 $U=1.0$ m/s で水が流れているときの流量 Q を求めよ。ただし，水路内での水深 h は 1.2 m である。

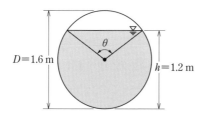

3-1-B2 図に示すような半径 r の円形断面の管路と開水路があるとき，流水断面積 A, 潤辺 S, 径深 R を求めよ。

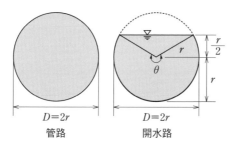

3-1-B3 図に示すような台形断面水路に水が流れている場合，流水断面積 A，潤辺 S，径深 R を求めよ。

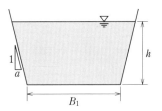

3-1-B4 図に示すような複断面水路の流水断面積 A，潤辺 S，径深 R，流量 Q を求めよ。ただし，断面平均流速 $U = 2.0$ m/s とする。

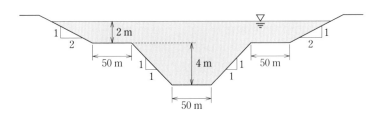

あなたがここで学んだこと

この節であなたが到達したのは
- □流体，流れの分類が説明できる
- □流体の流れの速度および量について説明できる
- □流水断面積 A，潤辺 S，径深 R，流量 Q の関係を計算できる
- □流線，流跡線，流脈線について説明することができる

　本節では流れの水理量を学習し，流速，流量の考え方と計算方法について見てきた。さらに，流体，流れの分類，流線，流跡線，流脈線，流管などの定義について学習した。これらは，水理学に基本的な用語・定義であり，このあとの学習でも頻繁に使用するため，しっかりと習得しておこう。

3　2　流れの連続式とその応用

予習　授業の前にやっておこう!!

すでに学んでいる物体の質量保存則が理解できており，その計算ができることが本節を理解するために必要な基礎知識である。そこで，物体の質量と体積の計算および質量保存則について確認してみよう。

1. 質量と体積　質量 m は，物体がもとから持っている量のことであり，物体の体積 $V[\mathrm{m}^3]$ に密度 $\rho[\mathrm{kg/m^3}]$ を掛け合わせた次式で表される。

$$m = \rho V$$

2. 質量保存則　化学反応の前後で物質の総質量は変化しないという法則である。物体に適用して考えた場合，物体の形が変化または移動しても，その総質量は変化しないという法則である。

予習問題解答

1. 温度10℃の水が水槽に 1 m³ が入っている。その水の質量[kg]を求めよ。

2. 物質Aは密度 ρ_1 が 1000.0 kg/m³ であり，体積 V_1 が 100 m³ である。10時間後，物質Aの体積 V_2 が 110 m³ に変化していた。10時間後の物質Aの密度 ρ はいくらになっているか計算しなさい。

3-2-1 流れのある流体の質量

流れている水の質量 m は，図3-14のような微小時間 Δt にある断面を通過した水の体積 $V (=$ 流量 $Q \times \Delta t)$ と水の密度 ρ から式3-8より求めることができる。

$$m = \rho V = \rho Q \Delta t \qquad 3-8$$

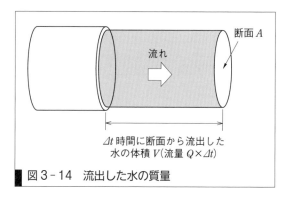

図3-14　流出した水の質量

3-2-2 連続式

すでに質点系の力学で学習している質量保存則の考え方は，流体においても適用することができる。流体に質量保存則を適用させた場合，流体の質量が勝手に増加したり，減少したりしないというものである。また，流体に質量保存則を適用させ，それを式で表したものを連続式という[1]。

図3-15のように水が断面Ⅰから流入し，断面Ⅱで流出している場合に，質量保存則が成り立つとすれば，断面Ⅰから流入する流量（流体の質量）と断面Ⅱから流出する流量は等しくなる。この関係を式で表すと式3-9のようになる。

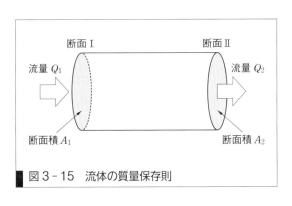

図3-15　流体の質量保存則

$$\rho_1 Q_1 = \rho_2 Q_2 \qquad 3-9$$

断面Ⅰから流入する流量（質量）＝断面Ⅱから流出する流量（質量）

水理学では，流体を非圧縮性流体として扱うため，流体の密度の変化はない（$\rho_1 = \rho_2$）と考え，上式は式3-10のように示すことができる。

$$Q_1 = Q_2 = 一定 \qquad 3-10$$

さらに，流量を通過する断面の断面積Aと断面平均流速Uを用いて書き換えることにより，最終的に式3-11のように示され，これが連続式である[2,3]。

$$Q = A \cdot U = 一定 \qquad 3-11$$

また，連続式は微分を使った式で表すと，

$$\frac{\partial u}{\partial x} + \frac{\partial v}{\partial y} = 0 \qquad 3-12$$

となる。ここで，u，vはxおよびy方向の流速である。この式は2次元の空間の連続式を表したものである[4,5]。

---

[1] **Let's TRY!!**
身のまわりのなかで流体の質量保存則（連続式）の考え方を使用したものを考えてみよう！

[2] **Don't Forget!!**
連続式は重要な式であるため，覚えておこう！さらに，式を使えるようにしておこう！

[3] **Let's TRY!!**
断面が大きい管路と小さい管路に同じ流量の水を流したときに，断面の小さい管路のほうが水の流速が速くなる。なぜ，断面が小さい管路のほうで流速が速くなるのか，連続式を使って説明してみよう。

[4] **WebにLink**
微分を使った連続式の誘導を行ってみよう！

[5] **+α プラスアルファ**
この微分を使った式は，3-5節のポテンシャル流れの部分の基礎知識となるため，覚えておこう！

例題 3-2-1 図に示すような管径が異なる2つの円管ⅠとⅡが接続され、その中を水が流れている。円管Ⅰを流れる水の断面平均流速 U_1 は 1.0 m/s であるとき、円管Ⅱを流れる水の断面平均流速 U_2 を求めよ。

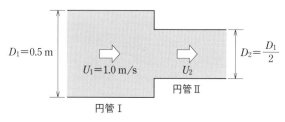

管径が異なる管路の流れ

解答 連続式を用いることで、円管Ⅱの流速 U_2 を計算することができる。まず、円管ⅠとⅡにおける面積 A_1 と A_2 の計算を行う。

円管Ⅰの断面積 A_1 の計算

$$A_1 = \frac{\pi D_1^2}{4} = \frac{\pi \times 0.50^2}{4} = 0.1963 \text{ m}^2$$

円管Ⅱの断面積 A_2 の計算

$$A_2 = \frac{\pi D_2^2}{4} = \frac{\pi \times 0.25^2}{4} = 0.0491 \text{ m}^2$$

連続式より、円管Ⅱの断面平均流速 U_2 の計算を行うと以下のようになる。

円管Ⅱの断面平均流速 U_2 の計算

連続式より、$A_1 U_1 = A_2 U_2$

$$U_2 = \frac{A_1}{A_2} U_1 = \frac{0.1963}{0.0491} \times 1.0 = 4.00 \text{ m/s}$$

演習問題 A 基本の確認をしましょう

3-2-A1 管径が異なる2つ円管を接続し、水を流したときに、図のような条件となった。円管Ⅱの直径 D_2 を求めよ。

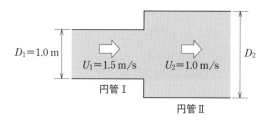

3-2-A2 図に示すような断面が細くなっている円形断面水路の中を水が流れている。断面Ⅰの断面平均流速 U_1 が 1.0 m/s であるとき、断

面ⅡおよびⅢの流速 U_2, U_3 を求めよ．さらに，断面Ⅲを通過する流量 Q を求めよ．

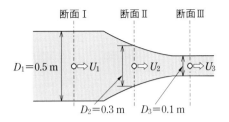

3-2-A3 図のような円形の貯水槽に直径 0.2 m の円管が接続されており，そこから水が断面平均流速 U で流出している．貯水槽に直径 0.1 m の円管から平均流速 $U_1 = 2.0$ m/s で注水を行ったときに，貯水槽の水位が一定となった．このときの円管から流出する断面平均流速 U を求めよ．

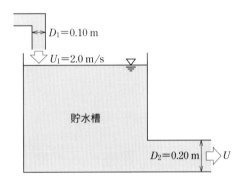

3-2-A4 図のように 2 本の円管と 1 本の円管が接続されている．円管Ⅰ とⅡの断面平均流速 U_1 および U_2 は 1.0 m/s であるときの円管Ⅲを流れる断面平均流速 U_3 を求めよ．

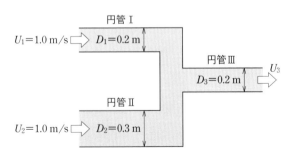

| 演習問題　B | もっと使えるようになりましょう |

3-2-B1 図に示すような水門の下部を流出する水の断面平均流速 U を求めよ．水路の幅は 2 m である．ただし，水門付近の水位は一定で

変化しないものとする。

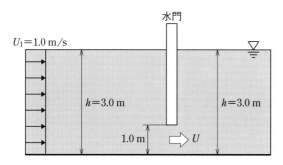

3-2-B2 図のような2本の直径が異なる円管が接続されており，円管Ⅱで円管Ⅰの断面平均流速 $\frac{1}{3}$ となるように水を流す設計を行う予定である。円管Ⅱの直径 D_2 を円管Ⅰの直径 D の何倍にすればよいか求めよ。管路のエネルギー損失は無視してよい。

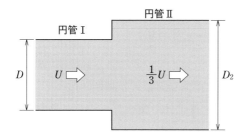

3-2-B3 図に示すような直径 D_1 の円形断面の貯水槽があり，水槽の底面に直径 D_2 の円管が接続されている。水槽の水面が断面平均流速 $U_{水面}$ で低下するときに，底面に接続した円管から流出する水の断面平均流速 U を求めよ。ただし，水槽の水量が減少しても，水面の低下速度 $U_{水面}$ は変化しないものとする。

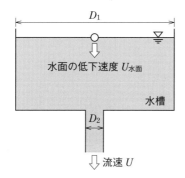

3-2-B4 図のような円管（円形断面水路）Ⅰ～Ⅳまでが接続されており，その中を水が流れている。円管Ⅱの部分の断面平均流速 U_2 が 1.0 m/s のとき，そのほかの円管の断面平均流速 U_1, U_3, U_4 を求めよ。ただ

し，円管IIとIIIは同様の円管であり，同じ流量 Q の水が流れている。

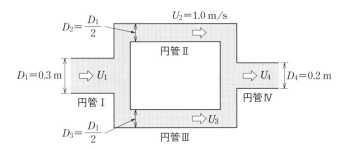

あなたがここで学んだこと

この節であなたが到達したのは
- □ 流体の質量保存則の考え方を説明できる
- □ 連続式を導くことができ，それについて説明することができる
- □ 連続式を使うことができる

　本節では，すでに学んでいる物質の質量保存則を流体に適用させた場合の考え方および連続式の誘導を行った。さらに，例題と演習問題を通して連続式の使い方について学習した。これらは，このあとにもつながる重要な内容であるため，しっかりと計算できるようにしてほしい。

3.3 運動方程式とその応用

予習　授業の前にやっておこう!!

質点系力学のエネルギー保存則の考え方を理解できており，その法則を用いた計算ができることが，本節を理解するために必要な基礎知識である。すでに学んでいる質点系力学のエネルギー保存則について確認してみよう。

1. 質点系力学の物体が持つエネルギー　質点系力学の物体が持つエネルギーは，運動エネルギーと位置エネルギーに分けることができる。

　　運動エネルギー……物体が動いているときに作用するエネルギー
　　位置エネルギー……物体の高さによって作用するエネルギー

2. 質点系力学のエネルギー保存則　物体の持つエネルギーは，外部にエネルギーが逃げないとすると質量と同様に減少したり，増加したりしない。これをエネルギー保存則という。そのため，図のように物体が点Aから点Bに移動しても，物体が持つ運動エネルギーと位置エネルギーの割合は変化するが，その総エネルギーは一定となる。式で表すと物体が持つ総エネルギーは，運動エネルギーと位置エネルギーを足し合わせた式3-13のようになる。

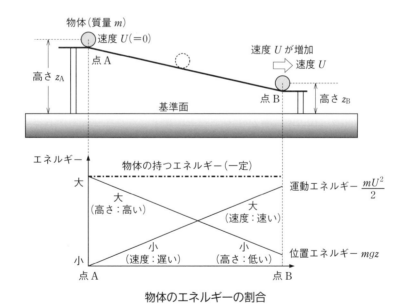

$$E = mgz + \frac{1}{2}mU^2 = 一定 \qquad 3-13$$

（総エネルギー）＝（位置エネルギー）＋（運動エネルギー）＝一定

ここで，E は物体が持つ総エネルギー量，m は物体の質量，g は重力加速度，z は物体の高さ，U は物体の速度である。

1. 上図の点 A に物体がある場合の物体が持つエネルギーE_Aと点 B に移動したときのエネルギーE_Bを答えよ。底面の摩擦および空気抵抗は無視できることとする。

2. 点 B における物体の速度 U_B を求めよ。ただし，点 A の高さ $z_A = 2\,\mathrm{m}$，点 B の高さ $z_B = 0.5\,\mathrm{m}$ とする。

3. 質点系のエネルギー保存則の式 3-13 を質量と重力加速度 mg で割り，式全体でエネルギーの単位[kg·s²/m]から長さの単位[m]に変換せよ。

WebにLink
予習問題解答

3-3-1 ベルヌーイの定理（エネルギー保存則）

1. ベルヌーイの定理 質点系力学で学んだエネルギー保存則の考え方は流体においても適用することができる。流体にエネルギー保存則の考え方を適用させたものをベルヌーイの定理と呼び，それを式で表したものをベルヌーイの式という。ただし，質点系力学のエネルギー保存則は，運動エネルギーと位置エネルギーの 2 つを考えればよかったが，流体の場合ではその 2 つに圧力エネルギーを加えて考える必要がある[1,2]。

また，ベルヌーイの定理では，エネルギーを水柱の高さ（長さの単位）に変換した水頭と呼ばれる量を用いて，各エネルギーを表すことが一般である。質点系力学のエネルギーと水理学の水頭表示の関係を整理すると表 3-2 のようになる。

[1]
Don't Forget!!
ベルヌーイの定理は，重要な定理であり，この考え方は，このあとの説明にも広く使われるため，覚えておこう！

[2]
プラスアルファ
ベルヌーイの定理は，1738年にベルヌーイ（Bernoulli）によって発表された流体のエネルギー保存則である。

表 3-2　質点系力学のエネルギーと水理学の水頭表示の関係

質点系のエネルギー保存則 （エネルギー表示）	流体のエネルギー保存則 （水頭表示）
全（総）エネルギー	全水頭
位置エネルギー	位置水頭
―	圧力水頭
運動エネルギー	速度水頭

質点のエネルギー保存則の考え方を利用し，ベルヌーイの式の誘導を行う。まず，質点系力学のエネルギー保存則の各エネルギー量を長さの単位に変換する。質点系力学のエネルギー保存則の式 3-13 を質量 m と重力加速度 g で割ることにより，各エネルギーの項は長さの単位に変換することができ，式 3-14 のようになる。

70　3章　流れの基礎理論

$$\frac{E}{mg} = z + \frac{U^2}{2g} = 一定 \qquad 3-14$$

　流体の場合では，運動エネルギーおよび位置エネルギーに加えて，流体が物体の単位面積当たりに作用する力である圧力によるエネルギーが保存される。そのため，圧力エネルギーに相当する項を式 3-14 に追加して考える必要がある。圧力エネルギーは，静水圧の式から式 3-15 のように圧力水頭 H' として表すことができる。

$$p = \rho g h \quad \rightarrow \quad H' = h = \frac{p}{\rho g} \qquad 3-15$$

（静水圧の式）　→　　（圧力水頭）

　位置水頭を基準面からの高さ z として，圧力水頭を式 3-14 に追加すれば，ベルヌーイの式は次式

$$H_e = z + \frac{p}{\rho g} + \frac{U^2}{2g} \qquad 3-16$$

（全水頭）＝（位置水頭）＋（圧力水頭）＋（速度水頭）

のようになる[3, 4, 5]。ここで，H_e はすべての水頭を足し合わせた全水頭，右辺第 1 項は位置水頭，第 2 項は圧力水頭，第 3 項は速度水頭と呼ぶ。各水頭の関係を管路に適用させると図 3-16 のようになる。また，位置水頭と圧力水頭を合わせた水頭はピエゾ水頭と呼ばれる。

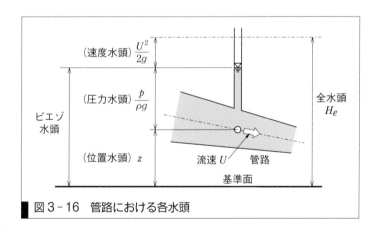

図 3-16　管路における各水頭

[3] **Don't Forget!!**
ベルヌーイの式は，重要なので覚えておこう。

[4] **＋αプラスアルファ**
実際では，管路や開水路の壁面で摩擦が生じるため，流れが乱され，エネルギーが損失する。今回の場合は，流体を完全流体として扱っているためエネルギーの損失は考えないが，実際の流れにベルヌーイの式を適用する場合は，エネルギー損失を考慮する必要がある（4-2 節，4-3 節で学習）。

[5] **Let's TRY!**
実生活のなかでのベルヌーイの定理の適用例を考えてみよう！

　以上より，質点系力学と流体のエネルギー保存則の関係を整理したものを表 3-3 に示す。

表 3-3　質点系力学と流体のエネルギー保存則

	質点系力学	流体力学（水理学）
エネルギー表示	$E = mgz + \frac{1}{2}mU^2 = 一定$	$E = \rho g Q z + Q p + \frac{1}{2}\rho Q U^2 = 一定$ $m = \rho Q$
長さ・水頭表示	$H_e = z + \frac{U^2}{2g} = 一定$	$H_e = z + \frac{p}{\rho g} + \frac{U^2}{2g} = 一定$

3-3　運動方程式とその応用

2. エネルギー補正係数　水路の断面全体で流速は一定ではなく，断面の中央部で流速が速く，壁面に近い位置で若干遅い傾向がある。そのため，断面のある一点（流線）の流速 u を用いる場合と断面平均流速 U を用いる場合で計算結果が異なる。断面平均流速 U を計算に用いる場合，補正係数によって流速を補正する必要がある。この補正係数のことをエネルギー補正係数 α という。エネルギー補正係数は，1.0〜1.1 程度の値が一般的に使われており，$\alpha=1.0$ として省略されている場合も多い。

エネルギー補正係数を用いたベルヌーイの式は式 3-17 のように表される*6。

$$H_e = z + \frac{p}{\rho g} + \frac{\alpha U^2}{2g} = 一定 \qquad 3-17$$

*6 ＋αプラスアルファ
エネルギー補正係数については，4-2 節で詳細な説明を行う。

3. 完全流体の運動方程式　完全流体のエネルギー保存則としてベルヌーイの定理を説明した。さらに，ニュートンの運動第 2 法則を完全流体に適用させたものを完全流体の運動方程式（オイラーの運動方程式）という*7, *8。

*7 ＋αプラスアルファ
完全流体の運動方程式（オイラーの運動方程式）に対して，粘性を考慮した流体の運動方程式をナビエ-ストークス方程式という。

*8 WebにLink
完全流体の運動方程式の誘導を行ってみよう！

3-3-2 ベルヌーイの定理の適用

ベルヌーイの定理を管路と開水路に適用させると次のように表すことができる。まず，管路の場合を考えると，管路にある 2 つの断面にベルヌーイの定理を適用させると図 3-17 のようになり，式 3-18 のように表すことができる。断面Ⅰと断面Ⅱの全水頭 H_e を結んだものをエネルギー線，圧力水頭と位置水頭を合わせたピエゾ水頭の勾配を動水勾配線という。

$$H_e = z_1 + \frac{p_1}{\rho g} + \frac{U_1^2}{2g} = z_2 + \frac{p_2}{\rho g} + \frac{U_2^2}{2g} \qquad 3-18$$

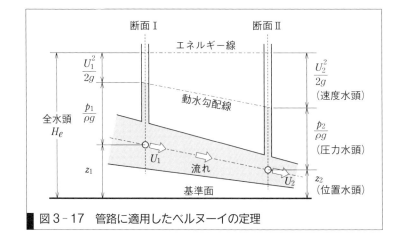

図 3-17　管路に適用したベルヌーイの定理

次に，定常流の開水路の2つの断面にベルヌーイの定理を適用すると各水頭は図3-18のようになる[*9]。

*9
+α プラスアルファ
実際の河川も開水路であり，ベルヌーイの定理を適用することができる。ただし，実際の河川では，底面摩擦などの影響でエネルギー損失が生じるため，その損失を考慮したベルヌーイの定理を適用する必要がある。適用例は7-2節で説明する。

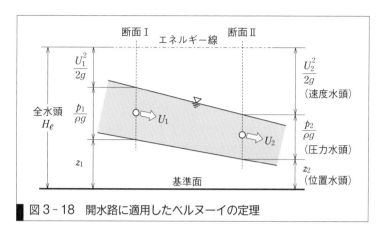

図3-18 開水路に適用したベルヌーイの定理

例題 3-3-1 図のような円管に水が流れている場合において，次の問いに答えなさい。断面Iの断面平均流速 U_1 が1.0 m/s，圧力 $p_1=98000$ Pa，位置水頭 z_1 が5 m，断面IIの位置水頭 z_2 が2 mの条件において，断面IIの断面平均流速 U_2，圧力 p_2 を求めよ。ただし，水の密度 ρ は1000 kg/m^3，断面Iの管内径 D_1 は0.4 m，断面IIの管内径 D_2 は0.2 mであり，エネルギー補正係数 α は省略（=1.0）すること。

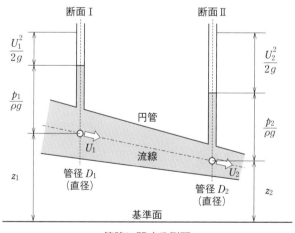

管路に関する例題

解答 断面Iと断面IIに連続式を適用させ，断面平均流速 U_2 を求める。

$$U_1 \cdot A_1 = U_2 \cdot A_2 \quad \text{より，} \quad U_2 = U_1 \cdot \frac{A_1}{A_2} \quad \text{となる。}$$

断面IとIIの断面積 A_1, A_2 は以下のように計算できる。

$$A_1 = \frac{\pi \cdot 0.40^2}{4} = 0.1257 \text{ m}^2, \quad A_2 = \frac{\pi \cdot 0.20^2}{4} = 0.0314 \text{ m}^2$$

連続式に代入し，断面平均流速 U_2 を求める。

$$U_2 = 1.0 \times \frac{0.1257}{0.0314} = 4.00 \text{ m/s}$$

断面Ⅰと断面Ⅱでベルヌーイの式を考え，圧力 p_2 を求める。

$$z_1 + \frac{p_1}{\rho g} + \frac{U_1^2}{2g} = z_2 + \frac{p_2}{\rho g} + \frac{U_2^2}{2g}$$

$$p_2 = \left\{(z_1 - z_2) + \frac{p_1}{\rho g} + \frac{(U_1^2 - U_2^2)}{2g}\right\} \rho g$$

すでにわかっている値を代入する。

$$5.0 + \frac{98000}{1000 \times 9.8} + \frac{1.0^2}{2 \times 9.8} = 2.0 + \frac{p_2}{\rho g} + \frac{U_2^2}{2 \times 9.8}$$

$$p_2 = \left\{(5.0 - 2.0) + \frac{98000}{1000 \times 9.8} + \frac{(1.0^2 - 4.003^2)}{2 \times 9.8}\right\} \times 1000 \times 9.8$$

$$= 119888 \text{ Pa} \fallingdotseq 120 \text{ kPa}$$

3-3-3 ベルヌーイの定理の応用

1．トリチェリの定理 図3-19のような水槽があり，その下部の排水口から水が流出する場合，ベルヌーイの定理を用いて排水する水の断面平均流速 U_B を求めることができる。まず，水面を点A，排水口部を点Bとした場合，その2点におけるベルヌーイの式を考えると，式3-19のようになる。

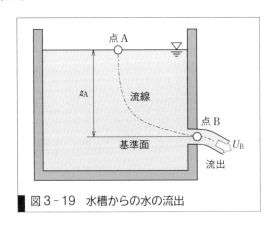

図3-19 水槽からの水の流出

$$z_A + \frac{p_A}{\rho g} + \frac{U_A^2}{2g} = z_B + \frac{p_B}{\rho g} + \frac{U_B^2}{2g} \qquad 3-19$$

基準面は水槽の排水口の中心とするため，点Bの位置水頭 z_B は0mとなる。点Aと点Bでは，大気に接しているため，両者の圧力 $p=0$ となり，ベルヌーイの式は式3-20のようになる。

$$z_A + \frac{0}{\rho g} + \frac{U_A^2}{2g} = 0 + \frac{0}{\rho g} + \frac{U_B^2}{2g}$$

$$z_A + \frac{U_A^2}{2g} = \frac{U_B^2}{2g} \qquad 3-20$$

ここで，U_A，U_B は流速，z_A は位置水頭である。さらに，水面での流速は十分に小さく無視できるとすると最終的に式 3-21 の形となる。

$$U_B = \sqrt{2gz_A} \qquad 3-21$$

この式は，水槽から流出する流体の速度が，深さの平方根に比例することを表したものであり，トリチェリの定理と呼ばれ重要な定理である[*10, *11]。

ただし，実際の水には粘性があり，その粘性によりエネルギー損失が生じるため，流速係数 $C_v(0.96〜0.99)$ を用いて補正する必要がある。流速係数を加えると式 3-22 のようになる[*12]。

$$U_B = C_v\sqrt{2gz_A} \qquad 3-22$$

例題 3-3-2 図に示すような水槽において，点 B から流速 U_B で水が流出している。次の問いに答えよ。

(1) 水槽の底面を基準面とした水面付近点 A と流出部点 B のベルヌーイの式を誘導せよ。

(2) 点 B から流出する水の断面平均流速 U_B を求めよ。

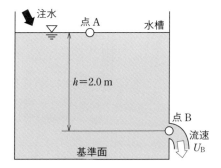

水槽から流出する流速

解答 (1) 点 A と点 B のベルヌーイの式を考えると，以下のようになる。

$$z_A + \frac{p_A}{\rho g} + \frac{U_A^2}{2g} = z_B + \frac{p_B}{\rho g} + \frac{U_B^2}{2g}$$

点 A と B は大気に接しているため $p_A = 0$ Pa および $p_B = 0$ Pa，水面での流速は無視できるので $U_A = 0$ m/s となり，ベルヌーイ

[*10] **Don't Forget!!**
トリチェリの定理は，よく使用されるので，使えるようにしておこう！

[*11] **工学ナビ**
トリチェリの定理は，オリフィスなどを用いた流量測定に使われるとともに，水槽やタンクからの流体の流出量を計算するときに利用される。

オリフィスからの水の流出

[*12] **+α プラスアルファ**
完全流体の場合では，水の粘性を無視しているため，摩擦の影響を無視できるが，実際の水の流れは摩擦などによって流れの微小なエネルギーの損失が生じる。その損失を考慮するために，流速係数 C_v を用いる。

*13

ベルヌーイの定理（トリチェリの定理）を使用すると写真のような高さが違う水の流出の速度の違いや流出距離などを計算で求めることができる。
（写真：WebにLink）

*14
Let's TRY!!

上の写真で，なぜ上部と下部で流出している水の勢いが違うのかベルヌーイの定理を使って説明してみよう。

*15
+α プラスアルファ

ピトー管についての詳細な計算例などは，10-2節で述べる。

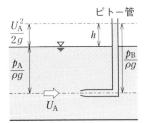

*16
+α プラスアルファ

ベンチュリーメータについての計算例は10-1節で述べる。

の式は以下のようになる。

$$z_A + 0 + 0 = z_B + 0 + \frac{U_B^2}{2g} \rightarrow U_B = \sqrt{2g(z_A - z_B)}$$

（2）位置水頭 z_A は基準面から点Aまでの高さ，z_B は基準面から点Bまでの高さであるため，$z_A - z_B = h$ となる。これより，断面平均流速 U_B は以下のように計算できる。

$$U_B = \sqrt{2g(z_A - z_B)} = \sqrt{2gh} = \sqrt{2 \times 9.8 \times 2.0} = 6.26 \, \text{m/s}$$

このようにベルヌーイの定理を応用することで，流出する水の流速を容易に計算できるようになる[*13, *14]。

2．流速測定器 流速測定器として，代表的なものにピトー管とベンチュリーメータの2つがある。流れている流体の中に細い管を使用して流体の流速を測定する装置をピトー管という。ピトー管の水位と水路の水位の差 h からベルヌーイの定理を用いて流速を計算することができる[*15]。

図3-20の断面Ⅰと断面Ⅱのような断面の異なる管路に連続式とベルヌーイの定理を適用させ，流量を求める装置をベンチュリーメータという[*16]。

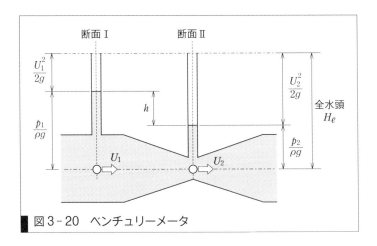

図3-20 ベンチュリーメータ

演習問題 A 基本の確認をしましょう

演習問題解答

3-3-A1 図のような条件で円管に水が流れており，断面Ⅱにおける圧力水頭，速度水頭を求めよ。ただし，水の密度 ρ は $1000 \, \text{kg/m}^3$，断面Ⅰの圧力 p_1 は $50000 \, \text{Pa}$ である。

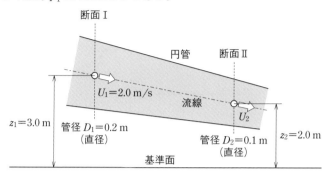

3-3-A2 図のような断面が縮小している円管に水が流れているときに，断面Ⅱの断面平均流速 U_2 と圧力水頭 $\dfrac{p_2}{\rho g}$ を求めよ。ただし，断面の縮小におけるエネルギーの損失はなく，水の密度 ρ は $1000 \, \text{kg/m}^3$ とする。

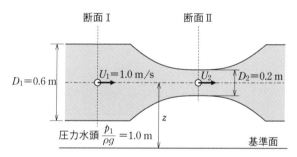

3-3-A3 図に示すような貯水槽に直径 $0.2 \, \text{m}$ の円管が設置され，水が流出している。次の問いに答えよ。ただし，水槽内の水の水位は変化しないものとする。

(1) 点AとBにおけるベルヌーイの式を立て，その後，点Bから流出する断面平均流速 U を表す式を誘導せよ。

(2) 点Bにおける流量 Q を求めよ。

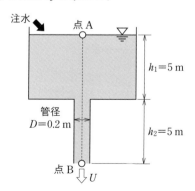

3-3-A4 図のような水槽から水が断面平均流速 U で流出している。この流出した水が水槽底面の高さ（流出位置から 3 m 低下した高さ）に達するときの水平距離 x を求めよ。

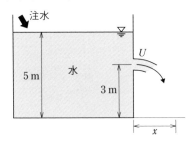

演習問題　B　もっと使えるようになりましょう

3-3-B1 図のような貯水槽に 2 本の円管が設置され，円管から水が排水されている。このときの以下の問いに答えよ。ただし，貯水槽の水位 h は一定である。

(1) 点 A～G の各圧力 p_A～p_G を求めよ。ただし，点 B および D は水槽側と管路側に分けて，圧力を求めること。

(2) 点 C と点 G から流出する断面平均流速 U_C と U_G を求めよ。

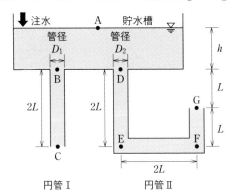

3-3-B2 図のように地面から $\dfrac{h}{2}$ のところに水槽が設置されており，微小な孔から断面平均流速 U で水が流出している。地面に到達するときの水平距離 x を求めよ。

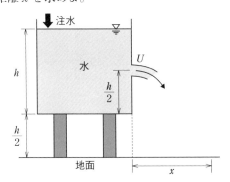

3-3-B3 図に示す貯水槽に接続された直径 D_0 の円管から断面平均流速 U_0 で水が大気中に流出している。円管の出口から高さ h だけ落下したところでの水流の直径 D を求めよ。ただし，貯水槽の水位の変動や空気などの抵抗は無視することとする。

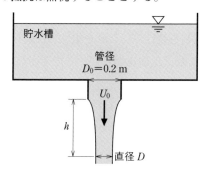

3-3-B4 図のような密度の異なる流体が入った水槽が3つあり，水槽から流体が断面平均流速 $U_1 \sim U_3$ で流出している。このときの流速 $U_1 \sim U_3$ を求めよ。さらに，流体の密度が $\rho_1 < \rho_2$ のときの流速 $U_1 \sim U_2$ を，流速が大きい順に並べよ。ただし，水槽の水位は一定に保たれ，流体は混合しないものとする。

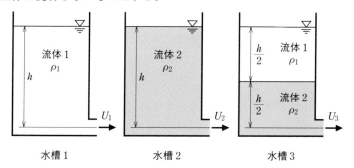

あなたがここで学んだこと

この節であなたが到達したのは
- □ 流体のエネルギー保存則（ベルヌーイの定理）の考え方を説明できる
- □ ベルヌーイの定理を用いた計算ができる
- □ 完全流体の運動方程式（オイラーの運動方程式）について説明できる

本節では，すでに学習している質点力学のエネルギー保存則（ベルヌーイの定理）を流体に適用させた場合について学習した。さらに，例題と演習問題を通して，ベルヌーイの式の使い方について学習した。これらは，水の流れの基本的な知識であり，内容をしっかりと理解してほしい。

3 4 運動量保存則とその応用

予習 授業の前にやっておこう!!

慣性の法則 質量 m の物体がある方向に速度 U で運動しているとき，その方向に力が作用しなければ，物体は同じ速度を保ったまま運動を続ける。これを慣性の法則(ニュートンの運動第1法則)と呼ぶ。逆に何らかの力が作用すれば，加速度 a が生じて速度が変化することは容易に想像できる。

固体(質点系)の運動量 運動する物体の質量 m と速度 U の積を運動量 M と呼び，次式で表される。

$$M = mU$$

定常流の連続式

$$Q = A_1 U_1 = A_2 U_2 = \cdots$$

---

1. 質量 m の球が自由落下している。ある時刻 t での速度が $U(t)$ のとき，dt 秒後の速度 $U(t+dt)$ はいくらになるか？ 重力の加速度を g とする。また，重力の作用しない宇宙空間ではどうなるか。

2. 質量 $m_1 = 0.2\,\text{kg}$，速度 $U_1 = 35\,\text{m/s}$ の球 A が静止している球 B に衝突したところ，球 A は静止し，球 B は同じ方向に速度 $U_2 = 20\,\text{m/s}$ で動き出した。球 A と B の運動量 M が同じとして球 B の質量 m_2 を求めよ。

WebにLink
予習問題解答

3-4-1 運動量と運動量保存則

運動している物体の質量 m と速度 U の積($M = mU$)を運動量と呼ぶ。もし，運動している方向に力が働いていなければ，物体の運動量は保存され，質量が変わらない固体の運動では，速度も一定となる(慣性の法則)。一方，その方向に一定時間何らかの力が作用すると，物体の運動量は変化する。このとき，運動量の時間的な変化率 $\dfrac{dM}{dt}$ は，物体に作用する力 F に等しい。これが，運動量保存則(運動量式，運動量の法則ともいう)である。いま，空気中を水平方向(x 方向)に速度 U_1 で運動している質量 m の球を考える(図3-21)。運動している方向に力 F が作用し，時間 dt 後に速度が U_2 に増加したとすると，運動量保存則より，F は次式で求められる[1]。

*1
＋α プラスアルファ

$\dfrac{U_2 - U_1}{dt}$ は，dt 間の加速度 a に等しいから，式3-23は，ニュートンの運動第2法則($F = ma$)に帰着する。

80 3章 流れの基礎理論

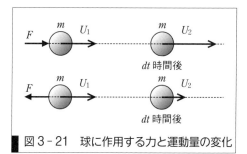

図3-21 球に作用する力と運動量の変化

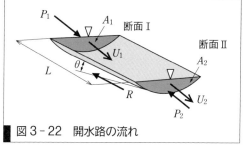

図3-22 開水路の流れ

$$F = \frac{dM}{dt} = \frac{mU_2 - mU_1}{dt} = m\frac{U_2 - U_1}{dt} \qquad 3-23$$

　一方，空気抵抗によって進行方向と逆向きの抵抗力 F が作用する場合には，球は減速する（$U_2 < U_1$）ことになる。このとき，式3-23の左辺を $-F$ とおけばよい。

　次に，流体の場合についてみてみよう。図3-22のような一定勾配（$I = \tan\theta$）の開水路定常流において，2つの検査断面（ⅠおよびⅡ）にはさまれた区間 L（これを検査領域：コントロールヴォリュームと呼ぶ）での運動量保存則を考える。流体の場合，ある断面を通過する単位時間当たりの質量は，流体の密度 ρ と流量 Q の積で表されるので[*2]，断面ⅠとⅡにおける単位時間当たりの運動量の変化量は次式となる。

$$\frac{dM}{dt} = \frac{M_2 - M_1}{dt} = \rho Q U_2 - \rho Q U_1 \qquad 3-24$$

　一方，この検査領域に作用する流れ方向の力としては，検査断面ⅠおよびⅡに作用する全水圧 P_1 および P_2，検査領域内の流体に働く重力 W の流れ方向成分，および検査領域内の壁面（境界面）に働く摩擦力 R が考えられる[*3]。したがって，運動量保存則は次式で与えられる。

$$\rho Q U_2 - \rho Q U_1 = P_1 + P_2 + W\sin\theta + R \qquad 3-25$$

$$P_1 = \int_A p_1 dA, \ P_2 = -\int_A p_2 dA, \ R = -\tau SL, \ W = \rho g V$$

ここで，V は検査領域の体積，S は潤辺，L は断面間の距離（SL は流体と壁面との境界面の面積），τ は境界面に働くせん断応力（摩擦応力）である。

　運動量保存則を用いて，実際の水理現象を扱うには，式3-25の各項のうち，支配的（重要）なもの以外を省略して解かれることが多い。たとえば，水路の勾配（θ）が小さく，壁面摩擦が無視できる場合（完全流体）では，右辺第3項，第4項を省略して，

$$\rho Q U_2 - \rho Q U_1 = \int_A p_1 dA - \int_A p_2 dA \qquad 3-26$$

*2 **Don't Forget!!**
液体の運動量は断面ごとに定義されるので，本節では断面平均流速 U を用いる。

*3 **Don't Forget!!**
P_1，P_2 は，検査断面に垂直に働く圧力，W は検査領域に作用する物体力，R は壁面に平行に働く表面力である。P_2 および R は，流れの方向とは逆向きに作用する。

と書ける．また，断面 I と II で断面積が等しい場合 ($A_1=A_2$)[*4] には，左辺と右辺第 1 項および第 2 項が省略できて，

$$\rho g V \sin\theta = \tau S L \qquad 3-27$$

となる．これは，等流(7-1節参照)の力のつり合い式(式7-3)である．

3-4-2 運動量保存則の応用

1. 噴流による平板に作用する力　図 3-23 のような円管から流出する水流(これを噴流と呼ぶ)が長さ L の鉛直な平板に衝突する場合，板に作用する力(板が水流におよぼす力の反作用)を求めよう．

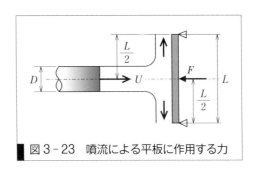

図 3-23　噴流による平板に作用する力

円管の直径を D，噴流の流量を Q とすると，噴流の速度は $U=\dfrac{Q}{\pi D^2/4}$ となる．噴流が壁に衝突して上下に分かれるとき，水平方向の速度はゼロとなるので，単位時間当たりの運動量の変化は，

$$\frac{dM}{dt} = \rho Q \cdot 0 - \rho Q U = -\rho \frac{4Q^2}{\pi D^2} \qquad 3-28$$

となる．このとき，管の出口と板面での圧力はともにゼロ[*5]であり，板に作用する力を F とすると，水流は反作用の力 ($-F$) を受けるから，運動量保存則より次式が成り立つ．

$$\frac{dM}{dt} = -\rho \frac{4Q^2}{\pi D^2} = -F$$

$$F = \rho \frac{4Q^2}{\pi D^2} \qquad 3-29$$

例題 3-4-1　図 3-23 で，$D=0.04$ m，$Q=0.056$ m³/s のとき，F を求めよ．ただし，水の密度は $\rho=1000$ kg/m³ とする．

解答　式 3-29 に各値を代入すると，

$$F = \rho \frac{4Q^2}{\pi D^2} = 1000 \times \frac{4 \times 0.056^2}{3.14 \times 0.04^2} = 2500 \text{ N}$$

[*4] **プラスアルファ**
定常流の連続式
$Q=A_1 U_1=A_2 U_2$ より，
$U_1=U_2$ となる．

[*5] **Let's TRY!**
噴流では，すべての断面で圧力はゼロになる．なぜなのか考えてみよう！

例題 3-4-2 図のように，板の上端がヒンジ，下端が自由端になっていて，水流により板が θ だけ傾いたとすると，板に垂直に働く力 F を求めよ[*6]。

また，流量 Q と θ の関係を示せ。ただし，板の重量を W_P とする。

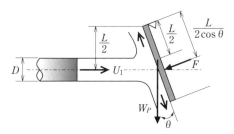

回転する平板に作用する力

解答 壁に垂直な方向の運動量保存則[*7]を考えると，

$$F = \rho \frac{4Q^2}{\pi D^2} \cos \theta$$

ヒンジ点まわりの力のモーメントのつり合いから，

$$\frac{L}{2\cos\theta} F - \frac{L}{2} W_P \sin\theta = \rho \frac{2LQ^2}{\pi D^2} - \frac{L}{2} W_P \sin\theta = 0$$

$$Q = \sqrt{\frac{\pi D^2 W_P}{4\rho}} \sqrt{\sin\theta}$$

となる。この関係を用いると，模型実験などで θ を計測することで流量 Q を求めることができる[*8]。

2. ノズルに作用する力 水平に置かれた円管（直径 D_1）の先端にノズル（断面が徐々に小さくなる管のことで縮流管ともいう）を取りつけた場合（図 3-24）にノズルが流れに作用する力 F を考える。ただし，完全流体とし，壁面摩擦は生じないものとする。円管内の速度を U_1，圧力を p_1，ノズル先端の速度を U_2，直径を D_2 とすると，連続式より U_2 は，

$$Q = U_1 A_1 = U_2 A_2, \quad U_2 = U_1 \frac{A_1}{A_2} = U_1 \frac{D_1^2}{D_2^2} \qquad 3\text{-}30$$

ノズル先端での圧力は $p_2 = 0$ なので，運動量保存則は次式となる。

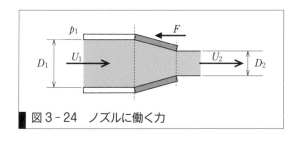

図 3-24 ノズルに働く力

[*6]
Let's TRY!!

完全流体を仮定すると，板に沿う（流れに沿う）方向の力はゼロになる。この理由を考えてみよう。

[*7]
+α プラスアルファ

流体の運動量や力はベクトル量であるので，運動量保存則は，任意の方向で考えることができる。

[*8]
工学ナビ

運動量保存則に基づいて水流による力を利用した実用例として，スプリンクラーによる散水や水車による仕事などがある。写真は，家庭用スプリンクラーの散水状況と伝統的上掛水車（開放周流型杵つき水車）の例である。

*9

Don't Forget!!

ノズルが流れにおよぼす力は,
流れと逆向きに作用するので
$-F$ となる。

$$\frac{dM}{dt} = \rho Q U_2 - \rho Q U_1 = p_1 A_1 - F \quad {}^{*9}$$ 3−31

したがって,

$$F = \rho U_1^2 \frac{\pi D_1^2}{4} - \rho U_1^2 \frac{D_1^2}{D_2^2} \frac{\pi D_1^2}{4} + p_1 A_1$$

$$= \rho U_1^2 \frac{\pi D_1^2}{4} \left(1 - \frac{D_1^2}{D_2^2} \right) + p_1 \frac{\pi D_1^2}{4}$$

$$= \frac{\pi D_1^2}{4} \left\{ \rho U_1^2 \left(1 - \frac{D_1^2}{D_2^2} \right) + p_1 \right\}$$ 3−32

例題 3-4-3 図 3−24 で,$D_1=0.08$ m,$D_2=0.04$ m,$U_2=12$ m/s のとき,ノズルが流れにおよぼす力 F を求めよ。水の密度は $\rho=1000$ kg/m^3 とする。

解答 式 3−30 より,U_1 を求めると,

$$U_1 = \frac{U_2 A_2}{A_1} = \frac{U_2 D_2^2}{D_1^2} = \frac{12 \times 0.04^2}{0.08^2} = 3 \text{ m/s}$$

ノズルの入口と出口でベルヌーイの式を適用すると,

$$\frac{p_1}{\rho g} + \frac{U_1^2}{2g} = \frac{p_2}{\rho g} + \frac{U_2^2}{2g}$$

$p_2=0$ より,

$$p_1 = \rho g \left(\frac{U_2^2}{2g} - \frac{U_1^2}{2g} \right) = \frac{\rho}{2} (U_2^2 - U_1^2) = \frac{1000}{2} (12^2 - 3^2)$$

$$= 67.5 \times 10^3 \text{ Pa}$$

式 3−32 に各値を代入すると,

$$F = \frac{\pi D_1^2}{4} \left\{ \rho U_1^2 \left(1 - \frac{D_1^2}{D_2^2} \right) + p_1 \right\}$$

$$= \frac{3.14 \times 0.08^2}{4} \left\{ 1000 \times 3^2 \left(1 - \frac{0.08^2}{0.04^2} \right) + 67.5 \times 10^3 \right\}$$

$$= 203 \text{ N}$$

---

3. 比力と限界水深 式 3−26 において,水路の断面形状を幅 B の長方形断面とすると,$A_1=Bh_1$,$A_2=Bh_2$(h_1,h_2 は水深),$P_1=\frac{\rho g Bh_1^2}{2}$,$P_2=\frac{\rho g Bh_2^2}{2}$ であるから,運動量保存則より,

$$\rho \frac{Q^2}{Bh_2} - \rho \frac{Q^2}{Bh_1} = \frac{\rho g Bh_1^2}{2} - \frac{\rho g Bh_2^2}{2}$$ 3−33

両辺を ρgB で除して整理すると

*10

Don't Forget!!

この式は,比エネルギー(6−
1 節)との関係でも用いるの
でぜひ覚えておこう!

$$\frac{h_1^2}{2} + \frac{\left(\frac{Q}{B} \right)^2}{gh_1} = \frac{h_2^2}{2} + \frac{\left(\frac{Q}{B} \right)^2}{gh_2} = F_S$$ 3−34

となる[10]。この F_S を比力と呼び,各断面での単位幅・単位体積重量当たりの圧力と運動量の和を表している。いま,水の単位幅流量 $\frac{Q}{B}$ が一

84 3章 流れの基礎理論

定として，水深 h と比力 F_S との関係を図示すると，図3-25のようになり，ある水深 h_c のときに F_S は最小値 $F_{S\min}$ となる。これを限界状態（あるいは限界流），h_c を限界水深と呼ぶ[*11]。

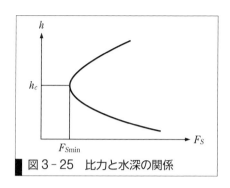

図3-25　比力と水深の関係

*11
工学ナビ

$F_S > F_{S\min}$ の場合には，2つの水深 h_1 と h_2 が存在して，それらの関係は式3-34で与えられる。$h_1 > h_2$ とすると，h_1 を常流水深，h_2 を射流水深と呼ぶ。これらの詳細については，6-3節で学ぶ。

例題 3-4-4 定常流の連続式およびベルヌーイの式から式3-34を導け。

解答　水平床長方形断面の開水路流れ（図）を考え，両式を流れ方向（x 方向）の微分形で表すと，

$$\frac{dQ}{dx} = \frac{d(UA)}{dx} = B\frac{d(Uh)}{dx} = B\left(U\frac{dh}{dx} + h\frac{dU}{dx}\right) = 0 \quad ①$$

$$\frac{d}{dx}\left(h + \frac{U^2}{2g}\right) = \frac{dh}{dx} + \frac{U}{g}\frac{dU}{dx} = 0 \quad ②$$

式①に $\dfrac{U}{gB}$，式②に h を乗じ，両辺をそれぞれ足し合わせると，

$$\frac{U^2}{g}\frac{dh}{dx} + \frac{hU}{g}\frac{dU}{dx} + h\frac{dh}{dx} + \frac{hU}{g}\frac{dU}{dx} = 0$$

$$h\frac{dh}{dx} + \frac{1}{g}\left(2hU\frac{dU}{dx} + U^2\frac{dh}{dx}\right) = 0$$

$$\frac{d}{dx}\left(\frac{h^2}{2} + \frac{hU^2}{g}\right) = \frac{d}{dx}\left(\frac{h^2}{2} + \frac{\left(\frac{Q}{B}\right)^2}{gh}\right) = \frac{dF_S}{dx} = 0 \quad ③$$

したがって，F_S は x 方向に一定となり，式3-34を得る。

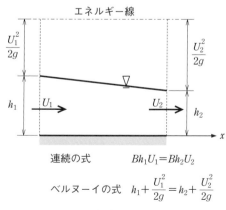

連続の式　　$Bh_1 U_1 = Bh_2 U_2$

ベルヌーイの式　$h_1 + \dfrac{U_1^2}{2g} = h_2 + \dfrac{U_2^2}{2g}$

開水路の流れ

例題 3-4-5 図のように，幅 $B=5$ m の本川に同じ幅の支川が直角（$\theta=90°$）に合流する場合，本川流量 $Q=30$ m^3/s，支川流量 $Q'=15$ m^3/s，合流後の水深 $h_2=2.5$ m のとき，合流前の水深 h_1 を求めよ。

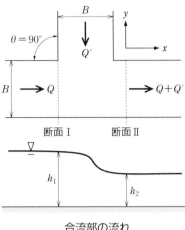

合流部の流れ

解答 合流前（断面 I）と合流後（断面 II）で x 方向の比力 F_S が等しいとおけば，

$$\frac{h_1^2}{2} + \frac{\left(\dfrac{Q}{B}\right)^2}{gh_1} = \frac{h_2^2}{2} + \frac{\left(\dfrac{Q+Q'}{B}\right)^2}{gh_2}$$

となる。上式の両辺に $\dfrac{2h_1}{Bh_2^3}$ を乗じ，右辺を移行して整理すると，次の 3 次方程式を得る。

$$f(\lambda) = \lambda^3 - \lambda(1+2F_r^2) + 2F_r^2 \frac{Q^2}{(Q+Q')^2} = 0$$

ここで，$\lambda = \dfrac{h_1}{h_2}$，$F_r^2 = \dfrac{\left(\dfrac{Q+Q'}{B}\right)^2}{gh_2^3}$

上式に $B=5$ m，$Q=30$ m^3/s，$Q'=15$ m^3/s，$h_2=2.5$ m を代入し，λ について解く。たとえばニュートン-ラフソン法[*12] を用いると，λ の初期値を 1.0 とすれば，下表のように逐次計算される。

λ	$f(\lambda)$	$f'(\lambda) = 3\lambda^2 - (1+2F_r^2)$	$\lambda - \dfrac{f(\lambda)}{f'(\lambda)}$
1.000	-0.588	0.942	1.624
1.624	1.411	5.853	1.383
1.383	0.269	3.679	1.310
1.310	0.022	3.089	1.303
1.303	0.000	3.034	1.303

表より，$\lambda=1.303$ が得られ，$h_1 = \lambda h_2 = 1.303 \times 2.5 = 3.26$ m となる。

[*12]

＋α プラスアルファ

ニュートン-ラフソン法は，微分可能な x の多項式 $f(x)=0$ の解を求めるのに便利な逐次近似法であり，工学計算でもしばしば用いられる。まず，図のように近似解として x の初期値 x_0 を仮定し，$f(x_0)$ を計算する。もし，$f(x_0)=0$ にならなければ，新しい近似解 x_1 を次式で求める。

$$x_1 = x_0 - \frac{f(x_0)}{f'(x_0)}$$

この計算を何度か繰り返し，$f(x)=0$ となって x の値が収束すれば，それが解となる。

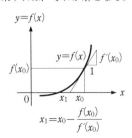

$$x_1 = x_0 - \frac{f(x_0)}{f'(x_0)}$$

4. 水面波の伝播速度 限界状態の流れでは，水面を伝わる微小な振幅 Δh の波（長波）の伝播速度 c が流速 $U_c = \dfrac{Q}{Bh_c}$ と等しくなる。すなわち，図 3-26 のように，上流側に伝播する波は水深が h_c のとき（流速が U_c のとき）静止しているように見える。断面 I と II で比力 F_S が等しいとおくと，

$$\frac{h_c^2}{2} + \frac{c^2 h_c}{g} = \frac{(h_c + \Delta h)^2}{2} + \frac{U_2^2(h_c + \Delta h)}{g} \qquad 3-35$$

となる。U_2 は連続式から，$U_2 = \dfrac{ch_c}{h_c + \Delta h}$ となるから，$\Delta h \ll h_c$ であるとして Δh^2 の項を省略すると，波速 c は以下のように求められる。

$$h_c \Delta h + \frac{\cancel{\Delta h^2}}{2} = \frac{h_c(h_c + \Delta h) - h_c^2}{g(h_c + \Delta h)} c^2 = \frac{h_c \Delta h}{g(h_c + \Delta h)} c^2$$

$$c^2 = g(h_c + \Delta h)$$

$$c = \sqrt{g(h_c + \Delta h)} \fallingdotseq \sqrt{gh_c} \qquad 3-36^{*13}$$

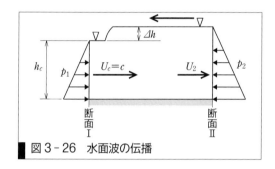

図 3-26 水面波の伝播

*13
+αプラスアルファ
この関係は，$h \neq h_c$ の場合でも同様であって，波速 c で移動する座標系を用いれば，一般的に $c = \sqrt{gh}$ が導ける。波の伝播については，9-2 節で詳しく学ぶ。

演習問題　A　基本の確認をしましょう

WebにLink
演習問題解答

3-4-A1 図 (a) のように，直径 $D = 0.12$ m，流速 $U_1 = 2.4$ m/s の円形噴流がそれに垂直な板に衝突している。以下の問いに答えよ。水の密度は，$\rho = 1000$ kg/m³ とする。

(1) 板が流れにおよぼす力 F を求めよ。

(2) 板が流れと反対方向に $U_2 = 0.4$ m/s の速度で移動するとき（図 (b)），F はいくらになるか。

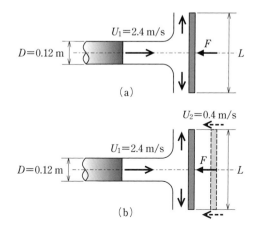

3-4-A2 図に示すように，直径 $D=0.08$ cm，流速 $U_1=1.6$ m/s の円形噴流が円弧状の板に衝突して反対方向に向きを変えるとき，この板を支えるための力 F を求めよ．ただし，噴流の直径は衝突後も変化せず，板面で摩擦は生じないものとする．

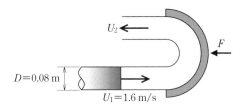

3-4-A3 例題 3－4－2 の図において，管の直径 $D=0.4$ m，板の重量 $W_P=9.8$ N，水の密度 $\rho=1000$ kg/m^3，板の傾き $\theta=30°$ のとき，流量 Q を求めよ．

演習問題 B　もっと使えるようになりましょう

3-4-B1 図に示すように，水平な x-y 平面上に置かれた直径 $D_1=0.12$ m の円管に $\theta=30°$ の角度でノズルを取りつけた．ノズル先端の直径を $D_2=0.08$ m，流量を $Q=0.04$ m^3/s とするとき，ノズルが流れにおよぼす力 F（F の x 方向成分，y 方向成分をそれぞれ，F_x, F_y とする）を求めよ．

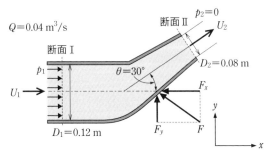

3-4-B2 流量 Q_1，流水断面積 A_1 の水平噴流が図のように θ だけ傾いた板に衝突し，左右に分かれて流れている．重力の影響を無視して，板面に垂直方向の反力 F および流量比 $\dfrac{Q_2}{Q_1}$, $\dfrac{Q_3}{Q_1}$ を求めよ．水の密度を ρ とする．

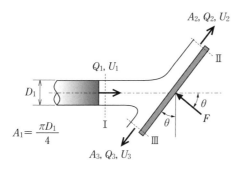

3-4-B3 図のように，同じ幅，同じ流量の 2 本の河川が $\theta=45°$ で合流している。合流前(断面 I)の水深を h_1，合流後の水深(断面 II)を h_2 として，$\lambda=\dfrac{h_1}{h_2}$ の値を求めよ。ただし，合流後の流量を $Q=25\ \mathrm{m^3/s}$，川幅を $B=10\ \mathrm{m}$，水深を $h_2=1.4\ \mathrm{m}$ とする[*14]。

*14
💡ヒント
それぞれの河川で全幅当たりの比力を求め，その x 方向成分が合流前後(断面 I と断面 II)で等しいとおけばよい。

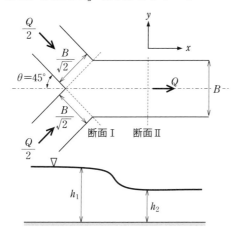

あなたがここで学んだこと

この節であなたが到達したのは
□ ニュートンの運動法則，運動量，力積を説明できる
□ 流体の運動量保存則が説明できる
□ 流体の運動量保存則を応用した各種の計算ができる

　本節では運動量保存則を学びながら，流れの解析にどのように応用されるかを見てきた。これは，検査領域の内部の情報が不明でも，検査面上の水理特性(水深や流速など)がわかれば，流体が境界壁面や流れの中の物体におよぼす力，検査領域上・下流面での水理量の関係式などが得られる便利な手法である。連続式やベルヌーイの式と組み合わせることで，本節で述べた事例のほかにも種々の水理現象の解明に用いられるので，しっかりマスターしてほしい。

3 5 ポテンシャル流れの水理

予習 授業の前にやっておこう!!

複素関数

x, y を変数, $i=\sqrt{-1}$ とするとき,

$$\omega = x + iy$$

で表される関数を複素関数と呼ぶ。また, 極座標(r, θ)で表すと,

$$\omega = re^{i\theta} = r(\cos\theta + i\sin\theta) \quad ここで, \quad r = \sqrt{x^2 + y^2}, \quad \tan\theta = \frac{y}{x}$$

ラプラスの方程式

x と y の関数 $A = f(x, y)$ が次の関係

$$\frac{\partial^2 A}{\partial x^2} + \frac{\partial^2 A}{\partial y^2} = 0$$

を満たすとき, ラプラスの方程式と呼ばれる。

全微分

x と y の関数 $A = f(x, y)$ の全微分 dA は次式で表される。

$$dA = \frac{\partial A}{\partial x}dx + \frac{\partial A}{\partial y}dy$$

$dA = 0$ の条件を満たすとき, A は一定となる。

流線の式, 連続式

2次元(x, y)平面上の流線の式および連続式は, x, y 方向の流速を u, v とすると, 次の関係が成り立つ。

$$\frac{dx}{u} = \frac{dy}{v}, \quad \frac{\partial u}{\partial x} + \frac{\partial v}{\partial y} = 0$$

---

1. $\omega_1 = x_1 + iy_1$, $\omega_2 = x_2 + iy_2$ のとき, $\omega_1 + \omega_2$, $\omega_1 \times \omega_2$, $\dfrac{\omega_1}{\omega_2}$, ω_1^2 を求めよ。

   WebにLink
   予習問題解答

2. 複素数 $\omega = x + iy$ の n 乗を極座標(r, θ)で表せ。

3. x, y 平面上で $u = 3$, $v = 2x^2$ のとき, 原点$(0, 0)$を通る流線を求めよ。また, この流れが連続式を満たしていることを示せ。

3-5-1 速度ポテンシャルと流れ関数

流れの中にあるスカラー量[*1] ϕ を考え，その空間微分 $\left(\dfrac{\partial}{\partial x}, \dfrac{\partial}{\partial y} \text{など}\right)$ がそれぞれの方向の流速成分と一致するとき，その流れをポテンシャル流れと呼ぶ。いま，x, y 平面上の2次元流れを考えると（図3-27），流速 u, v は次式のように表される。

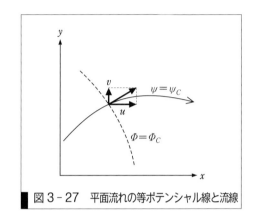

図3-27 平面流れの等ポテンシャル線と流線

$$\frac{\partial \phi}{\partial x} = u, \quad \frac{\partial \phi}{\partial y} = v \qquad 3\text{-}37^{*2}$$

ここで，ϕ は速度ポテンシャルと呼ばれ，空間座標 x, y の関数であって，x, y 平面上には ϕ が一定となる曲線（$\phi = \phi_C$：一定）が存在する。これを等ポテンシャル線と呼び，この曲線上では ϕ の全微分 $d\phi$ はゼロとなるので，

$$d\phi = \frac{\partial \phi}{\partial x}dx + \frac{\partial \phi}{\partial y}dy = udx + vdy = 0 \qquad 3\text{-}38$$

である。また，$\dfrac{\partial \left(\dfrac{\partial \phi}{\partial x}\right)}{\partial y} = \dfrac{\partial \left(\dfrac{\partial \phi}{\partial y}\right)}{\partial x}$ の関係から，

$$\frac{\partial u}{\partial y} = \frac{\partial v}{\partial x} \quad \rightarrow \quad \gamma_z = \frac{\partial u}{\partial y} - \frac{\partial v}{\partial x} = 0 \qquad 3\text{-}39$$

となる。ここで，γ_z は x, y 平面に直交する座標軸（z 軸）まわりの流体の回転変形（渦[*3]）の速度を表すもので，渦度と呼ばれる（WebにLink）。すなわち，ポテンシャル流れは，渦度 γ_z がゼロとなる流れであり，渦なし流れあるいは非回転流れとも呼ばれる。1-2節で述べたような粘性によってせん断応力 $\tau = \mu \dfrac{du}{dy}$ が生じる粘性流体の流れ（図1-2，$v = \dfrac{dv}{dx} = 0$）では，渦度 γ_z はゼロとはならない。逆にいえば，粘性の影響を無視した完全流体の流れは，ポテンシャル流れである。

連続式に式3-37の関係を代入すると，以下のラプラスの方程式が得られる。

$$\frac{\partial u}{\partial x} + \frac{\partial v}{\partial y} = \frac{\partial^2 \phi}{\partial x^2} + \frac{\partial^2 \phi}{\partial y^2} = 0 \qquad 3\text{-}40$$

---

*1 ＋α プラスアルファ

スカラー量とは，大きさ（絶対値）のみで方向を持たない物理量のことで，質量や長さ，温度などが代表例である。一方，速度や運動量などは，大きさとともに方向を持つベクトル量である。一般にベクトル量は矢印で表され，数学では $\vec{u}, \vec{v}$ などと表記されるが，本書ではスカラー量と同様に，たんに u, v と表記している。これまでに学んできた物理量をスカラー量とベクトル量に分類してみよう。

*2 Don't Forget!!

この関係は，ぜひ覚えておこう。また，極座標で表すと，下図より

$$\frac{\partial \phi}{\partial r} = u_r$$

$$\frac{\partial \phi}{\partial s} = \frac{\partial \phi}{\partial \theta}\frac{d\theta}{ds} = \frac{1}{r}u_\theta$$

となる。ここで，u_r, u_θ はそれぞれ r および θ 方向の流速である。

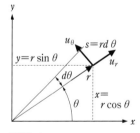

＋α プラスアルファ

従来の水理学の教科書では，$\dfrac{\partial \phi}{\partial x} = -u, \dfrac{\partial \phi}{\partial y} = -v$ と定義しているものもある。流体は速度ポテンシャル θ が大きいほうから小さいほうに向かって流れる（その方向の流速が正になる）という意味を持たせたものだが，近年ではあまり用いられない。本書では，式3-37の定義を用いることとする。

*3
工学ナビ

渦とは，流体の回転により流線が螺旋状のパターンを示す現象のことで，写真は潮位差によって発生する渦潮の例である。

*4
Don't Forget!!

速度ポテンシャルと合わせて覚えておこう。極座標では
$$\frac{\partial \psi}{r\partial \theta} = u_r, \quad \frac{\partial \psi}{\partial r} = -u_\theta$$
である。

*5
工学ナビ

図(c)のような，等ポテンシャル線と流線をほぼ等間隔で描いたものを正方形フローネットと呼ぶ。これを利用した図式解析法は，フローネット解析と呼ばれ，地盤工学分野において地盤内の浸透流を解析する手法として用いられている。

一方，流線の方程式を別のスカラー量 ψ の全微分形で表すと，

$$-vdx + udy = \frac{\partial \psi}{\partial x}dx + \frac{\partial \psi}{\partial y}dy = d\psi = 0 \quad \quad 3-41$$

となる。ここで，

$$\frac{\partial \psi}{\partial x} = -v, \quad \frac{\partial \psi}{\partial y} = u \quad \quad 3-42^{*4}$$

で定義される ψ を流れ関数と呼び，流線上では，ψ は一定値 ($\psi = \psi_C$) となる。式 3-39 に式 3-42 を代入すると，

$$\omega = \frac{\partial u}{\partial y} - \frac{\partial v}{\partial x} = \frac{\partial}{\partial y}\left(\frac{\partial \psi}{\partial y}\right) - \frac{\partial}{\partial x}\left(-\frac{\partial \psi}{\partial x}\right) = \frac{\partial^2 \psi}{\partial x^2} + \frac{\partial^2 \psi}{\partial y^2} = 0 \quad 3-43$$

となり，ポテンシャル流れでは，流れ関数 ψ も ϕ と同様にラプラスの方程式を満たすことになる。

例題 3-5-1 $u = 2x, v = -2y (x > 0, y > 0)$ のとき，等ポテンシャル線および流線の式を求めよ。また，それらが直交することを示せ。

解答 式 3-38 から，

$$d\phi = \frac{\partial \phi}{\partial x}dx + \frac{\partial \phi}{\partial y}dy = udx + vdy$$
$$= 2xdx - 2ydy = 0$$

となり，両辺を積分すると，

$$\phi = \phi_C = x^2 - y^2$$

となる。等ポテンシャル線は，

$$y = \sqrt{x^2 - \phi_C}$$

である。一方，流線の式は

$$\frac{dx}{u} = \frac{dy}{v} = \frac{dx}{2x} = -\frac{dy}{2y} \quad \quad \frac{dx}{x} + \frac{dy}{y} = 0$$

である。上式を積分すると，

$$xy = C$$

となり，定数 C を $C = C'\psi_C$，すなわち $\psi_C = \frac{xy}{C'}$ とおくと，流れ関数の定義から，

$$\frac{\partial \psi}{\partial x} = \frac{\partial \frac{xy}{C'}}{\partial x} = \frac{y}{C'} = -v = 2y \quad \rightarrow \quad C' = \frac{1}{2}$$

よって，$\psi_C = 2xy$

となる。これらの関係を図示すれば，下図のようであり，直角に曲がる壁面に沿う流れを表している[*5]。

92　3章　流れの基礎理論

また，たとえば点 A$(x=2, y=2)$でのϕをϕ_A，ψをψ_Aとすると，$\phi_A=0$，$\psi_A=8$となるから，等ポテンシャル線y_Pおよび流線y_Sの式の傾き$\dfrac{dy_P}{dx}$，$\dfrac{dy_S}{dx}$はそれぞれ，

$$y_P = x, \quad \left.\dfrac{dy_P}{dx}\right|_{x=2} = 1, \quad y_S = \dfrac{4}{x}, \quad \left.\dfrac{dy_S}{dx}\right|_{x=2} = -1$$

よって，$\left.\dfrac{dy_P}{dx}\dfrac{dy_S}{dy}\right|_{x=2} = -1$

となり，2本の線はたがいに直交していることがわかる[*6]（ここで，$\left.\dfrac{dy_P}{dx}\right|_{x=2}$は，$x=2$における$\dfrac{dy_P}{dx}$の値を表す）。

[*6] Let's TRY!!
等ポテンシャル線y_Pおよび流線y_Sの定義から，
$$\dfrac{dy_P}{dx} = -\dfrac{u}{v}, \quad \dfrac{dy_S}{dx} = \dfrac{v}{u}$$
よって，$\dfrac{dy_P}{dx}\dfrac{dy_S}{dx} = -1$となる（両者が直交する）ことを導いてみよう。

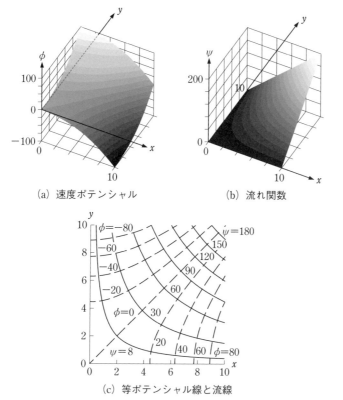

(a) 速度ポテンシャル　　(b) 流れ関数

(c) 等ポテンシャル線と流線

直角に曲がる壁面周辺の流れ

3-5-2 複素速度ポテンシャルとその応用

ϕおよびψの定義から，

$$u = \dfrac{\partial \phi}{\partial x} = \dfrac{\partial \psi}{\partial y}, \quad v = \dfrac{\partial \phi}{\partial y} = -\dfrac{\partial \psi}{\partial x} \qquad 3\text{--}44$$

上式は，コーシー－リーマンの関係式と呼ばれ，ポテンシャル流れはこの関係を常に満たしている。ここで，実部をϕ，虚部をψとする複素関数$\Omega = \phi + i\psi$を考えると，ϕとψはともに，x，yの関数であるので，Ωは複素数$\omega = x + iy$の関数となり，これを複素速度ポテンシャルと呼ぶ[*7]。Ωは微分可能であって，全微分$d\Omega$は

[*7] +α プラスアルファ
これは，x，y平面からϕ-ψ平面への写像であり，このとき等ポテンシャル線と流線は，x，y平面およびϕ-ψ平面上でともに直交することから，等角写像（任意の点の近傍の微小な2つの線分のなす角が変化せずに保存される写像）と呼ばれる。

$$dΩ = d(\phi + i\psi) = \frac{\partial \phi}{\partial x}dx + \frac{\partial \phi}{\partial y}dy + i \cdot \left(\frac{\partial \psi}{\partial x} + \frac{\partial \psi}{\partial y} \right)$$

$$= u(dx + idy) - iv(dx + idy) = (u - iv)d\omega \qquad 3\text{−}45$$

となるので,

$$\frac{dΩ}{d\omega} = u - iv \qquad\qquad 3\text{−}46^{*8}$$

*8
Don't Forget!!

$Ω$ の微分係数は,その実部が u,虚部が $-v$ となる。

である。これらの関係から,流れの特性を表す複素速度ポテンシャル $Ω$ が求められれば,流れ場 (u, v) を解くことができる。

初めに x 方向に一様な流れ $(u = C, v = 0)$ を考える。

$$d\phi = udx + vdy = Cdx = 0$$

よって,$\phi = Cx$

$$d\psi = vdx - udy = Cdy = 0$$

よって,$\psi = Cy$

以上より,$Ω = \phi + i\psi = C(x + iy) = C\omega$ となる。

例題 **3-5-2** 例題 3-5-1 の流れについて $(u = 2x, v = -2y(x > 0, y > 0))$,複素速度ポテンシャル $Ω$ を求めよ。

解答 $\phi = x^2 - y^2$,$\psi = 2xy$ から,

$$Ω = \phi + i\psi = (x^2 - y^2) + i(2xy)$$

$$= (x + iy)^2 = \omega^2$$

また,極座標 $\left(r = \sqrt{x^2 + y^2}, \quad \tan\theta = \frac{y}{x} \right)$ で表すと,

$$\omega = x + iy = r\cos\theta + ir\sin\theta = re^{i\theta}$$

なので,

$$Ω = \omega^2 = r^2(\cos\theta + i\sin\theta)^2 = r^2 e^{i2\theta}$$

となる。

例題 **3-5-3** $Ω = C\ln\omega(C > 0$ は定数) で表される流れの流速を求めよ。

解答 極座標を用いると,

$$Ω = C\ln\omega = C\ln(re^{i\theta}) = C\ln r + iC\theta$$

よって,$\phi = C\ln r$,$\psi = C\theta$

速度ポテンシャルの定義から,

$$u_r = \frac{\partial \phi}{\partial r} = \frac{\partial \psi}{r\partial \theta} = \frac{C}{r}, \quad u_\theta = \frac{\partial \phi}{r\partial \theta} = -\frac{\partial \psi}{\partial r} = 0$$

別解 式 3−46 の関係から,

$$\frac{dΩ}{d\omega} = \frac{d(C\ln\omega)}{d\omega} = \frac{C}{\omega} = C\frac{e^{-i\theta}}{r} = \frac{C}{r}(\cos\theta - i\sin\theta)$$

94　3章　流れの基礎理論

よって，$u = \dfrac{C}{r}\cos\theta = \dfrac{Cx}{r^2}$,　　$v = \dfrac{C}{r}\sin\theta = \dfrac{Cy}{r^2}$

この流れは，原点($r=0$，$\theta=0$)から放射状に流れる吹出し(湧出し)と呼ばれる流れ[*9]であり，等ポテンシャル線は同心円($r=r_C$：一定)，流線は放射状の直線($\theta=\theta_C$：一定)となる．このとき，吹出し流量 Q および流線上の平均流速 U_θ は，z 方向の水深を一定(h：一定)とすると，

$$Q = \int_0^{2\pi} u_r h r d\theta = hC \int_0^{2\pi} d\theta = 2\pi hC$$

$$U_\theta = \dfrac{Q}{2\pi rh} = \dfrac{C}{r}$$

となる[*10]．

次に，$\Omega = \dfrac{C}{\omega}$ となる流れを考えよう．極座標を用いると，

$$\Omega = \dfrac{C}{\omega} = \dfrac{C}{x+iy} = \dfrac{C(x-iy)}{x^2+y^2} = \dfrac{Cx}{x^2+y^2} - i\dfrac{Cy}{x^2+y^2}$$

よって，$\phi = \dfrac{Cx}{x^2+y^2}$,　　$\psi = -\dfrac{Cy}{x^2+y^2}$

また，流速は，

$$u = \dfrac{\partial \phi}{\partial x} = \dfrac{\partial \psi}{\partial y} = \dfrac{C(y^2-x^2)}{(x^2+y^2)^2}, \quad v = \dfrac{\partial \phi}{\partial y} = -\dfrac{\partial \psi}{\partial x} = -\dfrac{2Cxy}{(x^2+y^2)^2}$$

で与えられる．この流れは，二重吹出し(ダブレット)と呼ばれ，等ポテンシャル線および流線は，原点を通りそれぞれ x 軸，y 軸上に中心を持つ円群となる[*11]．一様な流れ，吹出し，二重吹出しの諸量をまとめると，下表のようである．

	一様な流れ	吹出し	二重吹出し
Ω	$\Omega = C\omega$	$\Omega = C\ln\omega$	$\Omega = \dfrac{C}{\omega}$
ϕ	$\phi = Cx$	$\phi = C\ln r$	$\phi = \dfrac{Cx}{x^2+y^2}$
ψ	$\psi = Cy$	$\psi = C\theta$	$\psi = -\dfrac{Cy}{x^2+y^2}$
u, u_r	$u = C$	$u = \dfrac{Cx}{r^2}$,　$u_r = \dfrac{C}{r}$	$u = \dfrac{C(y^2-x^2)}{(x^2+y^2)^2}$
v, u_θ	$v = 0$	$v = \dfrac{Cy}{r^2}$,　$u_\theta = 0$	$v = -\dfrac{2Cxy}{(x^2+y^2)^2}$
等ポテンシャル線(破線)，流線(実線) ($x \geq 0$, $y \geq 0$)	（図）	（図）	（図）

[*9] **工学ナビ**

写真は，桶の底から流出し，放射状に広がる吹出し流れの例である．

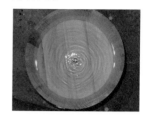

また，$C < 0$ のときは，流線が原点に集まる(排水口に吸込まれる)吸込みと呼ばれる流れとなる．
大気の流れについて見ると，赤道付近で発生する台風は，海面近くでまわりからその中心に空気を集め，上空で逆に発散させるもので，吸込みと吹出しが同時に起こる現象である．ただし，台風の上空で発達する雲は，中心から放射状に伸びるのではなく，渦を巻いている(北半球では時計回り)．この理由について考えてみよう．

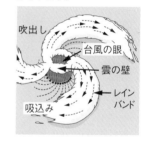

[*10] **+α プラスアルファ**

u, v と u_r, u_θ との間には以下の関係が成り立つ．

$u = u_r \cos\theta - u_\theta \sin\theta$
$v = u_r \sin\theta + u_\theta \cos\theta$

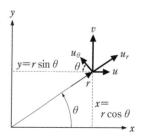

演習問題解答

*11
Let's TRY!!

$\phi = \phi_C$, $\psi = \psi_C$, $C=1$ として,等ポテンシャル線 y_P および流線 y_S の式を求め,図示してみよう。

*12
ヒント

$x = r\cos\theta$
$y = r\sin\theta$
$u = u_r\cos\theta - u_\theta\sin\theta$
$v = u_r\sin\theta + u_\theta\cos\theta$
$\dfrac{\partial u}{\partial y} = \dfrac{\partial u}{\partial r}\dfrac{dr}{dy} + \dfrac{\partial u}{\partial \theta}\dfrac{d\theta}{dy}$
$\dfrac{\partial v}{\partial x} = \dfrac{\partial u}{\partial r}\dfrac{dr}{dx} + \dfrac{\partial u}{\partial \theta}\dfrac{d\theta}{dx}$
の関係を用いよ。

演習問題 A　基本の確認をしましょう

3-5-A1 以下の流れのうち,ポテンシャル流れはどれか。

(a) $u = ky$, $v = -kx$ ($k > 0$, 一定)
(b) $u = 3x^2 - 2y$, $v = -2x + 4y$
(c) $u_r = 0$, $u_\theta = \dfrac{1}{r}$ *12

3-5-A2 複素速度ポテンシャルが $\Omega = Ce^{-i\delta}\omega$ (C, δ は定数) で与えられるとき,速度ポテンシャル ϕ,流れ関数 ψ および x, y 方向の流速 u, v を求めよ。

3-5-A3 $\Omega = \dfrac{C}{\omega}$ のとき,極座標を用いて ϕ, ψ および流速 u_r, u_θ を r, θ の関数で表せ。

演習問題 B　もっと使えるようになりましょう

3-5-B1 $\phi = x^3 - 3xy$ のとき,ψ を求めよ。

3-5-B2 $\Omega = \omega^3$ のとき,等ポテンシャル線および流線の式を求め,その概形を描け。また,流速 u, v の関数形を求めよ。

3-5-B3 一様な流れの中に置かれた半径 a の複素速度ポテンシャルは,$\Omega = C\left(\omega + \dfrac{a^2}{\omega}\right)$ で与えられる。極座標を用いて ϕ, ψ, u_r, u_θ を求めよ。

あなたがここで学んだこと

この節であなたが到達したのは
- □ 速度ポテンシャル,流れ関数を説明できる
- □ 複素速度ポテンシャルが説明できる
- □ 代表的なポテンシャル流れの解析ができる

ポテンシャル流れは,たがいに直交する速度ポテンシャルと流れ関数の概念を用いて数学的にきれいに解ける理想的な流れである。本節では,簡単な複素速度ポテンシャルで表される流れを見てきたが,線形理論であるので重ね合わせが可能で,複雑な流れも異なる複素速度ポテンシャルを組み合わせて表現することができる非常に便利な手法である。ただし,実際の流れ(粘性流体の流れ)で見られる渦(回転運動)や流れの中の物体に働く力を説明できない矛盾点も存在する。これらについては,あとの章で学ぶ。

4章

管路の流れ(1)

写真は，洪水時に弘法川(京都府福知山市)の水を由良川に排水するための管路とポンプ施設で，毎秒5 m³の排水能力を有している。この施設は，由良川流域(福知山市域)における総合的な治水対策の一環として，排水量の増大が計画されている。

管路の流れとは，流体が管の横断面全体を満たし，その断面に圧力が作用した状態の流れをいう。したがって，管内の流れであっても自由水面を持つ流れは管路の流れではない。水理学における管路としては，水道用の送水管，配水管や給水管，工場などでの流体輸送パイプ，発電所の水圧管などがある。また，台所や洗面所などの水栓を開閉すると，蛇口から出る水の量が変化するが，これは管内圧力が調整されるためである。ちなみに，血液の流れも管路の流れであり，心臓がポンプの役割を担っている。

管内では流速によって流れの状態が変わり，壁面の摩擦や管の拡大・縮小・曲がりなどによる流れの変形のために水の持つエネルギーが消費される。写真の施設においてもエネルギーの消費を考慮し，効率的に排水するための管路設計が行われている。

● この章で学ぶことの概要

3章までは，水を粘性のない完全流体(理想流体)として扱ってきた。しかし，実在流体は粘性を有しており，これに起因する流れの遷移やエネルギーの消費が起きる。このような流体は粘性流体と呼ばれる。本章では，まず，流れの基本的性質である層流と乱流について説明する。次に，管路における平均流速と流れのエネルギー損失(摩擦損失)との関係について詳説する。また，管路の形状変化やバルブなどの管設備によるエネルギー損失(形状損失)についても解説する。実際の管路の計算では各種の損失水頭を考慮する必要がある。具体的な計算方法は5章で説明されるが，本章はその準備でもある。

4 1 層流と乱流

予習 授業の前にやっておこう!!

1. 連続の式

管径が変化する流れにおいて，

$$Q = A_1 U_1 = A_2 U_2 = 一定$$

が成立する。ここに，A は流水断面積，U は断面平均流速であり，添え字は断面番号を表す。この式は，単位時間に管内を流れる流体の質量が流れ方向に変化しない，質量保存則を表している。

2. ベルヌーイの定理

完全流体の定常流れでは次式(式3-17再掲)が成り立つ。

$$H_e = z + \frac{p}{\rho g} + \frac{\alpha U^2}{2g} = 一定$$

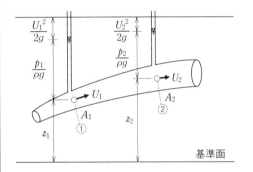

ここに，H_e は全水頭，z は基準面からの距離，p は圧力，ρ は流体の密度，g は重力加速度，α はエネルギー補正係数である。この式は，運動中の単位重量の流体塊が持つエネルギーは流線に沿って一定である，エネルギー保存則を表している。なお，右辺第1項は位置水頭，右辺第2項は圧力水頭，右辺第3項は速度水頭と呼ばれ，それぞれのエネルギーを表している。

1. 直径 $D = 80$ mm の管に流量 $Q = 15$ L/s の水が流れているとき，平均流速を求めよ。

2. 下図に示すように，直径 $D_1 = 120$ mm の管が $D_2 = 80$ mm に収縮している。この管に $Q = 0.02$ m³/s の流量を流したとき，点 A の圧力水頭が 2.50 m であった。点 B の流速と圧力水頭を求めよ。ただし，管は水平であり，流体は完全流体とする。

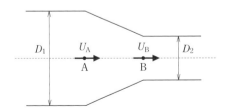

4-1-1 レイノルズの実験とレイノルズ数

1883年にイギリスのレイノルズ(Reynolds)は，図4−1のような水を満たした水槽内にラッパ状の流入口を有するまっすぐで断面が一様なガラス管を水平に設置し，ガラス管内に流れを生起させる装置を作製した。そして，流入口から液体染料を注入して管内の流れの様子を観察した。その結果，流速が小さいとき染料は1本の線として流れるが，流速が大きくなるにつれて染料の線は乱れ始め，ついには管全体に拡がって流れることを見出した(図4−2)。レイノルズはこの実験によって，管内の流れには流線が層状で流れる層流と流体粒子が乱れて流れる乱流があることを示し，このような流れの状態は断面流速 U だけでなく，管径 D や流体の動粘性係数 ν*1 に影響され，これらの量で構成される無次元数

$$R_e = \frac{UD}{\nu} \qquad 4-1$$

に規定されることを明らかにした。この無次元数をレイノルズ数と呼ぶ。レイノルズ数は流体粒子に働く慣性力と粘性力の比を表したものなので，その定義式はさまざまである。式4−1の表現は円管の流れに対する定義であり，たとえば，流れの中に置かれた円柱や球に対しては管径の代わりにこれらの物体の直径が用いられ，開水路の流れでは水深が用いられる。

層流から乱流への遷移または乱流から層流への遷移において，乱流状態が存在しうる最も小さいレイノルズ数を限界レイノルズ数と呼び，R_{ec} で表す。通常，層流から乱流への遷移(乱流の発生)はレイノルズ数が2000を超え4000程度の間で起こる*2 が，乱流から層流への遷移(乱流の消失)は約2000である。したがって，レイノルズ数が2000程度よ

*1
Don't Forget!!

動粘性係数 ν(ニュー)は次式で定義される。

$$\nu = \frac{\mu}{\rho}$$

ここに，μ は流体の粘性係数，ρ は流体の密度である。ν の値は20℃の水で0.010 cm²/sであり，この値はよく使われる。なお，動粘性係数の単位は長さ(cm)×速さ(cm/s)＝cm²/s と覚えておくとよい。

*2
+α プラスアルファ

水槽内に滞留が生じないよう温度を一定に保ち，また，振動を遮断するなど流れに生じる擾乱を極力小さくするようにした実験では，20000程度のレイノルズ数まで層流状態が維持されることが知られている。

図4−1 レイノルズの実験

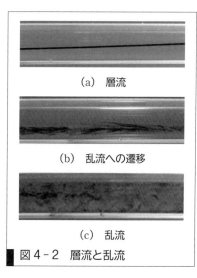

図4−2 層流と乱流

り小さい流れでは，流れの中の微細な乱れは流体の粘性のために減衰して層流状態が維持される。一方，レイノルズ数がこれより大きい流れになると微細な乱れは流下にともなって大きな乱れに発達し，乱流状態になる。このように，層流と乱流の間の遷移には履歴性があり，一般に層流から乱流へ遷移するときのレイノルズ数より，乱流から層流へ遷移するときのレイノルズ数のほうが小さい。前者を高限界レイノルズ数，後者を低限界レイノルズ数といい，通常，限界レイノルズ数といえば後者を指す。

さて，管内の流れでは流体の粘性や乱れのために壁面せん断応力が発生し，エネルギー損失が生じる[*3]。対象とする2点間の損失水頭 h_L は，レイノルズの実験では位置水頭と速度水頭は両点で同じであるから，圧力水頭の差 $\frac{\Delta p}{\rho g}$ に等しい。図4-3は損失水頭とレイノルズ数の関係を模式的に表したものである。層流状態では損失水頭はレイノルズ数の1乗に比例するが，乱流状態では1.7～2乗に比例する。これは，圧力損失と流速が同様の関係にあることと等価であり，層流と乱流では抵抗則が異なっていることを意味している。

[*3] エネルギー損失や損失水頭については4-2節で説明される。

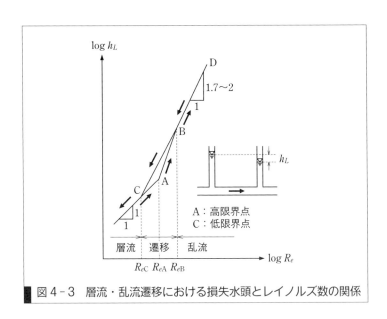

図4-3 層流・乱流遷移における損失水頭とレイノルズ数の関係

例題 4-1-1 管径 $D=25$ mm の直管内を水温 $20\,°C$ の水が流れているとき，流れが層流であるためには流速はどの程度以下であるか求めよ。ただし，限界レイノルズ数は $R_{ec}=2000$ とする。

解答 20°Cの水の動粘性係数は $\nu=0.0104$ cm^2/s。したがって，限界レイノルズ数となるときの流速は，

$$U = R_{ec}\frac{\nu}{D} = 2000 \times \frac{0.0104}{2.5} = 8.32 \text{ cm/s}$$

4-1-2 層流の流速分布

4-1-1項では層流と乱流の存在と特徴について説明した。これらの流れは粘性や乱れを有しているためにせん断応力が発生し、これが流速分布を生む。そこで、まず層流の流速分布についてみてみよう。

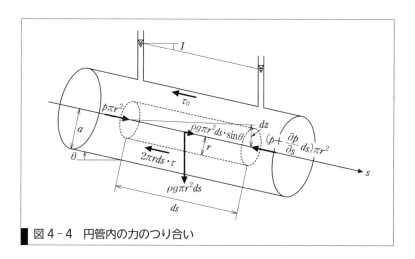

図4-4 円管内の力のつり合い

図4-4のような半径aの円管を考える。その内部に半径rの微小円管を想定し、流れ方向のつり合いの式を立てると、$\sin\theta = -\dfrac{dz}{ds}$を考慮して

$$p\pi r^2 - \left(p + \frac{\partial p}{\partial s}ds\right)\pi r^2 - \rho g \pi r^2 ds \frac{dz}{ds} - 2\pi r ds \cdot \tau = 0$$

となる。これより、せん断応力τは次式で表される。

$$\tau = -\frac{r}{2}\left(\frac{\partial p}{\partial s} + \rho g \frac{dz}{ds}\right) = -\frac{\rho g r}{2}\frac{\partial}{\partial s}\left(\frac{p}{\rho g} + z\right) = \frac{\rho g r I}{2} \quad \text{*4} \qquad 4-2$$

ここに、Iは動水勾配である。したがって、円管壁面のせん断応力は

$$\tau_0 = \tau\big|_{r=a} = \frac{\rho g a I}{2} = \rho g R I \quad \text{*5} \qquad 4-3$$

となる。式4-2、式4-3より、

$$\frac{\tau}{\tau_0} = \frac{r}{a} \qquad 4-4$$

が得られ、τの分布は直線分布となる。

一方、τは式1-10より、

$$\tau = -\mu\frac{du}{dr} \qquad 4-5$$

で与えられる*6。上式を積分すると、

$$\frac{du}{dr} = -\frac{\tau}{\mu} = -\frac{\rho g r I}{2\mu} \text{ より}$$

$$u = -\int \frac{\rho g I}{2\mu} r\, dr = -\frac{\rho g I}{2\mu}\frac{r^2}{2} + C$$

*4 **Don't Forget!!**
動水勾配は次式で表される。覚えておこう。
$$I = -\frac{\partial}{\partial s}\left(\frac{p}{\rho g} + z\right)$$

*5 **Don't Forget!!**
円管の径深は、管の直径をDとして次式で表される。
$$R = \frac{D}{4} = \frac{a}{2}$$

*6 **+α プラスアルファ**
μは粘性係数である(1-2-3項参照)。また、一般に、$\dfrac{du}{dr} > 0$のとき$\tau > 0$と定義される。ここでは、$\dfrac{du}{dr} < 0$であるから、このように表される。

となる。ここに，C は積分定数である。

$r=a$（管壁面）で $u=0$ より，$C=\dfrac{\rho g I}{4\mu}a^2$ が得られ，

$$u = \frac{\rho g I}{4\mu}\left(a^2 - r^2\right) \qquad 4-6$$

となる。この式は円管内の流速分布が放物線分布であることを示す。

式4-6を管断面にわたって積分すれば流量 Q が求められる。

$$Q = \int_A u\,dA = \int_0^a 2\pi r u\,dr = \frac{\pi a^4 \rho g I}{8\mu} \qquad 4-7$$

また，断面平均流速 U は

$$U = \frac{1}{A}\int_A u\,dA = \frac{Q}{A} = \frac{a^2 \rho g I}{8\mu} \qquad 4-8$$

となる。以上より，管内（半径 a）の層流では流量は密度 ρ と動水勾配 I に比例し，粘性係数 μ に反比例することがわかる。また，式4-7の関係はハーゲン－ポアズイユ（Hagen-Poiseuille）の法則と呼ばれている。

例題 4-1-2 円管内の層流の最大流速 $u_{\max}$ を表す式を示すとともに，流速分布を $u_{\max}$ を用いて表せ。また，最大流速と断面平均流速 U の関係を示せ。

解答 式4-6において，$r=0$ のとき流速は最大になる。すなわち

$$u_{\max} = \frac{\rho g I}{4\mu}a^2 \qquad ①$$

である。したがって，流速分布は次のように表される。

$$u = u_{\max}\left\{1 - \left(\frac{r}{a}\right)^2\right\} \qquad ②$$

また，式①と式4-8より次の関係が得られる。

$$u_{\max} = 2U \qquad ③$$

4-1-3 レイノルズ応力と混合距離モデル

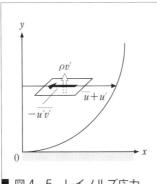

図4-5 レイノルズ応力

乱流では流体塊は不規則に運動しながら流れている。この運動によって流体塊はたがいに混合し，その際に運動量が輸送される。この作用を乱流拡散といい，乱流の重要な性質である。乱流中では，流れの中のある層の流体塊が他の層に移動すると，その流体塊の速度は周辺の流体塊の影響を受け運動量の変化を生む。この運動量の変化に

よって生じるせん断応力をレイノルズ応力という。

いま，簡単のために図4-5のような2次元の流速場において，y軸に直角な層を考える。なお，x方向に流れる乱流でy方向に流速分布を有する鉛直2次元流ではx方向およびy方向の流速はそれぞれ$u=\bar{u}+u'$，$v=v'$と表される[*7]。さて，流れの乱れによって他の層からこの層に移動してきた流体塊の流量は単位面積当たりv'，質量は単位時間当たり$\rho v'$である。この流体塊のx方向の流速は$\bar{u}+u'$なので，その質量が輸送する運動量は$\rho v'(\bar{u}+u')$となる。この運動量輸送はある瞬間のものなので，時間平均をとると，$\overline{v'}=0$を考慮して

$$\rho \overline{v'(\bar{u}+u')} = \rho \overline{v'\bar{u}} + \rho \overline{v'u'} = \rho \overline{u'v'} \qquad 4-9$$

となる。運動量の法則から，これはこの層に働くx方向のせん断応力を示している。また，抵抗は流れと反対方向に作用するので，レイノルズ応力は

$$\tau = -\rho \overline{u'v'} \qquad 4-10$$

と表される[*8]。

さて，式4-10は平均流速場とどのような関係にあるのだろうか[*9]。これに関して，プラントル(Plandtl)は次のような混合距離モデルを提案した。すなわち，流速uの変動分u'は流体塊の移動距離l_1の間の平均速度勾配$\dfrac{d\bar{u}}{dy}$に比例すると考える。また，一般的に乱流の乱れ方は壁面のごく近傍を除けば方向に関係なく同程度であるため，v'についてもu'と同様に考える。さらに，u'とv'は負の相関を有していることを考慮して，

$$u' = l_1 \dfrac{d\bar{u}}{dy}, \quad v' = -l_2 \dfrac{d\bar{u}}{dy} \qquad 4-11$$

と表すことができる。ここで，両者の相関をとり，相関係数をCとして$Cl_1 l_2$をあらためて$l^2(=Cl_1 l_2)$と定義すれば，結局

$$\tau = -\rho \overline{u'v'} = \rho l^2 \left|\dfrac{d\bar{u}}{dy}\right| \dfrac{d\bar{u}}{dy} \qquad 4-12$$

となる。なお，式中の絶対値は$-\rho \overline{u'v'}$の符号と$\dfrac{d\bar{u}}{dy}$の符号を一致させるためのものである。lは流体塊の混合運動の代表スケールに相当し，混合距離と呼ばれる。

4-1-4 乱流の流速分布

R_eが4000以上では，流体粒子は不規則に運動し，その結果，運動量，浮遊物，熱量などの物理量は混合・拡散されながら運ばれる。これは拡散作用と呼ばれ，乱流の持つ重要な性質の一つである。また，乱流では

[*7] 工学ナビ
乱流の流速は下図のように時々刻々変化している。このような流速は，時間的な平均流速値$\bar{u}$と時間的に変化する変動値u'の和で表すことができる。

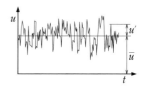

[*8] +α プラスアルファ
流速の変動値を測定できる流速計(熱線流速計やレーザー流速計)を用いてu'とv'を図示すると下図のように負の相関が描かれ，$\overline{u'v'}$は負となる。したがって，レイノルズ応力はこの場合正であることがわかる。

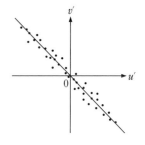

[*9] 工学ナビ
$-\overline{u'v'}$とUの関係式を乱流モデルという。次に示す混合距離モデルは最も簡単な乱流モデルである。ほかに，$k-\varepsilon$モデルもよく用いられている。

拡散作用によってせん断抵抗が層流の場合よりも大きくなる。このため，管壁面に作用するせん断応力 τ_0 は増大する。

せん断応力 τ の分布は層流の場合と同様に直線で，図 4-6 のように $y=a-r$ を壁面に直角にとると，

$$\tau = \tau_0 \left(1 - \frac{y}{a}\right) \qquad 4-13$$

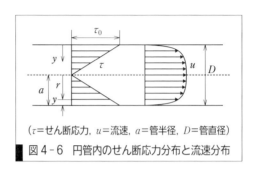

(τ=せん断応力, u=流速, a=管半径, D=管直径)

図 4-6 円管内のせん断応力分布と流速分布

と表される。一方，せん断応力 τ は前項において次式で表された。

$$\tau = \rho l^2 \left|\frac{d\bar{u}}{dy}\right| \frac{d\bar{u}}{dy}$$

乱流の混合運動は壁面ではゼロであるが，壁面から離れるにつれてその自由度は増加すると考えられるので，第一近似として混合距離は壁面からの距離に比例すると仮定することができる。そこで，壁面近傍 $\left(\frac{y}{a} \ll 1\right)$ を考え，プラントルの仮説に従って $l = \kappa y$ とおくと，

$$\frac{\tau_0}{\rho} = \kappa^2 y^2 \left(\frac{du}{dy}\right)^2 \qquad 4-14$$

となる。ここに，κ はカルマン (Kármán) 定数と呼ばれ，実験によって 0.4 程度の値が得られている。

$\tau_0 = \rho u_*^2$ を考慮[*10]して式 4-14 を積分し，$y=y_0$ で $u=0$ とすると，

$$\frac{u}{u_*} = \frac{1}{\kappa} \ln \frac{y}{y_0} \qquad 4-15$$

が得られる。ここに，$u_* = \sqrt{\frac{\tau_0}{\rho}}$，$y_0$ は壁面近傍の流れの特性を規定する長さの代表値を意味する。この式は，壁面に接するきわめて薄い層を除いた流れの大部分の領域で，実験結果とよく一致することが確かめられている。この式をプラントル－カルマン (Prandtl-Kármán) の対数分布則という。

1. 滑らかな壁面の場合 壁面近傍の流速は流体の密度や粘性および壁面せん断力に関係することを考慮して，y_0 を a_1 を定数として次のように与える[*11]。

[*10] **＋α プラスアルファ**
式 4-3 において $\sqrt{gRI} = u_*$ とおくと $\tau_0 = \rho u_*^2$ となる。この u_* を摩擦速度という (4-2-3 項参照)。

[*11] **工学ナビ**
y_0 は次元解析によって導かれる。すなわち，y_0 の関数関係は次式が期待される。

$$y_0 = f(\tau_0, \rho, \nu)$$

上式を次のようにおく。

$$y_0 = a\tau_0^x \rho^y \nu^z$$

次元方程式は

$$[L] = [L^{-1}MT^{-2}]^x [ML^{-3}]^y [L^2T^{-1}]^z$$

となる。上式が成り立つためには，各基本量の指数が両辺で等しくならなければならない。このことから，$x = -\frac{1}{2}$，$y = \frac{1}{2}$，$z = 1$ が得られる。したがって，y_0 は次式で表される。

$$y_0 = a\sqrt{\frac{\rho}{\tau_0}}\nu = a\frac{\nu}{u_*}$$

この詳細については，10-3 節で述べる。

$$y_0 = a_1 \frac{\nu}{u_*} \qquad 4-16$$

したがって，式 4-15 は

$$\frac{u}{u_*} = \frac{1}{\kappa} \ln \frac{u_* y}{\nu} + A_s \qquad 4-17$$

となる。図 4-7 は滑らかな円管内の乱流の流速分布を示したものであり，$\frac{u_* y}{\nu} > 70$ の領域では $A_s = 5.5$ とおくと実験結果とよく一致する。しかし，この式は壁面近傍では実験結果から外れる。これは，レイノルズ応力よりも流体の分子粘性が卓越しているためである。分子粘性による流速分布は，粘性によるせん断応力の式

$$\tau \fallingdotseq \tau_0 = \mu \frac{du}{dy}$$

より，これを積分して $y=0$ で $u=0$ とすると，

$$\frac{u}{u_*} = \frac{u_* y}{\nu} \qquad 4-18$$

となる。図 4-7 において，式 4-18 は $\frac{u_* y}{\nu} < 4$ 程度では実験結果を説明していることがわかる。このようなきわめて薄い層内では流れはほぼ層流状態を保っている。この層を粘性底層という。なお，$4 < \frac{u_* y}{\nu} < 70$ の領域[*12] は分子粘性と渦動粘性の作用が混在する領域であり，バッファー域という。

水理学ではバッファー域は考慮せず，図 4-8 のように，式 4-17 と式 4-18 の交点を与える位置，すなわち，

$$\frac{u_* y}{\nu} = 5.5 + \frac{1}{\kappa} \ln \frac{u_* y}{\nu}$$

を満たす y を δ_L として粘性底層と呼んでいる。上式より δ_L は

$$\frac{u_* \delta_L}{\nu} = 11.6 \qquad 4-19$$

[*12] **＋α プラスアルファ**
$\frac{u_* y}{\nu}$ の範囲は実験結果から得られたものなので，必ずしも確定した値ではない。したがって，書籍によって若干異なった値が示されている場合がある。

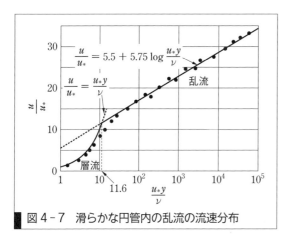

図 4-7 滑らかな円管内の乱流の流速分布

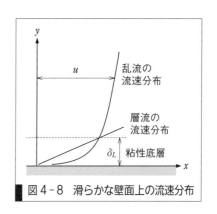

図 4-8 滑らかな壁面上の流速分布

となる。したがって、粘性底層内では流れは層流であり、粘性底層より上層では乱流であるとみなす。

例題 4-1-3 直径 $D=250$ mm の滑らかな円管内を水温 20 °C の水が動水勾配 $I=\dfrac{1}{100}$ で流れているとき、粘性底層の厚さを求めよ。

解答 水の動粘性係数は $\nu=0.0104$ cm²/s、径深 $R=\dfrac{D}{4}=6.25$ cm、摩擦速度 $u_*=\sqrt{gRI}=7.83$ cm/s である。ゆえに、式 4-19 より $\delta_L=11.6\dfrac{\nu}{u_*}=0.0154$ cm。

*13 **+α プラスアルファ**
壁面の凹凸を構成する物体のこと。水理学では管壁面に貼りつけた砂粒や川底の砂礫などを指す(4-2-5 項参照)。

2. 粗い壁面の場合 壁面近傍の流速は粗度要素[*13]の高さ k_s に関係することを考慮して、y_0 を a_2 を定数として次のように与える。

$$y_0 = a_2 k_s \qquad 4-20$$

したがって、式 4-15 は

$$\frac{u}{u_*} = \frac{1}{\kappa}\ln\frac{y}{k_s} + A_r \qquad 4-21$$

となる。図 4-9 は粗い円管内の乱流の流速分布を示したものであり、$A_r=8.5$ とおくと実験結果とよく一致する。

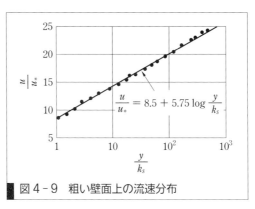

図 4-9 粗い壁面上の流速分布

*14 **工学ナビ**
滑らかな円管と同様に、y_0 もまた次元解析によって導かれる。すなわち、y_0 の関数関係を次のようにおく。

$$y_0 = f(k_s, \tau_0, \rho, \nu)$$

ここに、$k_s=$ 壁面の粗度要素の高さ。
バッキンガムのΠ定理(10-3節)を用いて次元解析を行うと、y_0 の関数形は

$$\frac{y_0}{k_s} = f\left(\frac{u_* k_s}{\nu}\right)$$

となる。なお、$f(X)$ は X の関数を表す。

3. 粗面と滑面の遷移領域を含む対数分布則 粗面と滑面の中間の状態(遷移領域)では、壁面近傍の流速は $\dfrac{\nu}{u_*}$ と k_s の両方の影響を受けると考えられる。そこで、y_0 を次のように与える[*14]。

$$y_0 = k_s \cdot f\left(\frac{u_* k_s}{\nu}\right) \qquad 4-22$$

ここに、$\dfrac{u_* k_s}{\nu}$ は粗さのレイノルズ数である。したがって、式 4-15 は

$$\frac{u}{u_*} = \frac{1}{\kappa}\ln\frac{y}{k_s} + A\left(\frac{u_* k_s}{\nu}\right) \qquad 4-23$$

となる。ここに、右辺第 2 項は粗さのレイノルズ数の関数を表す。図 4

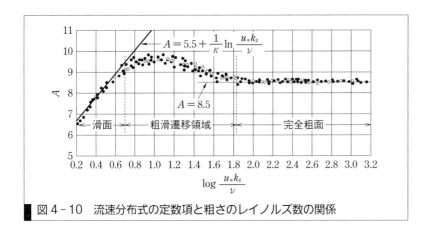

図 4-10 流速分布式の定数項と粗さのレイノルズ数の関係

-10 は右辺第 2 項の値を，円管に一様粒径の砂を貼りつけたニクラーゼの実験から調べたものである。この図から，壁面の状態に対する流速分布は次のようにまとめられる。

$$\frac{u}{u_*} = \begin{cases} \dfrac{1}{\kappa}\ln\dfrac{u_* y}{\nu} + 5.5 & : \dfrac{u_* k_s}{\nu} < 4 \quad (\text{水理学的滑面}) \\ \dfrac{1}{\kappa}\ln\dfrac{y}{k_s} + A\left(\dfrac{u_* k_s}{\nu}\right) & : 4 < \dfrac{u_* k_s}{\nu} < 70 \quad (\text{粗滑遷移領域}) \\ \dfrac{1}{\kappa}\ln\dfrac{y}{k_s} + 8.5 & : 70 < \dfrac{u_* k_s}{\nu} \quad (\text{完全粗面}) \end{cases}$$

4-24[*15]

*15
+α プラスアルファ

$\dfrac{u_* k_s}{\nu}$ の範囲は実験結果から得られたものなので，必ずしも確定した値ではない。したがって，書籍によって若干異なった値が示されている場合がある。

4. 壁面の粗さ　滑面における粘性底層の厚さは非常に薄く，また，壁面が粗い場合にはこの層は存在しない。壁面が滑面であるか粗面であるかは，粗度要素の高さ k_s が粘性底層の厚さ δ_L よりも大きいか小さいかによる。すなわち，図 4-11(a) のように，粗度要素の高さが粘性底層内に入っているときは，この部分の流れは層流であり粗さの影響は現れない。水理学ではこの状態を滑面とみなし，水理学的滑面と呼ぶ。一方，図 4-11(c) のように，粗度要素の高さが粘性底層の厚さよりも十分に大きいとき，この壁面は粗面と考える。この中間が粗滑遷移領域（図 4

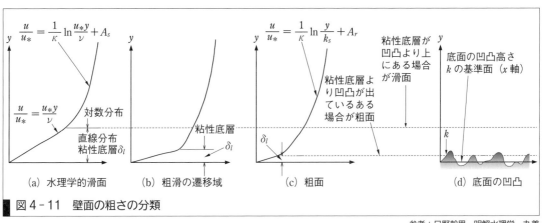

図 4-11 壁面の粗さの分類

参考：日野幹男，明解水理学，丸善

*16
＋α プラスアルファ

$\dfrac{\delta_L}{k_s}$ は，式 4−19 より次式で求められる。

$$\frac{\delta_L}{k_s} = 11.6 \left(\frac{u_* k_s}{\nu} \right)^{-1}$$

表 4−1　壁面の粗滑とその条件*16

壁面の状態	$\dfrac{u_* k_s}{\nu}$	$\dfrac{\delta_L}{k_s}$
水理学的滑面	$\dfrac{u_* k_s}{\nu} < 4$	$3 < \dfrac{\delta_L}{k_s}$
粗滑遷移領域	$4 < \dfrac{u_* k_s}{\nu} < 70$	$\dfrac{1}{6} < \dfrac{\delta_L}{k_s} < 3$
完全粗面	$70 < \dfrac{u_* k_s}{\nu}$	$\dfrac{\delta_L}{k_s} < \dfrac{1}{6}$

−11(b))である。したがって，同一の粗度要素であっても流れの条件によって粘性底層の厚さが変化すれば，壁面は滑面にも粗面にもなりうる。たとえば，粘性底層厚は摩擦速度の増加とともに小さくなる（式 4−19）ので，流速が小さいときは水理学的滑面であるが，流速が大きくなると粗面になり，流れの抵抗の状態が変化することに注意する必要がある。

壁面の粗滑とその条件を表 4−1 に示す。粘性底層の厚さ δ_L が粗度要素の高さ k_s の 3 倍程度以上であれば水理学的滑面とみなされ，逆に k_s が δ_L の 6 倍程度以上であれば完全粗面とみなされることがわかる。

5. 速度欠損則　式 4−17 や式 4−21 において，流速を管中心位置（$y = a$）の流速 $u_{\max}$ との差の形で表すと，流速分布は壁面の粗滑に関係なく，

$$\frac{u_{\max} - u}{u_*} = \frac{1}{\kappa} \ln \frac{a}{y} \qquad\qquad 4-25$$

となる。これを速度欠損則という。

WebにLink
演習問題解答

演習問題　A　基本の確認をしましょう

4-1-A1　直径 $D = 50\ \mathrm{mm}$ の円管内を流量 $Q = 300\ \mathrm{cm^3/s}$ の水が流れている。この流れのレイノルズ数を求め，層流か乱流かを判断せよ。ただし，水の動粘性係数は $\nu = 0.010\ \mathrm{cm^2/s}$ とする。

4-1-A2　直径 $D = 15\ \mathrm{mm}$ の円管内を水が流れている。この流れの動水勾配が $I = \dfrac{1}{1000}$ であるとき，流量 Q，平均流速 U および壁面の摩擦応力 τ_0 を求めよ。ただし，水の動粘性係数は $\nu = 0.010\ \mathrm{cm^2/s}$ とする。

4-1-A3　管径 D の円管に流量 Q の水が層流状態で流れている。この流量を 3 倍に増加させるには管径を何倍にすればよいか。ただし，管径以外の条件は同一とする。

演習問題　B　もっと使えるようになりましょう

4-1-B1　直径 $D = 40\ \mathrm{mm}$ の円管内を流量 $Q = 30\ \mathrm{cm^3/s}$ の水が流れている。水の密度を $\rho = 1\ \mathrm{g/cm^3}$，動粘性係数を $\nu = 0.010\ \mathrm{cm^2/s}$ として，以下の問いに答えよ。

（1）壁面から $1.0\,\mathrm{cm}$ の位置および管中央における流速 u_1, u_2 を求めよ。

（2）壁面に作用するせん断応力 τ_0 を求めよ。

4-1-B2 滑らかな円管内の乱流の流速分布式として次の $\dfrac{1}{7}$ 乗則がある。

$$\frac{u}{u_{\max}} = \left(1 - \frac{r}{a}\right)^{\frac{1}{7}}$$

ここに，r は管中心軸からの距離，a は管の半径である。この式と例題 4-1-2 で得られた層流の流速分布式を図示し，両者の分布形を比較せよ。

4-1-B3 式 4-25 の速度欠損則から，平均流速 U と最大流速 $u_{\max}$ に関する次の関係式を導け。

$$U = u_{\max} - 3.75u_*$$

ここに，u_* は摩擦速度である。

あなたがここで学んだこと

この節であなたが到達したのは

□層流と乱流について説明できる

□円管内の層流の流速分布（ハーゲン - ポアズイユの法則）を説明できる

□流体摩擦（レイノルズ応力，混合距離モデル）を説明できる

　粘性を有する実在流体の流れには層流状態と乱流状態が存在し，これらは流れの運動方程式に含まれる慣性項と粘性項の比によって定義されるレイノルズ数によって区別できる。また，流体中では粘性のために流速分布が生じ，これは流れの状態や壁面の粗さによって異なった性質を示す。本節では流速分布式について詳しく説明しているので，図化して理解を深めるとよい。さらに，粘性流体の流れはエネルギー損失（摩擦損失）をともなうので，流れの状態と損失水頭の関係を理解しよう。エネルギー損失とその評価法については次節で詳しく説明する。

4.2 管路の摩擦損失

予習　授業の前にやっておこう!!

1. 流速分布と平均流速

　管路流れや開水路流れでは断面平均流速を扱うことが多い。断面平均流速式は，前節で示された流速分布式を全断面にわたって積分し，それを流水断面積で除すことによって得ることができる。

2. log と ln

　対数関数は $\log_{10}$ や $\log_e$ など底の値を記して表すことが多いが，本章では $\log_{10}$ を log，$\log_e$ を ln と表記する。なお，$\ln X = 2.3 \log X$ の関係はよく使われるので覚えておこう。

---

1. 半径 a の円管の流速分布 u が図 4-6 で与えられるときの，断面平均流速を求める式を示せ。

2. 次の関係を証明せよ。

　(1) $\int \ln x\, dx = x \ln x - x + C$

　(2) $\int x \ln x\, dx = \dfrac{1}{2} x^2 \ln x - \dfrac{1}{4} x^2 + C$

4-2-1 流速分布係数

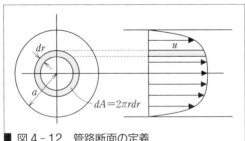

図 4-12　管路断面の定義

　4-1 節で述べたように，管内の流速は一様ではなく，層流と乱流，また粗面と滑面でも異なった流速分布形を示す。一方，管路の計算では断面平均の流速を用いることが多い。これらは流れのエネルギーや運動量にどのような影響をおよぼすのであろうか。

　いま，図 4-12 に示すように，半径 a の円管の断面積 A の微小要素 dA の流速を u とすれば，dA を単位時間に通過する水の質量は $\rho u dA$ である。また，運動エネルギーは $\rho u dA \times \dfrac{1}{2} u^2$ であって，これは水の重

量 $\rho g u dA$ と速度水頭 $\dfrac{u^2}{2g}$ の積に相当する。したがって，全断面に対する全運動エネルギーは次のように表される。

$$E = \int_A \frac{\rho g u^3}{2g} dA = \int_0^a \frac{\rho g u^3}{2g} 2\pi r\, dr \qquad 4-26$$

一方，断面平均流速 U を用いた速度水頭（単位重量当たりの運動エネルギー）を $\dfrac{\alpha U^2}{2g}$ とすれば，管の全断面に対する全運動エネルギーは

$$E = \rho g U A \times \frac{\alpha U^2}{2g} = \frac{\alpha \rho g U^3 A}{2g} \qquad 4-27$$

となる。式 4-26 と式 4-27 より α は

$$\alpha = \frac{1}{A} \int_A \left(\frac{u}{U}\right)^3 dA = \frac{1}{A} \int_0^a \left(\frac{u}{U}\right)^3 2\pi r\, dr \qquad 4-28$$

と表される。この α をエネルギー補正係数またはコリオリ係数という。

次に，dA を単位時間に通過する水の運動量は $\rho u dA \times u$ であるから，全断面を通過する全運動量は

$$M = \int_A \rho u^2 dA = \int_0^a \rho u^2 \cdot 2\pi r\, dr \qquad 4-29$$

と表される。また，断面平均流速 U を用いた全運動量を $\beta \rho U^2 A$ とすると，これは式 4-29 と等しいことから，β は

$$\beta = \frac{1}{A} \int_A \left(\frac{u}{U}\right)^2 dA = \frac{1}{A} \int_0^a \left(\frac{u}{U}\right)^2 2\pi r\, dr \qquad 4-30$$

と表される。この β を運動量補正係数またはブシネスク係数という。

層流の流速分布を与える式 4-6 と平均流速を与える式 4-8 をそれぞれ式 4-28 および式 4-30 に代入して計算すると，$\alpha = 2.0$，$\beta = 1.33$ が得られる[*1]。一方，乱流の場合は実用上 $\alpha = 1.0 \sim 1.1$，$\beta = 1.0$ の値が用いられている[*2]。

4-2-2 エネルギー損失とエネルギー勾配

3-3 節で示されたように，完全流体ではエネルギー損失がないため，位置水頭，圧力水頭および速度水頭の合計である全水頭はどの断面でも一定である。しかし，実在流体では粘性や乱れのためにエネルギー損失[*3]が生じる。図 4-13 に示す管路において，断面 I と断面 II の全水頭の差

$$H_{e1} - H_{e2} = \left(z_1 + \frac{p_1}{\rho g} + \frac{U_1^2}{2g}\right) - \left(z_2 + \frac{p_2}{\rho g} + \frac{U_2^2}{2g}\right) \equiv h_L \qquad 4-31$$

は，エネルギー損失に相当し，これを損失水頭という。

断面 I と断面 II の全水頭を結んだエネルギー線の勾配をエネルギー勾配と呼び，次式で表される。

[*1]
Let's TRY!
層流の場合の α，β の値を求めてみよう。

[*2]
工学ナビ
α と β は，エネルギーや運動量を表す場合に流速分布を考慮しないために導入された係数であり，各流線で異なる速度の影響を補正するものである。

[*3]
+α プラスアルファ
エネルギー損失はほかに管の形状変化によるものもあるが，これらの損失は熱などに変わり，管路の外に放出される。

4-2 管路の摩擦損失　111

$$I_e = -\frac{\partial}{\partial s}\left(z + \frac{p}{\rho g} + \frac{U^2}{2g}\right) = \frac{h_L}{L} = \frac{dh_L}{ds} \qquad 4-32$$

一方,動水勾配は次式である。

$$I = -\frac{\partial}{\partial s}\left(z + \frac{p}{\rho g}\right) \qquad 4-33$$

式4-31と式4-32より,次の関係が得られる。

$$I_e = I - \frac{\partial}{\partial s}\left(\frac{U^2}{2g}\right) \qquad 4-34$$

上式は,エネルギー勾配は動水勾配に速度水頭の勾配を加えたものであることを示している[*4]。なお,一様な管路では流速は一定であるため,右辺第2項はゼロである。したがって,エネルギー線と動水勾配線は平行で,両者の勾配は等しい。

*4
＋α プラスアルファ
エネルギー勾配は実在流体では常に正であり,完全流体では常にゼロである。一方,動水勾配は正負をとる。

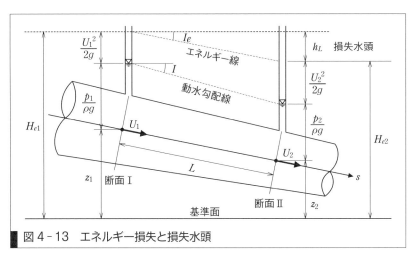

図4-13　エネルギー損失と損失水頭

4-2-3 壁面摩擦による損失水頭

一様な管路を水が定常状態で流れている場合を考え,流れの断面積をA,潤辺をS,壁面に作用するせん断応力をτ_0,流れの中心線と水平線のなす角をθとする。図4-14において,管の長さLの部分に働く力のつり合いは,

$$A(p_1 - p_2) + \rho g A(z_1 - z_2) - \tau_0 s L = 0 \qquad 4-35$$

より,

$$\frac{\tau_0}{\rho g R} = \frac{\left(z_1 + \dfrac{p_1}{\rho g}\right) - \left(z_2 + \dfrac{p_2}{\rho g}\right)}{L} = \frac{h_L}{L} = I$$

が得られる。したがって,

$$\tau_0 = \rho g R I \qquad 4-36$$

となる．ここに，R は径深，I は動水勾配である．なお，一様管路の定常流れでは I はエネルギー勾配 I_e に等しく，h_L は摩擦による損失水頭を表す．

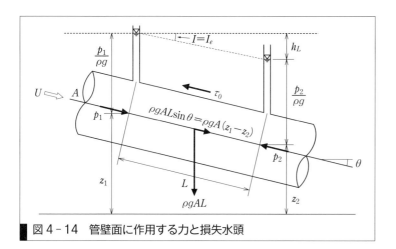

図 4-14　管壁面に作用する力と損失水頭

さて，管路内の流速分布は壁面のせん断応力 τ_0 の作用で発生するので，平均流速 U と τ_0 の間にも何らかの関係がある．一般的には，τ_0 は U の 2 乗に比例することが実験的に知られているので，これを考慮して

$$\tau_0 = \frac{f}{8}\rho U^2 \qquad 4-37$$

とおくことができる．ここに，f は無次元量で摩擦損失係数[*5]という．

式 4-36 および式 4-37 より，$I=I_e$ を考慮して，

$$U = \sqrt{\frac{8}{f}}\sqrt{gRI_e} \qquad 4-38$$

が得られる．$\sqrt{gRI_e}$ は速度の次元を持ち，流れを規定する重要な量で摩擦速度といい，一般に，

$$u_* = \sqrt{\frac{\tau_0}{\rho}} = \sqrt{gRI_e} \qquad 4-39$$

と表す[*6]．したがって，式 4-38 および式 4-39 より

$$\frac{U}{u_*} = \sqrt{\frac{8}{f}} \qquad 4-40$$

が成り立つ[*7]．

また，摩擦損失水頭は $h_L = L \cdot I_e$ なので，式 4-38 より

$$h_L = f\frac{L}{4R}\frac{U^2}{2g} \qquad 4-41$$

となる．なお，円管の場合は $4R=D$ なので，次式のようになる．

$$h_L = f\frac{L}{D}\frac{U^2}{2g} \qquad 4-42$$

[*5] **＋α プラスアルファ**
摩擦損失係数 f は流体抵抗係数とも呼ばれる．

[*6] **Don't Forget!!**
式 4-39 から得られる $\tau_0 = \rho u_*^2$ の関係はよく用いられるので，その導出過程とともに覚えておこう．

[*7] **＋α プラスアルファ**
$\frac{U}{u_*}$ を流速係数といい，φ で表す（式 7-9 を参照）．

4-2　管路の摩擦損失　113

式 4-41 および式 4-42 の表示をダルシー－ワイズバッハ（Darcy-Weisbach）の式という。

例題 **4-2-1** 管径 $D=0.3$ m の管を用いて距離 $L=200$ m 離れた地点 A から地点 B に送水する。2 地点間の高低差を $H=1$ m，管の摩擦損失係数を $f=0.020$ として，流量 Q を求めよ。また，このときの摩擦速度 u_* および壁面に作用するせん断応力 τ_0 を求めよ。

解答 高低差 1 m の 2 地点間を水が流れるので，この高さが損失水頭 h_L に等しい。したがって，式 4-42 より

$$U = \sqrt{\frac{2gh_L}{f\dfrac{L}{D}}} = \sqrt{\frac{2 \times 9.8 \times 1}{0.020 \times \dfrac{200}{0.3}}} = 1.21 \text{ m/s}$$

となる。また，連続式より

$$Q = AU = \frac{\pi D^2}{4}U = \frac{\pi \times 0.3^2}{4} \times 1.21 = 0.0855 \text{ m}^3/\text{s} = 85.5 \text{ L/s}$$

である。さらに，$R=\dfrac{D}{4}$，$I_e=\dfrac{H}{L}$ であるから，式 4-39 より

$$u_* = \sqrt{gRI_e} = \sqrt{g\frac{D}{4}\frac{H}{L}} = \sqrt{9.8 \times \frac{0.3}{4} \times \frac{1}{200}} = 0.0606 \text{ m/s}$$

が得られる。したがって，

$$\tau_0 = \rho u_*^2 = 1000 \times 0.003675 = 3.68 \text{ N/m}^2 \text{ }^{*8}$$

となる。

4-2-4 摩擦損失係数の評価式

一定の流量が管内を流れるとき，その流速を規定するものは，層流や乱流といった流れの状態と流れの抵抗となる管壁の粗滑の程度である。4-1 節で述べたように，前者は流れのレイノルズ数によって評価され，後者は粗さのレイノルズ数や 4-2-5 項で述べる相当粗度によって評価される。摩擦損失係数 f はこれらの関数として評価され，その評価式を一般に抵抗則と呼ぶ。

1. 層流の場合 式 4-8 と式 4-38 から I_e を消去して整理すると

$$f = \frac{64}{R_e} \qquad\qquad\qquad 4-43$$

が得られる。上式より，摩擦損失係数 f は流れのレイノルズ数 R_e に反比例し，また，壁面の粗さの効果は現れないことがわかる。

---

*8

＋α プラスアルファ

このまま計算すると，τ_0 の単位は kg/m·s^2 となる。これを，運動方程式による N＝kg·m/s^2 によって書き換えると N/m^2 となる。この単位は単位面積当たりに作用する力を意味している。

114 4 章 管路の流れ(1)

2. 乱流の場合　平均流速は管内の流速分布を積分することによって求められるので，4−1節で示された乱流の流速分布式と式4−40より，摩擦損失係数 f とともに次のように得られる。

$$\frac{U}{u_*} = \sqrt{\frac{8}{f}} = \begin{cases} \dfrac{1}{\kappa} \ln \dfrac{u_* D}{2\nu} + 1.75 & \text{（水理学的滑面）} \\[2mm] \dfrac{1}{\kappa} \ln \dfrac{D}{2k_s} - 3.75 + A\left(\dfrac{u_* k_s}{\nu}\right) & \text{（粗滑遷移領域）} \\[2mm] \dfrac{1}{\kappa} \ln \dfrac{D}{2k_s} + 4.75 & \text{（完全粗面）} \end{cases}$$

$$4-44^{*9,\,*10}$$

水理学的滑面および完全粗面に対する摩擦損失係数 f は，それぞれ式4−44の第1式と第3式を変形して，

$$\frac{1}{\sqrt{f}} = 2.03 \log\left(R_e \sqrt{f}\right) - 0.91 \quad \text{（水理学的滑面）} \qquad \textbf{4−45}$$

$$\frac{1}{\sqrt{f}} = 2.03 \log \frac{D}{2k_s} + 1.68 \quad \text{（完全粗面）} \qquad \textbf{4−46}$$

となる。ただし，実用上は実験によって定数項を補正した以下の式が用いられている。

$$\frac{1}{\sqrt{f}} = 2.0 \log\left(R_e \sqrt{f}\right) - 0.8 \quad \text{（水理学的滑面）} \qquad \textbf{4−47}$$

$$\frac{1}{\sqrt{f}} = 2.0 \log \frac{D}{2k_s} + 1.74 \quad \text{（完全粗面）} \qquad \textbf{4−48}$$

なお，水理学的滑面に適用しうるブラシウス(Blasius)の実験式が知られている。

$$f = \frac{0.3164}{R_e^{\frac{1}{4}}} \quad (R_e < 2 \times 10^5) \qquad \textbf{4−49}$$

粗滑遷移領域に対する摩擦損失係数は，まず，水理学的滑面の式4−47を完全粗面の式4−48にならって，次のように変形する。

$$\frac{1}{\sqrt{f}} = 1.74 - 2.0 \log\left(\frac{18.7}{R_e \sqrt{f}}\right) \qquad \textbf{4−50}$$

コールブルック(Colebrook)は，式4−50を $\dfrac{k_s}{D} \to 0$ のときの極限とし，式4−48を $R_e \to \infty$ のときの極限とする次式を提案した。

$$\frac{1}{\sqrt{f}} = 1.74 - 2.0 \log\left(\frac{2k_s}{D} + \frac{18.7}{R_e \sqrt{f}}\right) \qquad \textbf{4−51}$$

なお，上式で $k_s = 0$ とすれば水理学的滑面の式4−47となる。また，実用上

$*9$

＋α プラスアルファ

水理学的滑面および粗滑遷移領域の平均流速式において，

$$\frac{u_* D}{2\nu} = \frac{R_e}{2}\sqrt{\frac{f}{8}}$$

$$\frac{u_* k_s}{\nu} = R_e \frac{u_*}{U}\frac{k_s}{D}$$

と書き換えることができる。これらのことから，平均流速や摩擦損失係数は，滑面ではレイノルズ数の関数，完全粗面ではレイノルズ数に無関係に $\dfrac{k_s}{D}$ の関数，遷移領域では両者の関数であることがわかる。なお，$\dfrac{k_s}{D}$ は相対粗度と呼ばれる。

$*10$

Let's TRY!!

式4−44を導いてみよう。手順は以下のとおり。まず，平均流速は次式で与えられる。

$$\frac{U}{u_*} = \frac{1}{\pi a^2}\int_0^a 2\pi(a-y)\frac{u}{u_*}dy$$

上式に式4−15を代入して積分し，得られた式にそれぞれの壁面領域の y_0 の式を与える。

$$\frac{1}{\sqrt{f}} < \frac{R_e}{200}\frac{k_s}{D} \qquad 4-52$$

の領域では完全粗面の式 4-48 と一致する（図 4-15 参照）。したがって，粗滑遷移領域と完全粗面域の境界は

$$\frac{1}{\sqrt{f}} = \frac{R_e}{200}\frac{k_s}{D} \qquad 4-53$$

で与えられる。摩擦損失係数 f の関数形は，4-2-6 項でも述べるように多くの実験式が提案されているが，コールブルックの式は $\frac{k_s}{D}=0$ で水理学的滑面の式に，$R_e=\infty$ で完全粗面の式に一致し，合理的で精度も高い。

式 4-44 で示したように，摩擦損失係数 f は滑面ではレイノルズ数の関数，完全粗面ではレイノルズ数に無関係に $\frac{k_s}{D}$ の関数，そして，遷移領域では両者の関数である。図 4-15 は，これらの関係を $\frac{k_s}{D}$ をパラメータとした f と R_e の関係図として示したもので，ムーディー線図[*11]と呼ばれている。

*11
+α プラスアルファ
ムーディー線図は，層流域を表す式 4-43，乱流域における水理学的滑面を表す式 4-47，完全粗面を表す式 4-48 および粗滑遷移領域を表す式 4-51 から成っている。なお，乱流域の破線は式 4-53（粗滑遷移領域と完全粗面域の境界）である。

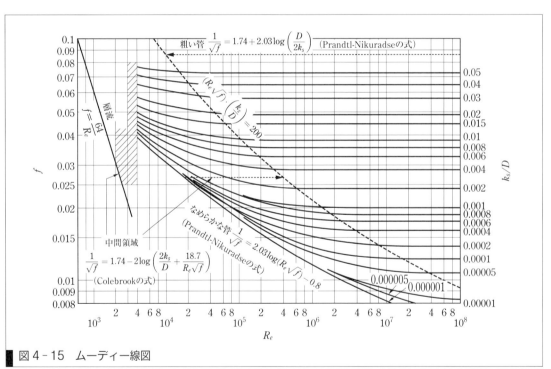

図 4-15　ムーディー線図

Moody, L.F. : Friction factors for pipe flow, Transactions of the ASME, Nov., 1944.

例題 4-2-2 直径 $D=150$ mm の滑らかな円管に流量 $Q=4$ L/s の水が流れているとき，20 m 区間で生じる摩擦損失水頭を求めよ。ただし，水の動粘性係数 $\nu=0.010$ cm^2/s とする。

解答 流れが層流か乱流かを判定するため，レイノルズ数 R_e を求める。

$$U = \frac{Q}{A} = \frac{Q}{\frac{\pi D^2}{4}} = \frac{4000}{\pi \times \frac{15^2}{4}} = 22.6 \text{ cm/s}$$

$$R_e = \frac{UD}{\nu} = \frac{22.6 \times 15}{0.010} = 33900$$

$R_e > 4000$ の流れは乱流であるから，摩擦損失係数 f は式 4-47 より求められる。ただし，この式は両辺に f を含んでいるので，逐次計算などで解を求める必要がある。

式 4-47 を次のように書き直す。

$$f = \frac{1}{\{2.0 \log (R_e \sqrt{f}) - 0.8\}^2}$$

まず，$f=0.02$ を仮定して右辺を計算すると，$f=0.0232$ となる。次に，$f=0.0232$ として右辺を計算すると $f=0.0228$（第 2 近似値）となる。さらに，$f=0.0228$ として第 3 近似値を求めると，$f=0.0228$ となる。第 2 近似値 = 第 3 近似値となったので，これが求める値である[*12]。

摩擦損失水頭は，式 4-42 より

$$h_L = f\frac{L}{D}\frac{U^2}{2g} = 0.0228 \times \frac{2000}{15} \times \frac{22.6^2}{2 \times 980} = 0.792 \text{ cm}$$

となる。

[*12] **?ヒント**
図 4-15 のムーディー線図から $R_e=33900$ に対する f の値を読み取ると，$f=0.023$ が得られる。

4-2-5 相当粗度

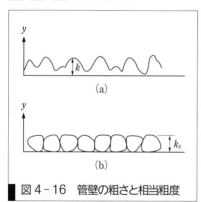

図 4-16 管壁の粗さと相当粗度

壁面の凹凸は一般には不規則であり，図 4-16(a) に示すように，その高さ k は場所によって異なっている。レイノルズ数が十分大きい完全粗面領域の流れにおける不規則な粗度[*13] による摩擦損失係数 f の値と，これと等しい摩擦損失係数 f を与えるような一様粒径の粒子を壁面に密に貼りつけた粗度（図 4-16(b)）を相当粗度または等価砂粗度という。本章で用いている粗度要素の高さ k_s はこのようにも呼ばれている。

[*13] 表面の粗さを粗度という。流れの抵抗に影響をおよぼす指標の一つである。

4-2-6 平均流速公式

式 4-38 より，径深 R およびエネルギー勾配 I_e が与えられれば，摩擦損失係数 f を知ることによって，平均流速を求めることができる。これを平均流速公式と呼ぶ。ムーディー線図（図 4-15）より明らかなよう

に，レイノルズ数が大きくなると f は相対粗度 $\frac{k_s}{D}$ のみに関係し，レイノルズ数自体には依存しなくなる。したがって，管が定まれば（相当粗度 k_s が既知），乱流が十分に発達した流れでは f は一定値をとる。このため，実用的な平均流速公式が提案されている。なお、以下に説明するシェジーの式，マニングの式およびマニング－ストリックラーの式は開水路の流れにも用いられる。

1. シェジー（Chézy）の式　シェジーが 1775 年に発表した式で，

$$U = C\sqrt{RI_e} \qquad\qquad 4-54$$

をシェジーの式という。ここに，I_e はエネルギー勾配である。C はシェジー係数と呼ばれ，$\left[\mathrm{L}^{\frac{1}{2}}\mathrm{T}^{-1}\right]$ の次元を持ち，その単位は $\mathrm{m}^{\frac{1}{2}}/\mathrm{s}$ である。この式は粗面乱流に適用され，長さの単位として m を，時間の単位として s を用いなければならない。なお，C は一定ではなく，径深 R によって若干変化することが知られている（式 4-58 参照）。シェジーの式による摩擦損失係数 f は次式で表される。

$$f = \frac{8g}{C^2} \qquad\qquad 4-55$$

*14
➕α プラスアルファ

マニングの式はシェジーの式と比較して，自然河川の等流を含む粗面乱流の流れを良好に表す。このため，我が国でも広く使用されている。

2. マニング（Manning）の式[*14]　マニングが 1889 年に発表したとされる式で，

$$U = \frac{1}{n}R^{\frac{2}{3}}I_e^{\frac{1}{2}} \qquad\qquad 4-56$$

をマニングの式という。ここに，n はマニングの粗度係数と呼ばれ，$\left[\mathrm{L}^{-\frac{1}{3}}\mathrm{T}\right]$ の次元を有し，その単位は $\mathrm{m}^{-\frac{1}{3}}\mathrm{s}$ である。表 4-2 はマニングの粗度係数 n の値の例を示す。壁面の状態（粗度の種類，大きさ，配置など）

表 4-2　マニングの粗度係数

水路の種類	壁面の状態	n の値	水路の種類	壁面の状態	n の値
管路	真ちゅう	0.009〜0.013	人工開水路（ライニングなし）	土の開削（直線状等断面）	0.018〜0.025
	鋳鉄	0.010〜0.016		土の開削（蛇行した遅い流れ）	0.023〜0.030
	ガラス	0.009〜0.013		岩盤開削（滑らか）	0.025〜0.040
	コンクリート	0.012〜0.016		岩盤開削（粗面）	0.035〜0.050
人工開水路（ライニングあり）	滑らかな鋼鉄	0.011〜0.014	自然河川	線形，断面とも規則正しい，水深大	0.025〜0.033
	滑らかな木材	0.010〜0.014		同上，河床が礫，草岸	0.030〜0.040
	コンクリート	0.011〜0.015		蛇行していて，瀬淵あり	0.033〜0.045
	切石モルタル積	0.013〜0.017		蛇行していて，水深が小さい	0.040〜0.055
	粗石モルタル積	0.017〜0.030		水草が多いもの	0.050〜0.080

Ven Te Chow : Open-channel Hydraulics より作成

によって異なることがわかる。なお，この式も粗面乱流に適用され，長さの単位としてmを，時間の単位としてsを用いなければならない。マニングの式による摩擦損失係数fは次式で表される。

$$f = \frac{12.7gn^2}{D^{\frac{1}{3}}}$$ 4－57

式4－54と式4－56より，シェジー係数Cとマニングの粗度係数nの関係が次のように得られる。

$$C = \frac{R^{\frac{1}{6}}}{n} \quad (\text{m-s 単位})$$ 4－58

3. ヘーゼン‐ウィリアムス(Hazen-Williams)の式　ヘーゼンとウィリアムスが1905年に発表した式で，

$$U = 0.849C_H R^{0.63} I^{0.54} \quad (\text{m-s 単位})$$ 4－59

をヘーゼン－ウィリアムスの式という。ここに，C_Hは表4－3に示すような管壁面の粗さに関する定数である。この式は，滑面から粗面への遷移領域に適用可能で，水道管に多く用いられている。ヘーゼン－ウィリアムスの式による摩擦損失係数fは次式である[15]。

$$f = \frac{10.83g}{C_H^{1.85} R^{0.167} U^{0.148}} \quad (\text{m-s 単位})$$ 4－60

[15]
式4－60は式4－39，式4－40および式4－59からIを消去して得られる。

表4－3　ヘーゼン‐ウィリアムス式のC_H

代表的管種	壁面の状態	C_H
新しい塩化ビニール管 新しいガラス管	きわめて平滑	145〜155
滑らかなコンクリート管	スチールフォーム使用，継目平滑	140
新しい全溶接鋼管		
新しい鋳鉄管 ヒューム管	塗装しない状態	130
古い鋳鉄管	全面に1〜2mmの錆コブ発生	100

例題　4-2-3　直径$D=80$ mmの塩化ビニール管に，流量$Q=16.7$ L/sの水が流れている。このときの摩擦損失係数fと$L=20$ mの区間の摩擦損失水頭h_Lをマニングの式から求めよ。ただし，マニングの粗度係数は$n=0.010$とする。

解答　式4－57より

$$f = \frac{12.7gn^2}{D^{\frac{1}{3}}} = \frac{12.7 \times 9.8 \times 0.010^2}{0.08^{\frac{1}{3}}} = 0.0289$$

また，連続式より

4－2　管路の摩擦損失　119

$$U = \frac{Q}{A} = \frac{0.0167}{\pi \times \frac{0.08^2}{4}} = 3.32 \text{ m/s}$$

式 4−42 より

$$h_L = f\frac{L}{D}\frac{U^2}{2g} = 0.0289 \times \frac{20}{0.08} \times \frac{3.32^2}{2 \times 9.8} = 4.06 \text{ m}$$

4. マニング - ストリックラー(Manning-Strickler)の式

マニングの式 4−56 を書き直すと，

$$\frac{U}{u_*} = \frac{k_s^{\frac{1}{6}}}{n\sqrt{g}}\left(\frac{R}{k_s}\right)^{\frac{1}{6}} \qquad 4-61$$

となる。$\frac{k_s^{\frac{1}{6}}}{n\sqrt{g}}$ は無次元で，上式と完全粗面の摩擦損失係数 f の式 4−48 から得られる次式[*16]

$$\frac{U}{u_*} = 6.62 + 5.66 \log \frac{R}{k_s} \qquad 4-62$$

とが一致するような $\frac{k_s^{\frac{1}{6}}}{n\sqrt{g}}$ を求めると，図 4−17 の実線が得られる。また，同図には，開水路の流れに用いられる対数式

$$\frac{U}{u_*} = 6.0 + 5.75 \log \frac{R}{k_s} \qquad 4-63$$

と一致する値もあわせて示している。これらより，$\frac{k_s^{\frac{1}{6}}}{n\sqrt{g}}$ の値は $\frac{U}{u_*}$ によって変化するが，通常の管路や開水路の流れでは $\frac{U}{u_*}$＝8〜25 程度で，実用上この区間での $\frac{k_s^{\frac{1}{6}}}{n\sqrt{g}}$ の値を一定値(＝7.66)とみなす。すると，式 4−61 は

[*16] プラスアルファ
この式は粗面乱流の平均流速式である。開水路の流れの流速式については 7−1−1 項で述べられている。

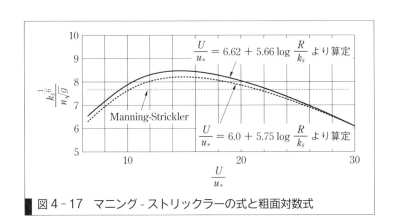

図 4−17 マニング - ストリックラーの式と粗面対数式

$$\frac{U}{u_*} = 7.66 \left(\frac{R}{k_s}\right)^{\frac{1}{6}} \quad \text{(m·s 単位)} \qquad\qquad \textbf{4－64}$$

となる。この式をマニング－ストリックラーの式という。また，摩擦損失係数 f は次式となる。

$$f = 0.136 \left(\frac{R}{k_s}\right)^{-\frac{1}{3}} = 0.216 \left(\frac{D}{k_s}\right)^{-\frac{1}{3}} \quad \text{(m·s 単位)} \qquad\qquad \textbf{4－65}$$

演習問題　Ａ　**基本の確認をしましょう**

Webにも Link
演習問題解答

4-2-A1　直径 $D=50$ mm の水平な円管内を流量 $Q=50$ cm^3/s の水が流れている。この管の摩擦損失係数 f を求めよ。ただし，水温は 20℃ とする。

4-2-A2　管の直径 $D=100$ mm，壁面の相当粗度 $k_s=1.0$ mm の粗い円管内を動水勾配 $I=\dfrac{1}{10}$ で水が流れているとき，平均流速と流量を求めよ。

4-2-A3　直径 $D=50$ cm の滑らかなコンクリート管に動水勾配 $I=\dfrac{1}{300}$ で水を流すときの平均流速をシェジーの式，マニングの式およびヘーゼン－ウィリアムスの式を用いて求めよ。ただし，$C=50.5$，$n=0.014$，$C_H=130$ とする。

演習問題　Ｂ　**もっと使えるようになりましょう**

4-2-B1　管の直径 $D=100$ mm，壁面の相当粗度 $k_s=1.0$ mm の円管内を動水勾配 $I=\dfrac{1}{100}$ で水が流れているとき，平均流速と流量を求めよ。ただし，水温は 20℃ とする。

4-2-B2　管の直径 $D=10$ cm の滑らかな円管内を，10℃ の水が流量 $Q=12000$ cm^3/s で流れている。以下の問いに答えよ。

(1) レイノルズ数 R_e を求めよ。ただし，10℃ の水の動粘性係数は $\nu=0.0131$ cm^2/s とする。

(2) 摩擦損失係数 f をムーディー線図から求めよ。

(3) $L=100$ m の間に起こる損失水頭 h_L を求めよ。

(4) この円管の内壁に粒径の揃った砂を貼りつけて粗面とし，同じ流量を流して損失水頭を測定したところ，$\dfrac{h_L}{L}=0.03$ であった。このときの摩擦損失係数 f を求めよ。

4-2-B3　水位差 $H=3$ m の 2 つの水槽を管径 $D=30$ cm，長さ $L=300$ m の円管で結ぶ。摩擦損失係数 f，平均流速 U および最大流速 $u_{\max}$ を求めよ。ただし，粗度要素の高さ $k_s=3.0$ mm，水の動粘性係数 $\nu=0.010$ cm^2/s とする。

4－2　管路の摩擦損失　**121**

あなたがここで学んだこと

この節であなたが到達したのは

□平均流速を用いた基礎方程式，摩擦抵抗による損失水頭の実用公式，ムーディー線図について説明できる

□摩擦抵抗による損失水頭の実用公式について説明できる

　粘性流体では，流れにともなって生じるエネルギー損失は，壁面せん断応力による摩擦損失と関連づけて摩擦損失水頭で表す。摩擦損失水頭をダルシー－ワイズバッハの式で求めるためには，平均流速や摩擦損失係数が必要である。前節で示された流速分布式から得られる平均流速式や平均流速公式について整理するとともに，摩擦損失係数の求め方についても例題や演習問題を通して理解を深めよう。本章で扱っているエネルギー損失に関する一連の評価法は，水理学や流体力学における先人の偉大な成果であり，せん断応力→流速分布→平均流速→摩擦損失の流れを正しく理解することが肝要である。

4.3 管路の形状損失

予習　授業の前にやっておこう!!

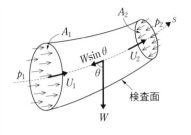

1. 図のような管路において，検査面に作用する s 軸方向の運動量，外力，圧力および運動量保存則を示せ。

2. 次の文章の（　）内を埋めよ。
(1) 管路の流れではエネルギー損失が生じる。流体と壁面との摩擦によって生じる損失を（　①　）といい，管断面の変化やバルブなどによって生じる局所的な損失を（　②　）という。
(2) 円管の摩擦損失水頭 h_L は次式のように表される。

$$h_L = f \frac{L}{D} \frac{U^2}{2g}$$

ここに，f は（　③　），L は損失区間の長さ，D は管径，U は断面平均流速である。この式を（　④　）の式という。

4-3-1 形状損失水頭とその表現

　管路の損失水頭には 4-2 節で述べた壁面摩擦による損失のほかに，流れが壁面から剥離して渦領域が形成されたり，二次流が発生したりすることによって発生する損失がある[*1]。通常，これらは局所的なものであり，一般に形状損失と呼ばれる。形状損失箇所では流線の剥離やねじれなどのためにエネルギー損失が生じている。しかし，エネルギー式によってその損失を厳密に求めることは困難であり，外力から間接的に推定できる運動量式を援用するほうが合理的といえる。それでも，このような扱いが可能なのは後述する急拡損失や出口損失にかぎられ[*2]，多くの形状損失は実験によって一般化されているのが現状である。

　形状損失水頭はダルシー－ワイズバッハの式による摩擦損失水頭の表現にならって

$$h_L = K \frac{U^2}{2g} \qquad 4-66$$

の形で経験的に表すこととされている。ここに，K は各種の損失係数である。また，流速については，後述する断面積急変の場合，管径の小さいほうの流速（したがって，大きいほうの流速）を用いるのが慣例になっている[*3]。

[*1] **プラスアルファ**
下図は 2 つの水槽を管路でつないだ例を示している。水位差 H によって水は流れるが，管内では壁面での摩擦損失以外に管路の形状変化による損失が発生する。すなわち，水位差 H のエネルギーは流下にともなう各種の損失によって消費される。

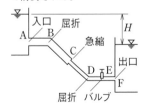

*2
工学ナビ

運動量原理に基づく理論的な扱いが可能な形状損失は，断面の急拡大による損失にかぎられる。これは，管の不連続部分において圧力分布が一様であること，また，流れの剥離区間が短く，壁面でのせん断応力が無視できるからである。

*3
Don't Forget!!

急拡，急縮を問わずこのような扱いをする。覚えておこう。

4-3-2 管の断面積の急変による損失

1. 急拡損失 図4-18に示すように，断面積 A_1 の管と断面積 A_2 の管が接続されている場合に起きる損失を急拡損失という。細い管からの流れは断面急変部で噴出し，

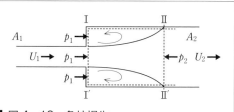

図4-18 急拡損失

剥離部を形成する。断面 I-I' ではこれと直角方向の流れはないとみなせるので，この断面の圧力は p_1 としてよい。また，剥離域では渦運動が生じているが，流速は噴流に比べて小さいと考えられ，剥離区間も短いので，壁面 I-II，I'-II' でのせん断応力は無視できる。図中，I-I'-II'-II で囲まれた領域を検査面として主流方向に運動量保存則を適用すると，

$$\rho Q(U_2 - U_1) = A_2(p_1 - p_2) \qquad 4-67$$

となる。一方，連続式より

$$Q = A_1 U_1 = A_2 U_2 \qquad 4-68$$

である。

さて，断面 I-I'，II-II' 間の急拡によるエネルギー損失水頭は

$$h_{Lse} = \left(\frac{p_1}{\rho g} + \frac{U_1^2}{2g}\right) - \left(\frac{p_2}{\rho g} + \frac{U_2^2}{2g}\right) \qquad 4-69$$

である。式4-67～式4-69より，

$$h_{Lse} = \left(1 - \frac{A_1}{A_2}\right)^2 \frac{U_1^2}{2g} \qquad 4-70$$

と書き換えられる。これは，細い管の速度水頭 $\dfrac{U_1^2}{2g}$ に関して

$$h_{Lse} = K_{se} \frac{U_1^2}{2g} \qquad 4-71$$

と表される。したがって，急拡による損失係数 K_{se} は

$$K_{se} = \left(1 - \frac{A_1}{A_2}\right)^2 \qquad 4-72$$

となる。この式はボルダ(Borda)の式と呼ばれている。

表4-4は急拡前後の管径(D_1，D_2)比に対する損失係数を示している。なお，$\dfrac{D_1}{D_2}=0$ ($D_2=\infty$) に対する $K_{se}=1.00$ は次に示す出口損失係数に相当する。

表4-4 急拡損失係数の値

$\frac{D_1}{D_2}$	0	0.1	0.2	0.3	0.4	0.5	0.6	0.7	0.8	0.9	1.0
$\frac{A_1}{A_2}$	0	0.01	0.04	0.09	0.16	0.25	0.36	0.49	0.64	0.81	1.00
K_{se}	1.00	0.98	0.92	0.82	0.70	0.56	0.41	0.26	0.13	0.04	0.00

2. 出口損失 水が管から十分に広い水槽や貯水池などに出る場合に起こる損失を出口損失という。これは，急拡損失における下流側の管断面積を∞と考え，式4-72で$\frac{A_1}{A_2} \to 0$とおいて

$$h_{Lo} = K_o \frac{U_1^2}{2g}, \quad K_o \fallingdotseq 1 \qquad 4-73$$

となる。

3. 急縮損失 図4-19に示すように，断面の急縮部では流れはⅠ-Ⅱ間で壁面から剥離して収縮し（これを縮流という），その後拡大してⅢで壁面に再付着する。この区間に生じる損失を急縮損失という。Ⅰ-Ⅱ間では圧力水頭が速度水頭に変化するだけで，エネルギー損失は無視できるほど小さい。しかし，Ⅱ-Ⅲ間では急拡損失の場合のようにエネルギーが損失する。そこで，Ⅱ-Ⅲ間に運動量式を適用すると

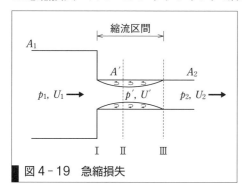

図4-19 急縮損失

$$\rho Q(U_2 - U') = A_2(p' - p_2) \qquad 4-74$$

となる。また，連続式より

$$Q = A'U' = A_2 U_2 \qquad 4-75$$

である。Ⅱ-Ⅲ間の損失水頭は

$$h_{Lsc} = \left(\frac{p'}{\rho g} + \frac{U'^2}{2g}\right) - \left(\frac{p_2}{\rho g} + \frac{U_2^2}{2g}\right) \qquad 4-76$$

で求められるので，この式を式4-74と式4-75を用いて整理すると次式が得られる。

$$h_{Lsc} = \left(\frac{A_2}{A'} - 1\right)^2 \frac{U_2^2}{2g} \qquad 4-77$$

急縮による損失水頭を

*4

断面の急縮による損失では，より厳密には下図のように急縮前の管の隅角部でも渦が発生し損失が起こる可能性がある。このときの損失係数はどの程度となるかについても調べてみよう。

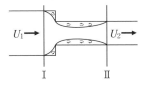

*5
＋α プラスアルファ

急拡部の角に丸みをつけた場合は，次の「4．入口損失」に示す入口損失係数を考慮して，K_{sc} の値を補正する。

$$h_{Lsc} = K_{sc} \frac{U_2^2}{2g} \quad 4-78$$

と表すと，式4-77との比較から急縮損失係数 K_{sc} は次式となる。

$$K_{sc} = \left(\frac{1}{C_c} - 1\right)^2 \quad 4-79$$

ここに，$C_c = \dfrac{A'}{A_2}$ で，断面Ⅱ（最縮小部）の断面積 A' と断面Ⅲの断面積 A_2 間の縮流係数である。ワイズバッハ（Weisbach）の実験値に基づく C_c と K_{sc} の値を表4-5に示す*4, *5。

表4-5 縮流係数と急縮損失係数の値

$\dfrac{A_2}{A_1}$	0.01	0.1	0.2	0.3	0.4	0.5	0.6	0.7	0.8	0.9	1.0
C_c	0.60	0.61	0.62	0.63	0.65	0.67	0.70	0.73	0.77	0.84	1.00
K_{sc}	0.44	0.41	0.38	0.34	0.29	0.24	0.18	0.14	0.09	0.04	0

4. 入口損失 十分に広い水槽や貯水池などから管に水が流入する場合の損失を入口損失という。入口損失は，急縮損失における上流側の管断面積を∞としたことに相当し，入口の形状によって損失係数は異なった値をとる。入口の損失水頭は

$$h_{Le} = K_e \frac{U^2}{2g} \quad 4-80$$

で表され，入口損失係数 K_e は表4-6のようになる。

表4-6 各種の入口形状に対する入口損失係数の値

名称	角端	隅切り	丸味つき	ベルマウス	突出し	傾斜角端
形状	⌐_	⌐_	⌐_	⌐_	⌐_	θ
K_e	0.5	0.25	0.1	0.01〜0.05	0.1	$0.5 + 0.3\cos\theta + 0.2\cos^2\theta$

例題 4-3-1 図における入口損失係数を求めよ。ただし，$H = 1.50$ m，$h = 1.14$ m，$U = 2.25$ m/s とする。

解答 管の中心を基準面とし，点Aと点Bでベルヌーイの定理を適用すると，

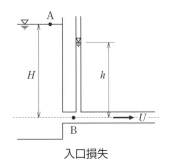

入口損失

$$H = h + \frac{U^2}{2g} + h_{Le}$$

となる。したがって，

$$h_{Le} = 1.50 - 1.14 - \frac{2.25^2}{2 \times 9.8} = 0.102 \text{ m}$$

一方，$h_{Le} = K_e \dfrac{U^2}{2g}$ より，入口損失係数は $K_e = 0.102 \div \dfrac{2.25^2}{2 \times 9.8} = 0.39$
となる。

4-3-3 管断面積の漸変による損失

1. 漸拡損失 細い管から太い管に徐々に拡大（漸拡）する管内の流れの損失を漸拡損失という。漸拡損失水頭は，図4-20のように拡がり角 θ と漸拡前後の管径の比によって変わり[*6]，

$$\begin{aligned}
h_{Lge} &= K_{ge} \frac{(U_1 - U_2)^2}{2g} \\
&= K_{ge} \left(1 - \frac{A_1}{A_2}\right)^2 \frac{U_1^2}{2g} \\
&= K_{ge} K_{se} \frac{U_1^2}{2g}
\end{aligned}$$

4-81

と表される。ここに，K_{ge} は漸拡損失係数であり，漸拡にともなって流れが壁面から剥離することによる損失と流速分布が変化するための壁面での摩擦損失の増減を表している。なお，式4-81の最後の式から，漸拡損失は急拡損失に対する補正の形で評価されることがわかる。

2. 漸縮損失 太い管から細い管に断面が徐々に縮小する管内流れの損失を漸縮損失という。漸縮管では流線の剥離は起こらないので，損失水頭はきわめて小さく，実用上は無視してよい。ただし，壁面摩擦による損失は考慮する必要がある。

[*6]
工学ナビ
図4-20に見られるように，損失係数が拡がり角 θ が8°程度から急激に増加するのは，壁面からの剥離が生じるためである。また，θ が0～8°程度で損失係数が減少するのは，管断面積の増加による流速の減少と流速分布形の変化によって摩擦損失が低下することと，剥離による損失や流速分布の再形成による損失が小さいためである。なお，θ が60°以上では $K_{ge} \fallingdotseq 1$ となり，損失は急拡損失の場合とほぼ等しくなる。

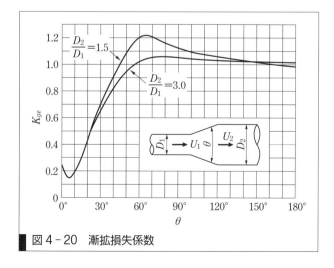

図4-20 漸拡損失係数

4-3-4 管の曲がりおよび屈折による損失

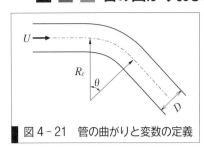

図4-21 管の曲がりと変数の定義

1. 曲がりによる損失 管が緩やかに曲がる場合でも，流線の剥離や，遠心力に起因する二次流によってエネルギー損失が発生する。このときの損失水頭は，図4-21に示すように曲率半径 R_c と中心角 θ に分けて扱い，

$$h_{Lb} = K_{b1} K_{b2} \frac{U^2}{2g} \qquad 4-82$$

と表す。ここに，K_{b1} は曲がりの中心角 θ が 90°の場合に，曲がりの曲率半径 R_c と管径 D との比 $\frac{R_c}{D}$ によって決まる損失係数，K_{b2} は $\theta=90$°の場合に対する曲がり中心角 θ の場合の損失の比である。図4-22 に実験式とアンダーソン－ストラゥブ（Anderson-Straub）が実験結果を整理・調整した結果を示す。これらより K_{b1} と K_{b2} を求めることができる。なお，実験式は次のとおりである。

$$K_{b1} = 0.131 + 0.1632 \left(\frac{D}{R_c}\right)^{\frac{7}{2}}, \quad K_{b2} = \left(\frac{\theta°}{90°}\right)^{\frac{1}{2}} \qquad 4-83$$

また，壁面摩擦による損失は別途考慮する必要がある[*7]。

*7
Don't Forget!!
形状損失と摩擦損失は物理的に異なる現象なので，両者は分けて考慮し，損失水頭を計算する必要がある。

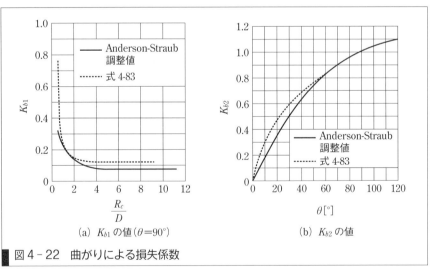

(a) K_{b1} の値 ($\theta=90°$)　　(b) K_{b2} の値

図4-22 曲がりによる損失係数

例題 4-3-2 管径 $D=10$ cm の管が，中心角 $\theta=90$°，曲率半径 $R_c=1$ m で敷設されている。流量 $Q=0.0393$ m³/s のとき，曲がりによる損失水頭を求めよ。また，同じ管径，同じ流量で中心角 $\theta=30$°，曲率半径 $R_c=1$ m の場合の損失水頭を求めよ。

解答

$$\text{流速}\ U = \frac{Q}{A} = \frac{Q}{\frac{\pi D^2}{4}} = \frac{0.0393}{\frac{\pi \times 0.1^2}{4}} = 5.00\ \text{m/s}$$

一方，$\frac{R_c}{D} = \frac{1}{0.1} = 10$ より，図4-22(a)のアンダーソン-ストラウブの調整値から $K_{b1} = 0.07$ が得られ，図4-22(b)の調整値から $K_{b2} = 1.0$ が得られる[*8]。したがって，式4-82より

$$h_{Lb} = K_{b1} K_{b2} \frac{U^2}{2g} = 0.07 \times 1.0 \times \frac{5.00^2}{2 \times 9.8} = 0.0893\ \text{m}$$

中心角 $\theta = 30°$ の場合は，図4-22(b)の調整値から $K_{b2} = 0.5$ である。ゆえに，

$$h_{Lb} = 0.07 \times 0.5 \times \frac{5.00^2}{2 \times 9.8} = 0.0446\ \text{m}$$

[*8] Let's TRY!
K_{b1}，K_{b2} の値は式4-83でも求めることができる。これらの式を用いた場合の損失水頭も求めてみよう。

2. 屈折による損失 図4-23に示すような屈折管の損失水頭は

$$h_{Lbe} = K_{be} \frac{U^2}{2g} \qquad 4-84$$

と表される。ここに，K_{be} は屈折による損失係数であり，次のワイズバッハの式で求めることができる。なお，θ は屈折角 [deg] である。

$$K_{be} = 0.946 \sin^2 \frac{\theta}{2} + 2.05 \sin^4 \frac{\theta}{2} \qquad 4-85$$

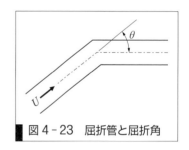

図4-23 屈折管と屈折角

4-3-5 その他の損失

1. バルブなどによる損失水頭 管路の途中にバルブやコックなどの流量調節装置が設置された場合の損失水頭は，他の損失水頭と同様に

$$h_{Lv} = K_v \frac{U^2}{2g} \qquad 4-86$$

と表される。ここに，K_v はバルブやコック自体の構造および開度によって異なる損失係数で，図4-24に示すバルブやコックに対して表4-7のようである。また，U はバルブなどの影響のない部分での平均流速

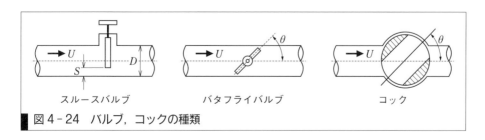

図4-24 バルブ，コックの種類

である。

表4-7　バルブなどの損失係数

バルブなどの種類		開度と K_v								
スルースバルブ（円形）	$\dfrac{S}{D}$	0	0.13	0.25	0.38	0.5	0.63	0.75	0.88	1.0
	K_v	閉止	97.8	17	5.52	2.06	0.81	0.26	0.07	0
バタフライバルブ（円形）	$\theta°$	70	60	50	40	30	20	10	5	0
	K_v	750	118	32.6	10.8	3.91	1.54	0.52	0.24	0.10
コック	$\theta°$	82.7	60	50	40	30	20	10	5	0
	K_v	閉止	206	52.6	17.3	5.47	1.56	0.29	0.05	0

例題 **4-3-3** 管径 $D=30\,\mathrm{cm}$ の管に流量 $Q=0.05\,\mathrm{m}^3/\mathrm{s}$ の水が流れている。この管に設置されたスルースバルブの開度が 0.5 のとき，損失水頭を求めよ。

解答

$$U = \frac{Q}{A} = \frac{Q}{\dfrac{\pi D^2}{4}} = \frac{0.05}{\pi \times \dfrac{0.3^2}{4}} = 0.707\,\mathrm{m/s}$$

スルースバルブの開度 0.5 に対して $K_v=2.06$ であるから，損失水頭は

$$h_{Lv} = K_v \frac{U^2}{2g} = 2.06 \times \frac{0.707^2}{2 \times 9.8} = 0.0525\,\mathrm{m}$$

2. 管の分岐・合流による損失水頭　分岐管や合流管では下流側で縮流が起こり，これにともなう渦によるエネルギー損失が発生する。これらの損失水頭の算定式としてガルデル（Gardel）の式がよく用いられる。詳細は水理公式集（土木学会）などの文献を参照されたい。

WebにLink
演習問題解答

演習問題　A　**基本の確認をしましょう**

4-3-A1　図（a）～（d）に示す円管水路において，点 A～G における形状損失水頭を求めよ。なお，管径と流量は以下に示すとおりであり，各種の形状損失係数は本書で示された値もしくは方法によって求めよ。

(a) $Q=0.10\,\mathrm{m}^3/\mathrm{s}$, $D_1=30\,\mathrm{cm}$, $D_2=50\,\mathrm{cm}$, $D_3=20\,\mathrm{cm}$

(b) $Q=0.10\,\mathrm{m}^3/\mathrm{s}$, $D_4=20\,\mathrm{cm}$, $D_5=30\,\mathrm{cm}$, $\theta=40°$

(c) $Q=0.20\,\mathrm{m}^3/\mathrm{s}$, $D_6=30\,\mathrm{cm}$

(d) $Q=0.20\,\mathrm{m}^3/\mathrm{s}$, $D_7=30\,\mathrm{cm}$, $\theta_1=90°$, $\theta_2=45°$, $R_c=3.0\,\mathrm{m}$

130　4章　管路の流れ⑴

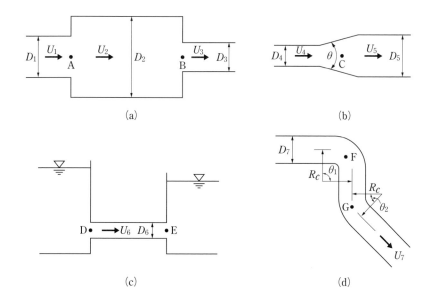

(a)　　　　　　　　　　(b)

(c)　　　　　　　　　　(d)

4-3-A2 管径 $D=200$ mm の円管に流量 $Q=40$ L/s の水が流れている。この管に設置されたバタフライバルブ（図 4-24）の流心となす角が $\theta=30°$ のときの損失水頭 h_{Lv} を求めよ。

4-3-A3 図のようなコックを有する管路に流量 $Q=0.04$ m^3/s の水が流れている。管の直径 $D=0.2$ m として以下の問いに答えよ。

ただし，$L_1=1.5$ m，$L_2=0.8$ m，$L_3=2.0$ m，$L_4=3.0$ m，$L_5=1.0$ m，$R_c=1.0$ m，$\theta_1=45°$，管中心線に対するコックの開度 $\theta_2=20°$，管内壁のマニングの粗度係数 $n=0.012$ とする。なお，損失係数は必要に応じて求めよ。

(1) 速度水頭
(2) 各種形状損失水頭
(3) 摩擦損失水頭
(4) 両水槽の水面差 H

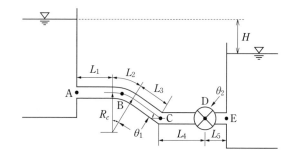

演習問題　B　もっと使えるようになりましょう

4-3-B1 図 (a) に示すような断面積が A_1 から A_2 に急拡する管に，流量 Q の水が流れているとき，急拡による損失水頭は次式によって表される。

$$h_{Lse} = \left(\frac{1}{A_1} - \frac{1}{A_2}\right)^2 \frac{Q^2}{2g}$$

いま，図 (b) のように，図(a)の管に断面積 A の管を挿入して流量 Q の水を流すとき，以下の問いに答えよ．ただし，管の摩擦損失は考えなくてよい．

(1) 2か所の急拡による損失水頭の合計を示せ．

(2) 損失水頭を最小にするための挿入管の断面積を求めよ．

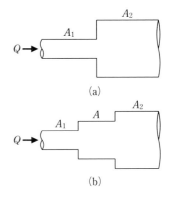

4-3-B2 演習問題 4-3-A3 の管路について，エネルギー線と動水勾配線を描け．ただし，下流側水槽の水面位置を基準とする．

4-3-B3 図のような急縮管における損失水頭を考える．以下の問いに答えよ．

(1) 表4-5をもとに，急縮損失係数 K_{sc} と急縮前後の断面積の比 $\dfrac{A_2}{A_1}$ および直径の比 $\dfrac{D_2}{D_1}$ の関係式を求めよ．

(2) 図において，I-O 間の

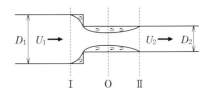

損失係数は次式で与えられることが知られている．

$$K'_{sc} = 0.02 \frac{1}{C_c^2}$$

ここに，C_c は縮流係数である．

ここで，改めて，I-O 間，O-II 間および I-II 間のそれぞれの区間の損失係数 K'_{sc}，K_{sc}，$K'_{sc}+K_{sc}$ と $\dfrac{A_2}{A_1}$ の関係を図示し，$K'_{sc}+K_{sc}$ と $\dfrac{A_2}{A_1}$ および $\dfrac{D_2}{D_1}$ の関係式を求めよ．

あなたがここで学んだこと

この節であなたが到達したのは
- □ 管水路の摩擦以外の形状損失水頭について説明できる
- □ 管水路の摩擦以外の損失係数について説明できる

管路の定常流れ問題を扱う際には，流れの状態と摩擦損失および形状損失を知る必要がある．基本式は連続式と運動方程式（損失水頭を考慮したベルヌーイの定理）であり，これに 4-2 節の摩擦損失水頭と 4-3 節の形状損失水頭の算定式が必要になる．管路の流れの具体的な問題は 5 章で扱われるので，本章のまとめとして，層流・乱流の流れの性質と各種の損失水頭に関する知識を整理しておこう．

5章

管路の流れ(2)

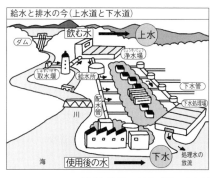

身近な管路の流れ(例：上下水道のネットワーク，水力発電)

前章で述べたように，管路の流れは，管路(管水路)の中を水が満杯の状態で流れるものであり，管路の断面内で空気と水の境界面である自由表面が現れない流れである。管路の流れでは，流れを引き起こす力として，重力に加えて水に働く圧力が関係し，上水道の配水池から先の配水管や給水管の流れや水力発電所の水圧管の流れなどが管路の流れの代表的な例である。図は，配水池から都市に送られる水道水などの管路ネットワーク，ダム式水力発電所の様子を示したものである。また，人間の体内をめぐる血液の流れも管路の流れであり，心臓というポンプで送り出した血液が血管により身体中を回って，また心臓に戻る循環系である。下水道などは満杯状態で流れることもあるが，通常は空気と接している自由表面が現れる開水路の流れであり，両者を区別している。

●この章で学ぶことの概要

4章では，管路の流れは流下にともなって，摩擦損失や流れの急拡，急縮，曲がりなどの形状損失の影響を受けて，水の持つエネルギーの一部が奪われて熱などに変わることを学んだ。これらのエネルギー損失が管路の流量を大きく支配している。管路などの設計において，必要な流量を流すにはどのような管路の形状がよいか，どのくらいの圧力を上流側でかけないと下流まで届かないかなどが実際の課題として重要である。

本章では，管路が単一，分岐や合流している場合，さらには自然流下のみでなくポンプを利用するような場合の基本的な解き方を説明する。なお，ここでは時間的に変化しない定常流を取り扱う。

5 1 単一管路の流れ

予習 授業の前にやっておこう!!

管路の中を水が流れるとき，管の壁面でせん断応力が発生し，摩擦による流れのエネルギーが減少する[*1]。このような摩擦によるエネルギーの損失を摩擦損失と呼ぶ。また，実際に存在する管路は，一様断面で直線のものはまれで，管の断面積が途中で拡大・縮小したり，曲がりや屈折の箇所を含むのが一般的である。流れが壁面から剥離し渦が発生すると，摩擦損失とは違ったエネルギー損失が発生し，このような局所的な場所，あるいは特殊な形状によるエネルギー損失を形状損失と呼んでいる。

1. 次の文章の空欄を埋めよ。

    管路の流れはエネルギー損失を生じるが，これは流体と管路壁面との間の摩擦による（ ① ）と管路の形状変化などによって生じる局所的な（ ② ）とに分けられる。

2. ダルシーとワイズバッハは実験によって，摩擦損失水頭（h_L）を速度水頭$\left(\dfrac{U^2}{2g}\right)$に比例する形で次式のように表した。

$$h_L = f \frac{l}{4R} \frac{U^2}{2g}$$

ここに，f：摩擦損失係数（無次元量），l：管路長，R：径深[*2, *3]，U：断面平均流速である。この関係式を誘導せよ。

3. 流れの持つ運動エネルギーの一部が形状損失に変化すると考え，形状損失水頭（h_L）を速度水頭に係数（K_i：摩擦以外の各種形状損失）を掛けた形で表現する。

$$h_L = K_i \frac{U^2}{2g}$$

なお，断面積の変化により，その場所の上下流で流速が変化する場合には，大きいほうの流速値を用いる。さまざまな形状損失（急拡，急縮，漸拡，漸縮，入口（流入），出口（流出），曲がり，屈折，合流，分岐，ノズル，弁など）について，その定義式を示せ。

管路の断面変化の例（急拡・急縮，漸拡・漸縮）

5-1-1 単一管路のエネルギー線と動水勾配線

単一管路は，管径や粗度などの異なる複数の管路を直列に結び，ある貯水池から別の場所に水を輸送させるものである。単一管路を流れる流量などは，連続式とエネルギー損失を考慮したベルヌーイの定理を用いることにより求めることができる[*4]。

図5-1のように，上流と下流に位置する2つの大きな貯水池を結ぶ管路を考える。貯水池の水位差H，すなわち管路の上流と下流のエネルギーの水頭差が与えられたとき，管路を流れる流量Qを求める。ただし，貯水池内の流速はゼロとみなし，接近流速はないものと仮定する。また，II区間の管径をD_0，それ以外の直径をDとして一定，断面平均流速はII区間のU_0，それ以外の流速をUとして一定，摩擦損失係数fは全区間で一定と仮定する。なお，区間長はそれぞれ$l_i (i=1, 2, 3, 4, 5)$とする。

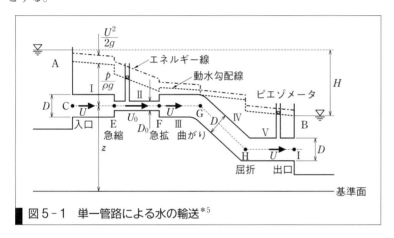

図5-1 単一管路による水の輸送[*5]

上流の貯水池Aと下流の貯水池Bとの間の水位差がHであることから，水が管路を通って貯水池Aから貯水池Bに流れていく間に失われるエネルギーはHに等しくなる。このエネルギー損失には，摩擦損失と形状損失が含まれる。したがって，2つの貯水池の水面でのエネルギー差を考えると，以下の関係が成立することになる。すなわち，

H(2つの貯水池の水位差) = 摩擦損失水頭(h_{LF}) + 形状損失水頭(h_{LS})

である。ここで，摩擦損失水頭(h_{LF})は，(I区間の摩擦損失) + (II区間の摩擦損失) + (III区間の摩擦損失) + (IV区間の摩擦損失) + (V区間の摩擦損失)の総和となり，次式が得られる[*6]。

$$h_{LF} = \left(f\frac{l_1}{D}\right)\left(\frac{U^2}{2g}\right) + \left(f\frac{l_2}{D_0}\right)\left(\frac{U_0^2}{2g}\right) + \left(f\frac{l_3}{D}\right)\left(\frac{U^2}{2g}\right) + \left(f\frac{l_4}{D}\right)\left(\frac{U^2}{2g}\right) + \left(f\frac{l_5}{D}\right)\left(\frac{U^2}{2g}\right) \quad 5-1$$

一方，形状損失水頭(h_{LS})は，(点Cの入口損失) + (点Eの急縮損失) + (点Fの急拡損失) + (点Gの曲がり損失) + (点Hの屈折損失) + (点I

[*1] **プラスアルファ**

管路の水の流れは，管路中心付近で最も速く，壁面に近づくほど遅くなる。このように断面内で流速分布は一様ではないが，ここでは，断面全体の流速を平均化した断面平均流速Uを用いて考える。また，ベルヌーイの式において，この補正係数(エネルギー補正係数：α)を速度水頭に掛けた項として表される。

→ $\alpha\left(\dfrac{U^2}{2g}\right)$, $\alpha = 1.0 \sim 1.1$

[*2] **Don't Forget!!**

径深Rは流水断面積Aを潤辺Sで割ったもので，単位は[m]を用いる。

[*3] **Let's TRY!!**

円形断面管路(半径r)の場合，径深Rを求めてみよう。

[*4] **プラスアルファ**

ベルヌーイの式を任意の2点間に適用すれば，そのエネルギー線は損失水頭の変化率を表す。

[*5] **Let's TRY!!**

流下とともにエネルギー線は低下するが，図中の細い管から太い管に変化する場合では動水勾配線が逆に上昇している。ベルヌーイの式を立てて考えてみよう。

[*6] **Don't Forget!!**

ダルシー−ワイズバッハの関係式から，管径Dが小さく管長lが大きいほど摩擦損失水頭h_Lは大きくなることがわかる。

*7

工学ナビ

各種の損失係数は，流れの特性によって変化するが，実用上は管路の特性のみに支配されるとして一定値を用いるのが一般的である。

の出口損失)となり[*7]，次式が得られる。

$$h_{LS} = \left\{ K_e \left(\frac{U^2}{2g} \right) \right\}_C + \left\{ K_{sc} \left(\frac{U_0^2}{2g} \right) \right\}_E + \left\{ K_{se} \left(\frac{U_0^2}{2g} \right) \right\}_F$$
$$+ \left\{ K_b \left(\frac{U^2}{2g} \right) \right\}_G + \left\{ K_{be} \left(\frac{U^2}{2g} \right) \right\}_H + \left\{ K_o \left(\frac{U^2}{2g} \right) \right\}_I \quad \textbf{5-2}$$

ここで，K_e は入口，K_{sc} は急縮，K_{se} は急拡，K_b は曲がり，K_{be} は屈折，K_o は出口の形状損失係数である。これらの損失水頭の関係式と流量の連続式

$$Q = \left(\frac{\pi D^2}{4} \right) U = \left(\frac{\pi D_0^2}{4} \right) U_0 \quad \textbf{5-3}$$

を用いることにより，管路を流れる流量 Q は以下のようになる。

$$Q = \left(\frac{\pi D^2}{4} \right) \sqrt{\frac{2gH}{\Lambda}} \quad \textbf{5-4}$$

ここで，管路に関する係数をひとまとめにして Λ と表現している。

$$\Lambda = \left(\frac{f}{D} \right) \left\{ l_1 + l_2 \left(\frac{D}{D_0} \right)^5 + l_3 + l_4 + l_5 \right\}$$
$$+ \{ K_e \}_C + \left\{ K_{sc} \left(\frac{D}{D_0} \right)^4 \right\}_E + \left\{ K_{se} \left(\frac{D}{D_0} \right)^4 \right\}_F + \{ K_b \}_G$$
$$+ \{ K_{be} \}_H + \{ K_o \}_I \quad \textbf{5-5}$$

*8

Don't Forget!!

形状損失水頭を表す場合，流速の大きいほうを用いた速度水頭の形を用いるのが一般的である。

*9

Let's TRY!!

ベルヌーイの式と流量の連続式から，式5-4になることを確認せよ。

なお，一般に摩擦損失水頭(h_{LF})，形状損失水頭(h_{LS})は，以下のように表現される[*8, *9]。

$$摩擦損失水頭：h_{LF} = \sum_{i=1}^{N} \left(f_i \frac{l_i}{D_i} \right) \left(\frac{U_i^2}{2g} \right) \quad \textbf{5-6}$$

$$形状損失水頭：h_{LS} = \sum_{j=1}^{N} K_j \left(\frac{U_j^2}{2g} \right) \quad \textbf{5-7}$$

*10

Don't Forget!!

ピエゾ水頭は，圧力水頭と位置水頭の和 $\left(\frac{p}{\rho g} + z \right)$ であり，それらを連ねたものが動水勾配線である。

ここに，添字 i は i 番目の管路を，添字 j は j 番目の形状損失の発生箇所を示す。

図5-1には，エネルギー線と動水勾配線が併記されている。動水勾配線の高さは，管路に対して垂直に立てたピエゾメータを上昇する水面の高さに一致する[*10]。管径が変化しない区間では，エネルギー線と動水勾配線は平行になる。また，形状損失が発生している箇所では，エネルギー線が不連続に減少する。動水勾配線はエネルギー線から速度水頭を差し引いたものであり，急拡部の下流側(同図中の点F)では，速度水頭の減少に対応して動水勾配線の高さが上昇していることに注意が必要である。

136　5章　管路の流れ⑵

5-1-2 サイフォン

図5-2のように,管路の一部が動水勾配線よりも高い位置にあっても水は自然流下し,低い貯水池に輸送する管路のことをサイフォンと呼ぶ。石油ストーブに灯油を入れる際の手動ポンプも一種のサイフォンである[*11]。

サイフォンでは,管路が動水勾配線よりも高いところに位置している区間の圧力は大気圧よりも低くなっている。これを負圧という。同図において,上流側の貯水池Aの水位をH_A,下流側の貯水池Bの水位をH_B,サイフォン頂部までの管路の長さをl_1, l_2,管径をD,管の摩擦損失係数fを一定,入口の損失係数をK_e,曲がりの損失係数をK_b,出口の損失係数をK_o,管内の断面平均流速をU,流量をQとして,頂部C(曲がりの直後)の圧力水頭を求めることを考える。

[*11] +α プラスアルファ
サイフォン(siphon)は,ギリシャ語でチューブ,管の意味である。

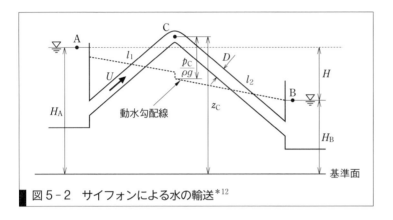

図5-2 サイフォンによる水の輸送[*12]

[*12] Let's TRY!!
図中にはエネルギー線を記載していない。エネルギー線はどのようになるか考えてみよう。

貯水池AとB,サイフォン頂部Cの曲がりの直後において,エネルギー損失を考慮したベルヌーイの式を適用すれば,次式が得られる。

$$H_A = H_B + \left\{ K_e + K_b + K_o + f\frac{(l_1+l_2)}{D} \right\} \left(\frac{U^2}{2g} \right)$$
$$= z_C + \frac{p_C}{\rho g} + \left(K_e + K_b + 1 + f\frac{l_1}{D} \right) \left(\frac{U^2}{2g} \right) \quad 5-8$$

ここで,z_Cは基準面から測ったサイフォン頂部Cの高さである。

貯水池の水位差を$H \equiv H_A - H_B$とすると,式5-8のH_AとH_Bの関係式から管内の断面平均流速Uは以下のように表される。

$$U = \sqrt{\frac{2gH}{K_e + K_b + K_o + f\frac{(l_1+l_2)}{D}}} \quad 5-9$$

管径Dが与えられているので断面積Aが求まり,流量Qが計算できる。また,式5-9を用い,式5-8のH_Aとz_Cの関係式から,サイフォン頂部C点の圧力p_Cは以下のように表される。

$$\frac{p_C}{\rho g} = (H_A - z_C) - \left\{ \frac{K_e + K_b + 1 + f\dfrac{l_1}{D}}{K_e + K_b + K_o + f\dfrac{(l_1+l_2)}{D}} \right\} H \quad 5-10$$

大気圧を基準にしたゲージ圧を用いると，サイフォン頂部の圧力の最小値は，絶対圧力がゼロの真空であるから，大気圧分を差し引いた最大負圧は−1気圧（理想状態：水柱で−10.33 m）となる[13]。しかし，負圧が−8 m 程度以下になると，水中に溶けている空気が気泡となり，水と気泡が分離した流れとなるためにサイフォンが働かなくなる。このような現象をキャビテーション（空洞現象）と呼ぶ[14]。したがって，サイフォンを利用して水が流れるかどうかは，エネルギー式を用いて頂部の圧力水頭を求め，その値が−8 m 程度以上であることを確認すればよい。なお，一般に管路の流れにおいてキャビテーションが発生すると，管路の壁面が劣化・損傷するので注意が必要である。

演習問題　A　基本の確認をしましょう

5-1-A1　図のように，直径 D_1 の管路の中央に直径 D_2 の細い管路が接続された場合のエネルギー線と動水勾配線の概略図を描け。

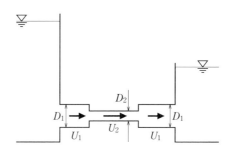

5-1-A2　図のように，2つの水槽が円管でつながれている。以下の設問に答えよ。ただし，$H_A = 15$ m，$H_B = 11$ m，$H_C = 5$ m，円管の直径は $D = 0.3$ m，長さは $l = 200$ m である。なお，入口の損失係数 $K_e = 0.5$，出口の損失係数 $K_o = 1.0$，摩擦損失係数 $f = 0.02$ とする。

(1) 管内の断面平均流速 U と流量 Q を求めよ。
(2) エネルギー線と動水勾配線を描け。
(3) 管の中間点 C の圧力水頭 $\dfrac{p_C}{\rho g}$ を求めよ。

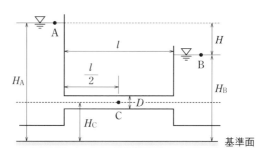

*13 **Don't Forget!!**
圧力は，真空を基準とした絶対圧と，大気圧を基準としたゲージ圧に分類される。

WebにLink
演習問題解答

*14 **工学ナビ**
炭酸飲料の容器を振ってから栓を抜くと，中から泡立った液体が勢いよく飛び出してくる。このように高圧状態から減圧（この場合大気圧まで）された発泡現象を，一般に，キャビテーション（cavitation）と呼ぶ。大気圧から負圧に減圧した場合も同じ現象である。

5-1-A3 図のように直径 D，摩擦損失係数 f および長さ l の円管に水を流したとき，以下の設問に答えよ。ただし，重力の加速度を g，管の中心から水槽の水面までの高さを H とし，エネルギー損失は摩擦による損失のみとする。

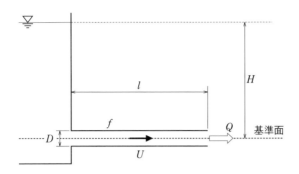

(1) 管の出口の流量 Q を f, l, D, g および H を用いて表せ。
(2) 管の長さを 2 倍 ($2l$) にしたときの流量を Q_* とすると $\dfrac{Q_*}{Q}$ はいくらになるか，f, l, D で表せ。

5-1-A4 文章の空欄を埋めよ。

　管路の一部が動水勾配線よりも高くなっても水は自然流下し，低いところに輸送する管路のことを（　①　）と呼ぶ。このとき，管路が動水勾配線よりも高いところに位置している区間では，圧力が大気圧よりも低くなっている。これを（　②　）といい，その値が（　③　）以下になると，水中に溶けている空気が気泡となり，水と分離して（　①　）が働かなくなる。このような現象を（　④　）と呼ぶ。実際の（　①　）の設計では，限界の圧力水頭を（　⑤　）m 程度としている。

5-1-A5 図のように開水路が地上の構造物と交差するとき，これらの下を管路でつないで水を流す場合がある。これを逆サイフォン（伏せ越し）という[*15]。図のような円形断面の逆サイフォンについて，管路部のエネルギー線および動水勾配線を描くとともに，管内流速 U を求める式を誘導せよ。ただし，入口の損失係数を K_e，出口の損失係数を K_o，曲がりの損失係数を K_{b1}, K_{b2}，摩擦損失係数を f とし，開水路の速度水頭は無視する。

[*15] 工学ナビ
農業用水や下水道などが河川堤防と交差する場合，堤防と河床の下を横断した逆サイフォン（伏せ越し）によって水を流すことがある。古くは，治水工事などに伏越樋（排水用の木造トンネル）が使用されていた。

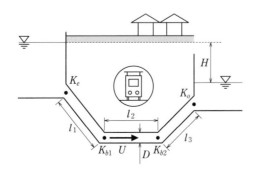

演習問題　B　もっと使えるようになりましょう

5-1-B1 図のような管路において水を流すとき，以下の問いに答えよ。

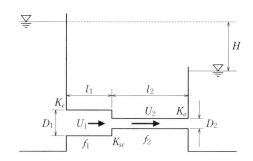

(1) 図にエネルギー線および動水勾配線を描け。エネルギー損失は摩擦，入口，急縮および出口の損失を考慮せよ。

(2) 入口の損失係数を K_e，急縮の損失係数を K_{sc}，出口の損失係数を K_o として，水頭差 H を図中の記号と K_e, K_{sc}, K_o を用いて表せ。ただし U は流速，D は管の直径，l は管の長さ，f は摩擦損失係数であり，下付数字は管路1および管路2を示す。

(3) 連続の式から，U_1 について U_2 を用いて表せ。

(4) (2)および(3)の式を用いて流量 Q を求めよ。ただし，$H=9$ m，$K_e=0.3$，$K_{sc}=0.25$，$K_o=1.0$，$D_1=1.2$ m，$D_2=0.8$ m，$l_1=25$ m，$l_2=40$ m，$f_1=f_2=0.024$ とする。

5-1-B2 図のようなサイフォンについて，以下の問いに答えよ。

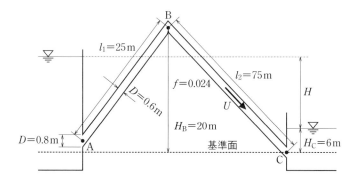

(1) サイフォンが機能するためには，H は何 m 以上でなければならないか。ただし，形状損失は無視するものとし，摩擦損失係数は $f=0.024$，最大負圧が生じる点 B の圧力水頭の限界値は -8 m とする。なお，流速は U とする。

(2) エネルギー線および動水勾配線を示せ。

(3) $H=15$ m のとき，流速 U および点 B の圧力水頭 $\dfrac{p_B}{\rho g}$ を求めよ。

5-1-B3 図のような管径 $D=0.8$ m の管路において，以下の問いに答えよ。

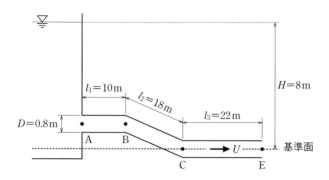

(1) エネルギー線と動水勾配線を描け。

(2) 管路の摩擦損失係数を $f=0.028$，入口の損失係数を $K_e=0.56$，1箇所あたりの屈折の損失係数を $K_{be}=0.3$ とするとき，管内の流速 U および流量 Q を求めよ。

(3) CE間にバルブを挿入したとき，流量 Q が 2.94 m³/s になった。バルブの損失係数 K_v を求めよ。

(4) 形状損失をすべて無視した場合の流量 Q を求めよ。また，このときの点Cの圧力水頭 $\dfrac{p_C}{\rho g}$ を求めよ。

> **あなたがここで学んだこと**
>
> この節であなたが到達したのは
>
> □ 管路の摩擦以外の形状損失水頭について説明できる
>
> □ 各種の管路の流れ(単一管路，サイフォンを含む)が計算できる
>
> 　本節では，管径や粗度などの異なるいくつかの管を直列に結び，ある貯水池から別の場所に水を輸送させる単一管路の流れの基本的な考え方を学習し，エネルギー損失を考慮したエネルギー線や動水勾配線，具体的な計算方法について見てきた。これらは，実際の管路設計の基本となるので，しっかりと習得しておこう。

5-2 分岐・合流管路の流れ

予習 授業の前にやっておこう!!

管路が合流したり分かれたりする並列管，分岐管，合流管の流れを扱う[*1]。基本となる式は，単一管路の場合と同様に流量の連続式とエネルギー式(エネルギー損失を考慮したベルヌーイの定理)である。

---

1. 次の文章の空欄を埋めよ。

   管路流におけるエネルギーの損失は，管壁との(①)による(①)損失と管路の形状変化等によって生ずる(②)損失に分けられる。前者については，ダルシーとワイズバッハが損失水頭 h_L を管内の断面平均流速 U の(③)乗に比例するとして，次式で表した。

   $$h_L = f \frac{l}{D} \frac{U^2}{2g}$$

   ここで，f は(④)，l は管の(⑤)，D は管の(⑥)，g は重力の加速度である。一方，後者の損失は，断面の急拡や(⑦)による損失，水槽(上池)から管路への(⑧)および管路から水槽(下池)への(⑨)で生じる損失，バルブや管路の(⑩)による損失等がある。これらも同様に，各損失係数を K_i とすると，

   $$h_L = (\ ⑪\ )$$

   と表せる。

2. マニングの粗度係数 n と f の関係は次式のように表される[*2]。

   $$f = \frac{8gn^2}{R^{\frac{1}{3}}} = \frac{12.7gn^2}{D^{\frac{1}{3}}}$$

   この関係式を誘導せよ。

[*1]
+α プラスアルファ
上水道の配水管などは，多くの管路が網状に配置されている。このような網状の管路を管網と呼び，末端まで水が流れるように，管網における流量の配分計算が行われる。ここでは，基本的な考え方を理解するために，1本の管路が途中で2本以上に分岐したり，それらが合流するような場合を考える。

5-2-1 並列管

並列管とは，図5-3のように，主要な管路を途中で2本以上の並列な管路で分流させ再び合流させた管路である。並列管は管網の単純なも

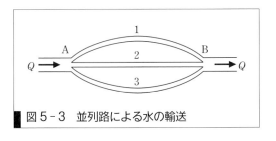

図5-3 並列路による水の輸送

のであり，管路の水の輸送能力を増すためによく用いられる手法である。同図の点 A では流れが 3 本の管路に分流し点 B で再び合流する。この並列管の場合において以下の 2 つの関係が成立する。

(1) 並列管の分岐前と分岐後では，流量の連続式から各管路が受けもつ流量の合計は等しく，また，合流前に各管路が受けもつ流量の合計と合流後の流量は等しくなる。ただし，各管路からの漏水や途中からの流出や流入がない場合である。

$$Q = Q_1 + Q_2 + Q_3 \qquad\qquad 5\text{-}11$$

(2) 並列管では各管路のどの経路を通っても，その間のエネルギー損失水頭 h_L はすべて等しくなる[*3]。

$$h_{AB} = h_{A \to 1 \to B} = h_{A \to 2 \to B} = h_{A \to 3 \to B} \qquad\qquad 5\text{-}12$$

5-2-2 分岐管

地形が複雑な場合には，管路を分岐（分岐管），合流（合流管）させて複数の水槽などを管路で連結して水を流すことが多い。いま，図 5-4 のように，3 つの水槽が管路で連結されている場合において，管路を流れる流量 Q を考える。簡略化のために，管路の長さ l は十分に長く，局所的な形状損失の影響は摩擦損失に比べて十分小さく無視できるものとする[*4]。管路の連結点 J が水流の分岐点として働く場合，点 J の全エネルギー高さを H_J とすると，各管路間でエネルギー式を適用して，以下のような関係式が得られる。

① 管路 I の区間（水槽 1〜連結点 J）：

$$H_1 - H_J = f_1 \frac{l_1}{D_1} \frac{\left(\dfrac{4Q_1}{\pi D_1^2}\right)^2}{2g} = \left(\frac{8 f_1 l_1}{g \pi^2 D_1^5}\right) Q_1^2 \qquad\qquad 5\text{-}13$$

② 管路 II の区間（連結点 J〜水槽 2）：

$$H_J - H_2 = f_2 \frac{l_2}{D_2} \frac{\left(\dfrac{4Q_2}{\pi D_2^2}\right)^2}{2g} = \left(\frac{8 f_2 l_2}{g \pi^2 D_2^5}\right) Q_2^2 \qquad\qquad 5\text{-}14$$

③ 管路 III の区間（連結点 J〜水槽 3）：

$$H_J - H_3 = f_3 \frac{l_3}{D_3} \frac{\left(\dfrac{4Q_3}{\pi D_3^2}\right)^2}{2g} = \left(\frac{8 f_3 l_3}{g \pi^2 D_3^5}\right) Q_3^2 \qquad\qquad 5\text{-}15$$

ここで，記号の下添え字はそれぞれの管路の区間を示す。また，連結点 J では流量の連続式より次式が得られる。

$$Q_1 = Q_2 + Q_3 \qquad\qquad 5\text{-}16$$

[*2]
Don't Forget!!

マニングの粗度係数は無次元量ではなく，次元（m·s 単位 $[\text{m}^{-\frac{1}{3}} \cdot \text{s}]$）をもつことを忘れないように。

[*3]
＋α プラスアルファ

管が分岐して，流れが分流したり合流したりすると，下流側の管に渦流が生じ，エネルギー損失が発生する。その損失水頭の大きさは，本管と支管の断面積や流量の比および両管が交わる角度の大きさなどによって決まる。

[*4]
工学ナビ

管路の摩擦損失に比べて相対的に各種の形状損失が十分小さいとして，概算値を求める場合がある。複雑な現象を簡単な水理モデルに置き換えた，有効数字 1〜2 桁の概算をオーダーエスティメーション（order estimation）という。

5-2　分岐・合流管路の流れ　143

*5 **Don't Forget!!**
未知数の個数とその方程式の数が等しい場合，連立1次方程式の解は存在する．

*6 **＋αプラスアルファ**
方程式を解くにあたって，最初に1つの近似解を推定し，次にこの近似解を用いてさらに精度のよい近似解を求め，逐次この操作を繰り返して近似の精度を高める方法を「逐次近似法」という．この操作を無限に繰り返したときの近似解が1つの極限に収束すれば，それは実際の解になる．

以上より，方程式が4本，未知数は H_J, Q_1, Q_2, Q_3 の4つであり完全に解けることになる*5．一般的な解法としては，まず，H_J の値を仮定して各流量を求め，それらが点Jの流量の連続式を満足することを確認する．もし，満たさない場合には，流量の過不足分を考慮しながら，新たな H_J の値に補正して所定の誤差の範囲に収まるまで計算を繰り返す*6．また，演習問題5-2-B2 の解答例のように，4本の方程式を用いて H_J（5-2-B2 では H），Q_1, Q_3 を Q_2 で表し，それらを式5-14に代入した多項式を逐次近似法で解いて各流量を求めることもできる．

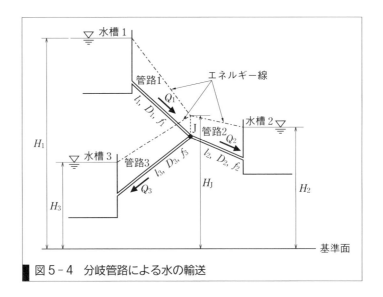

図5-4 分岐管路による水の輸送

5-2-3 合流管

分岐管の場合と同様に，各管路間でエネルギー式を適用する（図5-5）．点Jの全エネルギー高さを H_J とすると，以下のように表される．

① 管路Ⅰの区間（水槽1〜連結点J）：

$$H_1 - H_J = \left(\frac{8 f_1 l_1}{g \pi^2 D_1^5}\right) Q_1^2 \qquad 5-17$$

② 管路Ⅱの区間（水槽2〜連結点J）：

$$H_2 - H_J = \left(\frac{8 f_2 l_2}{g \pi^2 D_2^5}\right) Q_2^2 \qquad 5-18$$

③ 管路Ⅲの区間（連結点J〜水槽3）：

$$H_J - H_3 = \left(\frac{8 f_3 l_3}{g \pi^2 D_3^5}\right) Q_3^2 \qquad 5-19$$

また，連結点Jでの流量の連続式より，次式が得られる．

$$Q_1 + Q_2 = Q_3 \qquad 5-20$$

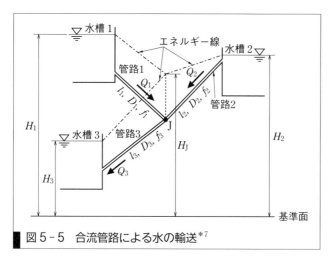

図5-5 合流管路による水の輸送[*7]

*7 **+α プラスアルファ**
水槽から水が流出したり，流入したりすれば，水槽の水面は上下する。ここでは，単純に水理量が時間とともに変化しない定常流を仮定している。実際には，水面が上下し，それにともなって流速なども時間的に変化する非定常な管路の流れを計算する必要がある。

5-2-4 管網

上水道の供給ネットワークのように網状に配水管が設置されている系全体を管網という（演習問題5-2-B3の図を参照）。管網の各管路の流量計算（管網解析）では，管路の連結点（節点）における流量の連続条件と管路の閉回路を1周するときのエネルギー損失水頭の総和がゼロという条件を用いる。すなわち，節点において出て行く流量 q_r は，その節点に流入してくる各管の流量 Q_i（流入：正，流出：負とする）と次のような関係式となる。

$$q_r = \sum Q_i \quad \text{（節点条件）} \qquad 5-21$$

また，各閉回路の各管の摩擦損失水頭 h_{Li} は，一般に次式で表される。

$$h_{Li} = r_i Q^m \quad \left(m = 2,\ r_i = f_i \frac{l_i}{D_i} \frac{1}{2g} \left(\frac{4}{\pi D_i^2} \right)^2 \right) \qquad 5-22$$

ここで，Q_i の正・負に応じて h_{Li} にも正・負を考えると，以下のようになる。

$$\sum h_{Li} = \sum r_i Q^m = 0 \quad \text{（閉合条件）} \qquad 5-23$$

各閉回路に関して時計回りの流量 Q に正，反時計回りの流量には負の符号をつけて，式5-23を満たすように，流量 Q を補正することになる。式5-21と式5-23を連立して解く場合，未知数である管路内の流量 Q_i の非線形連立方程式を解かなければならないので，未知数 Q_i の数が多いと計算が非常に複雑となる。従来，この解法として，各節点条件を満たすように各管の流量を仮定して各管でのエネルギー損失水頭を計算し，閉合条件が満たされるまで仮定流量を補正していく，いわゆるハーディー–クロス法[*8]が用いられてきた。現在では，複雑な管網の解析はコンピュータにより簡単に行うことができる。

*8 **+α プラスアルファ**
ハーディー–クロス法は，管網の各閉回路において，管内の流量を算定する逐次近似解法である。概略は以下のようである。
①各節点における流量の連続条件を満足するように各管路の流量を仮定する。
②式5-22から，仮定流量によって生じる摩擦損失水頭 h_L を求めて，各閉回路ごとに式5-23の閉合条件 Σh_L を計算する。
③補正流量 ΔQ は，
$\Delta Q = \dfrac{-\Sigma h_L}{m \Sigma \left(\dfrac{h_L}{Q} \right)}$ により計算できる（一般に $m=2$）。この ΔQ を各閉回路の管路の仮定流量に加える。この場合，いま考えている閉回路の隣接管路に対しては，隣接閉回路の補正流量 ΔQ の符号を反対にした値も加える必要がある。このことにより各節点における流量の連続条件が満足される。
④これらの値を第2の仮定流量として繰り返し，各閉回路の補正流量がゼロに近くなれば計算を打ち切り，各管路の流量の収束値と判定する。

演習問題 A　基本の確認をしましょう

5-2-A1　図のような摩擦係数 f および管径 D の等しい並列管の流れについて，管路2の長さが $l_2 = 2\, l_1$ のとき（l_1 は管路1の長さ），管路1と管路2の流量比 $\dfrac{Q_2}{Q_1}$ を求めよ．ただし，エネルギー損失は摩擦のみとする．

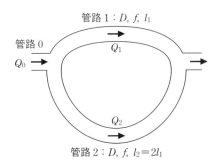

5-2-A2　5-2-A1で，分岐前の流量 $Q_0 = 0.3\,\mathrm{m^3/s}$ のとき，Q_1 および Q_2 を求めよ．

5-2-A3　図に示すように，管路の中央（点A）に穴があいた管径 $D = 0.3\,\mathrm{m}$，長さ $l = 800\,\mathrm{m}$，摩擦損失係数 $f = 0.024$ の管路に水が流れている．点Aより下流の流速が $U_2 = \dfrac{U_1}{2}$ となるとき，AB間を流れる流量 Q を求めよ．ただし，エネルギー損失は摩擦のみとする．また，穴から流出する流量も Q になることを示せ．

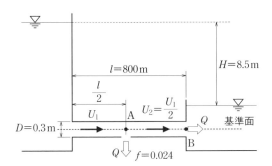

演習問題 B　もっと使えるようになりましょう

5-2-B1　図のような並列管において，全流量 Q の水が流れている．図中，f は摩擦損失係数，l は管長，D は管径，添字は管番号を表す．以下の設問に答えよ．ただし，各種の形状損失は無視する．

(1) 管路1および管路2の流量 Q_1，Q_2 を求める式を導け．

(2) $Q = 0.3\,\mathrm{m^3/s}$，$l_1 = 120\,\mathrm{m}$，$l_2 = 30\,\mathrm{m}$，$D_1 = 0.2\,\mathrm{m}$，$D_2 = 0.1\,\mathrm{m}$，管のマニングの粗度係数 $n = 0.012$ の場合の流量 Q_1，Q_2 を求めよ．ただし，f と n の関係は $f = 124.5 \dfrac{n^2}{D^{\frac{1}{3}}}$（m-s 単位）で表される．

(3) 管路2の直径を$D_2 = 0.2$ mに変更した場合のQ_1とQ_2の比を求めよ。

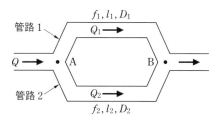

5-2-B2 図に示すように，3つの水槽を管径D，長さl，摩擦損失係数fの等しい3本の管路で繋いだ。水槽Aから水槽B，Cに水が流れるとして以下の問いに答えよ。ただし，形状損失は無視できるものとする。

(1) 管路1での損失水頭Hを流量Q_1，D，lおよびfを用いて表せ。
(2) 管路2の損失水頭$H_B - H$を流量Q_2，D，lおよびfを用いて表せ。
(3) 管路3の損失水頭$H_C - H$を流量Q_3，D，lおよびfを用いて表せ。
(4) 連続の式を用いてQ_1をQ_2，Q_3で表せ。
(5) (1)～(4)の式を解いて，Q_3をQ_2で表せ。[*9]
(6) $D = 0.25$ m，$l = 120$ m，$f = 0.026$，$H_B = 12$ m，$H_C = 18$ mのとき，Q_1，Q_2，Q_3を求めよ。[*10]

[*9] ヒント
(4)の式を(1)に代入し，それを(2)，(3)の式に代入すると，Q_1，Hが消去できる。これらの式からQ_3をQ_2で表すことができる。その結果を(2)の式に代入すると，Q_2の多項式が得られる。

[*10] ヒント
(5)の式に各数値を代入し，たとえばニュートン・ラフソン法で解くとQ_2が得られる。さらに，(4)，(5)の式からQ_3とQ_1を求めればよい。

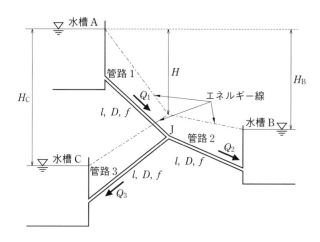

5-2-B3 図に示す管網の流量 Q_1, Q_2, Q_3 をハーディー–クロス法により求めよ。ただし，管路の直径は $D=0.5$ m，摩擦損失係数は $f=0.022$ とし，閉合誤差は ± 1 m 以内とする。各管路の流れ方向は図の通りとし，仮定流量は $Q_1=2.2$ m^3/s, $Q_2=0.8$ m^3/s, $Q_3=1.8$ m^3/s とせよ。

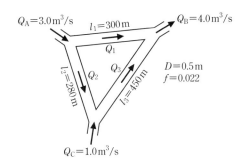

あなたがここで学んだこと

この節であなたが到達したのは

□ 管路の摩擦損失などのエネルギー損失を考慮してエネルギー式を適用し，流量の連続式と連立して管路の流量を求めることができる

□ 複数の管路が並列，分岐，合流する流れの具体的な計算ができる

本節では，管径や粗度などの異なるいくつかの管路を並列，分岐，合流などより，ある貯水池から別の場所に水を輸送させる複数管路の流れの基本的な考え方を学習し，エネルギー損失を考慮したエネルギー線や動水勾配線，具体的な計算方法について見てきた。これらは，実際の管路ネットワークの設計の基本となるので，しっかりと習得しておこう。

5 3 ポンプ・水車

予習 授業の前にやっておこう!!

　管路は水の輸送だけではなく，その流水のエネルギーを利用して水車の回転運動エネルギーに変換して水力発電として活用することができる。また，自然流下で水の輸送が難しくなるとポンプを用いて低い場所から高いところへ水を輸送することができる。揚水式発電は夜間の余剰電力を利用して下部貯水池から上部貯水池へ水を汲み上げ，電力需要の大きい時間帯に発電する形式である。水車やポンプなどの機械装置を駆動させるために必要な仕事率が動力である。

1. 仕事，仕事率(動力)，エネルギーの定義と単位を示せ。

2. 次の空欄を埋めよ。
   　(①)は，機械的エネルギーを水流のエネルギーに変換し，(②)は，水流のエネルギーを機械的エネルギーに変換する装置である。

3. 水面より高さ30 mに位置する水槽(長さ1 m，幅0.7 m，水深0.5 m)へポンプで水を汲み上げる。いま，このタンクの水を満たし終わるまでに6分間を要したとすれば，このポンプの動力(仕事率)は何kWかを求めよ。なお，位置エネルギーをmgh(m：質量，h：高さ)とする[1]。

5-3-1 管内の流水の持つ仕事

　流水はポテンシャルエネルギーと運動エネルギーをもっており，流水は仕事をする能力がある。このエネルギーを利用して水車を回転し，さらに変換された機械的エネルギーで発電機を回して電力を得ることができる。これが水力発電の原理である[2]。これとは逆に，機械的エネルギーを流れのエネルギーに変換し，低い場所の水を高いところへ揚水することができる。この機械がポンプである。

　ポンプや水車を含む管路の前後2点A，Bの間において，ポンプによって流れに供給される単位重量当たりの機械エネルギーをH_P，水車に供給される流れのエネルギーをH_T，A～B間の流れによって失われる管路の摩擦および形状損失水頭の総和を$\sum h_L$とすると，エネルギー保存の法則から，以下の式が得られる。

$$\left(\frac{U_A^2}{2g}+z_A+\frac{p_A}{\rho g}\right)+H_P-H_T=\left(\frac{U_B^2}{2g}+z_B+\frac{p_B}{\rho g}\right)+\sum h_L \qquad 5-24$$

これは一般的な表現をしたベルヌーイの式である。

[1]
Don't Forget!!
位置エネルギーと仕事率(動力)の関係を思い出そう。

[2]
工学ナビ
我が国の水力発電は，1892年に京都市が琵琶湖疎水を利用して蹴上に設置した水力発電所(80 kW × 2台)が一般供給用として最初のものである。水力発電はCO_2などを排出しない国産のクリーンな再生可能エネルギーとして再認識されている。

5-3-2 水車による水力発電

図5-6のように，総落差Hの両水槽を結ぶ管路の間に水車Tを置くと，式5-24から，次式が得られる。

$$H_e \equiv H_T = H - \sum h_L \qquad 5-25$$

すなわち，この総落差Hから管路の摩擦損失や形状損失の合計Σh_Lを差し引いた落差が，実際に発電に寄与する水頭（エネルギー）であり，この値を有効落差H_eという。流量をQとし，$\rho g Q$に有効落差H_eを掛けた$\rho g Q H_e$が，単位時間当たりに水流が水車を回転するのに供給できるエネルギーであり，これが水車の行う単位時間当たりの仕事（仕事率）となる。水車の効率をη_Tとすると[*3]，単位時間当たりの発電量，すなわち水車が行う仕事率P_Tは次式となる[*4]。

$$P_T = \eta_T \rho g Q H_e \qquad 5-26$$

なお，単位は$kg \cdot m^2/s^3$，すなわちW（ワット）である。

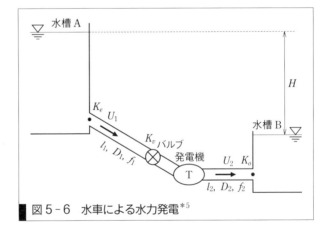

図5-6 水車による水力発電[*5]

5-3-3 ポンプによる揚水

図5-7のように，ポンプによって流量Qの水をHの高さに上げる場合には，式5-24から，次式が得られる。

$$H_P = H + \sum h_L \qquad 5-27$$

ポンプが持ち上げる水位差のことを揚程という。上式から，水位差がHであっても実際にはHに摩擦損失や形状損失の合計Σh_Lを加えた高さへ水を上げる必要がある。このH_Pを全揚程と呼ぶ[*6]。

ポンプが単位時間当たりに行う仕事によって，流量Qの水がH_Pの高さだけ持ち上げられる。ここで，ポンプの仕事の効率をη_Pとすると，ポンプに必要な動力P_Pは，以下のようになる。

[*3] +αプラスアルファ
発電出力は，水車効率と発電機効率を掛けた合成効率によって決まる。その効率は，発電機の容量によっても異なり，10000 kW以上では0.84～0.88，100 kW以下では0.72程度といわれている。

[*4] Don't Forget!!
発電量は，流量と有効落差に比例することを忘れないように。

[*5] Let's TRY!!
図5-6の水車による水力発電の場合，エネルギー線と動水勾配線はどのようになるかを描いてみよう。

[*6] 工学ナビ
揚水式発電は，上池と下池の間にポンプと水車による発電機を併設し，深夜の余剰電力を利用してポンプにより下池から揚水し，昼間のピーク時には上池から発電する方式である。我が国最大の揚水式発電所は，兵庫県の奥多々良木発電所（関西電力㈱）であり，高低差約400 mを利用して，最大発電出力約190万kWを誇っている。

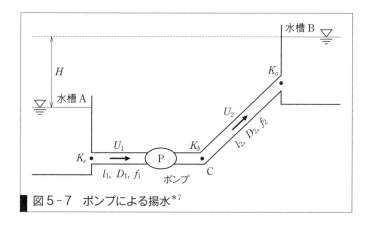

図 5-7 ポンプによる揚水[*7]

$$P_P = \frac{\rho g Q H_P}{\eta_P} \qquad 5-28$$

なお，一般に H_P はポンプ内圧力と大気圧との差を超えないから，ポンプ内の圧力を負圧にする吸上げ方式では 1 気圧に相当する 10.33 m（実質 8 m 程度）が上限となる。これに対して，ポンプ内の圧力を高める押し上げ方式では，H_P の値にとくに上限はない。このため，高さ 300 m のビルの最上階にまで送水することができる[*8]。

Let's TRY!
[*7] 図 5-7 のポンプによる揚水の場合，エネルギー線と動水勾配線はどのようになるかを描いてみよう。

Don't Forget!!
[*8] ポンプの原理は，外から供給される動力で密閉容器内に真空状態を作り，それを利用して水を吸い上げて，さらに圧力を加えて高い場所などに水を送り出すものである。

WebにLink
演習問題解答

演習問題 A　基本の確認をしましょう

5-3-A1 次の文章の空欄を埋めよ。

流水は（ ① ）エネルギーと（ ② ）エネルギーを持っており，仕事をする能力がある。このエネルギーを利用して（ ③ ）を回転し，さらに変換された機械的エネルギーで（ ④ ）を回して電力を得ることができる。これが（ ⑤ ）の原理である。逆に，（ ⑥ ）エネルギーを（ ① ）エネルギーに変換し，低い場所の水を高い所へ（ ⑦ ）する機械が（ ⑧ ）である。

演習問題 B　もっと使えるようになりましょう

5-3-B1 図のように水槽 A から水槽 B（水位差 H）にポンプで揚水するとき，以下の設問に答えよ。ただし，形状損失は無視する。

(1) エネルギー線を描け。
(2) 全揚程 H_P を H, l_1, l_2, D_1, D_2, f_1, f_2 および流量 Q を用いて表せ。
(3) 流量 $Q=0.4\,\mathrm{m^3/s}$ のとき，全揚程 H_P および必要なポンプの動力 P_P を求めよ。ただし，$H=7$ m，$l_1=10$ m，$l_2=14$ m，$D_1=0.5$ m，$D_2=0.4$ m，$f_1=0.022$，$f_2=0.024$，水の密度 $\rho=1000\,\mathrm{kg/m^3}$ およびポンプの効率を $\eta_P=0.74$ とする。

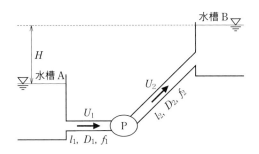

5-3-B2 図のように，上池から下池に水を流し，タービンで発電を行った。池の水位差 $H=45$ m，管径 $D=1.2$ m のとき，以下の問いに答えよ。

(1) エネルギー線と動水勾配線を描け。ただし，形状損失は入口および出口の損失のみとする。

(2) $l_1=500$ m，$l_2=200$ m，$f=0.022$，$K_e=0.5$，$K_o=1.0$，水の密度 $\rho=1000$ kg/m^3 および発電機の効率を $\eta_T=0.8$ とすると，流量 $Q=0.8$ m^3/s の水が流れるときの発電機の出力 P_T を求めよ。

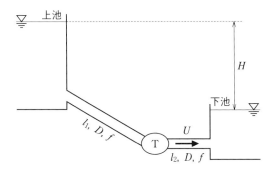

あなたがここで学んだこと

この節であなたが到達したのは
- □ 水車やポンプを含む管路において，水流のエネルギーを動力に利用する水力発電の原理，ポンプを利用して揚水する原理を説明できる
- □ 水車やポンプを含む管路の流れについて，具体的な計算ができる

本節では，貯水池間の落差を利用した自然流下型の水力発電やポンプで低い場所から高い場所へ揚水する水の輸送について基本的な考え方を学習した。水流のエネルギーを利用して電気エネルギーに変換する水力発電は，CO_2 を排出しないクリーンな発電方法の一つである。また，ポンプの揚水は実際の管路ネットワークに数多く適用されており，施設設計の基本となるので，しっかりと習得しておこう。

6章

開水路の流れ(1)

　大分県竹田市の大野川上流にある白水溜池堰堤（通称：白水ダム）は，1938年に完成し，現在も利用されている農業用水利施設である。このダムは，堤体を流れ落ちる水がレースのカーテンのように美しいことから「日本一美しいダム」とも言われている。

　右の写真は白水ダムのような越流式のダムの流れを実験室で再現したものである。ダムの上流側では水深が大きく遅い流れになっているのに対し，ダムを乗り越えた下流側では水深が小さく速い流れになる。この上流側と下流側の水深や流速の間にはある一定の関係があり，上流側の水深が変化すると，下流側の水深も自動的に決まる。白水ダム上流側の水位は，流入する大野川の流量によって日々変化する。堤体を流れ落ちる水が作る美しい模様は，上流側水深によってその姿を変え，訪れる人々の目を楽しませている。

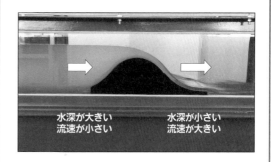

（岡田将治先生撮影）

●この章で学ぶことの概要

　開水路の知識は，所定の流量に対して適切な断面を持つ水路の設計や，河川を流下する洪水流の解析，河川の洗掘・土砂の堆積など，現実の世界できわめて重要な問題を解決するために必要となる。この章では，時間的に流れの状態が変動しない条件のもとで，これまでに学んだエネルギー保存則・運動量保存則を開水路の流れに適用し，これらから導かれる開水路の流れの基本的な性質について学ぶ。ここで学ぶ最も重要な点は，開水路の流れには大きく2種類あって，どちらの状態で流れるかによって，その性質がまったく変わってしまうことである。

6 | 1 開水路の流れ

予習 授業の前にやっておこう!!

この節を理解するためにはベルヌーイの式の理解が必要となる。ベルヌーイの式は，流体の持つエネルギーを水頭で表したもので以下のように表される。

$$H_e = z + \frac{p}{\rho g} + \frac{U^2}{2g}$$

ここで，H_e は全水頭，p は圧力，ρ は密度，U は平均流速である。ベルヌーイの式の各項はそれぞれ長さの次元を持っており，右辺第1項から順に，位置水頭・圧力水頭・速度水頭と呼ばれる[*1]。

Webにリンク
予習問題解答

1. 直径 0.4 m の円管 A をこれより 0.8 m 低い位置にある直径 0.2 m の円管 B に接続し，0.1 m³/s の水を流している。円管 A 内の水圧が 5×10^4 N/m² のとき以下の問いに答えよ。ただし，水の密度は 1000 kg/m³ で，エネルギー損失は無視できるものとする。

(1) 円管 A，B 内の流速を求めよ。

(2) 円管 B 内の水圧を求めよ。

(3) 円管 B にピエゾメータを接続した場合，円管 B の高さより何 m の高さに水面が現れるかを求めよ。

2. 次の関数のグラフを描き，y の最小値を求めよ。

$$y = x + \frac{1}{x} \quad (x > 0)$$

[*1]

Don't Forget!!

位置水頭と圧力水頭の和はピエゾ水頭と呼ばれる。

[*2]

工学ナビ

農業用水や工業用水などに水を利用する場合，水源地から目的地まで管路か開水路のいずれかで輸送することになる。経済性や維持管理，設置する地域の地形などに注目して，管路と開水路の長所・短所を考えてみよう。

6-1-1 開水路の流れの分類

1. 開水路の流れと断面 流れが大気に接し，自由水面を持つ流れを開水路の流れという。私たちが日頃目にする河川や用水路はもちろん開水路の流れである。また，水路トンネルや下水管などのように管の中を流れる場合でも，満水状態ではなく自由水面を持っていれば開水路の流れとなる[*2]。

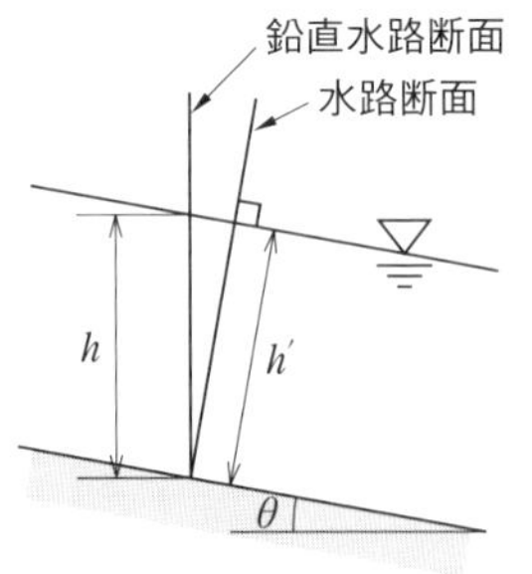

図6-1のように角度 θ で傾斜した開水路において，水路床に対して垂直な断面を水路断面といい，鉛直方向の断面を鉛直水路断面という。鉛直水路断面内の水深 h と水路断面内

図6-1 水路断面と鉛直水路断面

の水深 h' の間には次式のような関係がある。

$$h' = h\cos\theta \qquad 6-1$$

2. 開水路の流れの分類　開水路の流れでは，自由水面を持つため，流量ばかりでなく水路の傾きや形状などによって水深や流速が変化する。3-1-3項ですでに学んだように，開水路の流れも時間と空間に対する変化について図6-2のように分類できる。水深や流速などの流れの状態が時間的に変化しないものを定常流，変化するものを非定常流と呼ぶ。定常流はさらに場所的に流れの状態の変化しない等流と変化する不等流に分類される[*3]。不等流でもその変化が緩やかなものは漸変流，そうでないものは急変流と呼ばれる。

[*3] **+α プラスアルファ**
等流は水路のどの地点でも同じ断面や流速分布を持つ状態である。このため，断面形や水路の勾配が途中で変わるような水路では等流は発生しないことになる。詳しくは7-1節参照。

図6-2　開水路流れの分類

6-1-2 比エネルギー

1. 開水路の流れの全水頭　図6-3に示すように，水路の傾きが θ の開水路に水が平均流速 U で流れている。基準面から水路床までの高さが z_0 の位置の水路断面を考え，この断面上の水深 h_A の位置に点 A を考える。このとき点 A における全水頭 H_e は

$$H_e = \{z_0 + (h' - h_A)\cos\theta\} + \frac{p_A}{\rho g} + \frac{U^2}{2g} \qquad 6-2$$

と表すことができる。ここで，p_A は点 A の圧力である。水路の傾きが緩やかで，流れの中の圧力分布が静水圧分布とみなせるとき，p_A は静水圧 $p_A = \rho g h_A \cos\theta$ で近似できるので，これを用いると式6-2は，

$$H_e = z_0 + h'\cos\theta + \frac{U^2}{2g} \qquad 6-3$$

となる。または，式6-1の鉛直水路断面の水深 h を用いて

$$H_e = z_0 + h\cos^2\theta + \frac{U^2}{2g} \qquad 6-4$$

と表される。

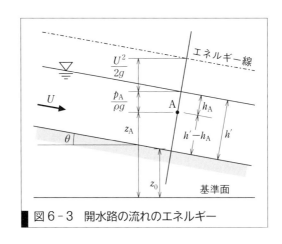

図6-3 開水路の流れのエネルギー

上式中の $z_0 + h \cos^2\theta$ はピエゾ水頭を表しており，開水路の流れでは水路断面中のどの水深で考えても基準面から水面までの高さである水位がこれに相当することを示している。

通常の開水路では，水路の傾き θ が小さい場合が多く $\cos\theta \fallingdotseq 1$ とみなせるので，通常，式6-4は

$$H_e = z_0 + h + \frac{U^2}{2g} \qquad 6-5$$

の形で表されることが多い[*4]。

2. 比エネルギー 式6-5は任意の基準面からの全水頭を表しているが，水路床の高さを基準面として表すことも可能である。水路床から測定した全水頭は比エネルギーと呼ばれ，E の記号を用いて表すと，

$$E = H_e - z_0 = h + \frac{U^2}{2g} \qquad 6-6$$

となる。あるいは，平均流速 U の代わりに流量 Q と流水断面積 A を用いて，

$$E = h + \frac{Q^2}{2gA^2} \qquad 6-7$$

となる[*5]。通常，流水断面積は水深の関数で与えることができるので，比エネルギーは，流量と水深によって決まる。水深，流量，比エネルギーの具体的な関係は水路の断面形によって異なるが，以下では取り扱いの容易な長方形断面水路について考えることにする。

[*4] **工学ナビ**

富山県を流れる常願寺川は急流河川として有名である。明治政府に雇われたオランダ人技術者のデ・レーケは常願寺川をみて，「これは川ではない。滝だ。」といったとされる。そんな常願寺川の上流部の平均河床勾配は $\frac{1}{30}$ である。この場合の河床の傾き θ を求め，式6-4中の $\cos^2\theta$ の値がどの程度になるか確認してみよう。

[*5] **Don't Forget!!**

比エネルギーの定義を忘れないこと。また，式6-6の関係から，エネルギー損失が無視できる（全水頭が一定）場合，水路床が上昇すると比エネルギーは低下することになる。

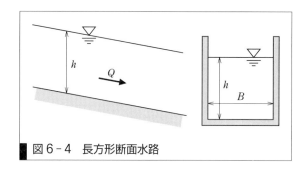

図6-4 長方形断面水路

6-1-3 比エネルギー図と限界水深

1. 比エネルギー図 図6-4のように幅 B の長方形断面水路に流量 Q の水が流れている場合の比エネルギーは,

$$E = h + \frac{Q^2}{2gB^2h^2} \qquad \text{6-8}$$

あるいは，単位幅当たりの流量 q $\left(\text{単位幅流量} = \dfrac{Q}{B}\right)$ を用いて次式のように表される。

$$E = h + \frac{q^2}{2gh^2} \qquad \text{6-9}$$

流量が一定のもとでは，比エネルギーは水深の関数として表すことができる。この関係を図化したものは比エネルギー図と呼ばれ，長方形断面水路の場合，図6-5のようになる[*6]。

実際の長方形断面水路

[*6] **Don't Forget!!**
比エネルギーは関数 $E=h$ と $E=\dfrac{q^2}{2gh^2}$ の和で表される。図6-5は図を理解するために水深を横軸に，比エネルギーを縦軸にとったが，通常，水理学では水路の流れに合わせて，水深を縦軸にとることが多い。

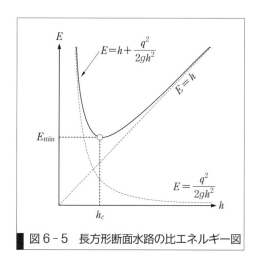

図6-5 長方形断面水路の比エネルギー図

2. 限界水深 比エネルギー図を見ると，一定流量の状態では，ある水深 h_c のときに比エネルギーは最小値 $E_{\min}$ となり， h_c からの差が大きくなるほど比エネルギーは大きくなることがわかる。比エネルギーを最小とする水深 h_c は限界水深と呼ばれる。

限界水深では， $\dfrac{\partial E}{\partial h} = 0$ を満たすので，

$$\frac{\partial E}{\partial h} = 1 - \frac{q^2}{gh_c^3} = 0 \qquad 6-10$$

となる。よって,

$$h_c = \left(\frac{q^2}{g}\right)^{\frac{1}{3}} \qquad 6-11$$

となる[*7]。このときの比エネルギー $E_{\min}$ を求めると

$$E_{\min} = h_c + \frac{q^2}{2gh_c^2} = h_c\left(1 + \frac{q^2}{2g}\frac{1}{h_c^3}\right) = \frac{3}{2}h_c \qquad 6-12$$

となる。逆に,限界水深を $E_{\min}$ で表せば,

$$h_c = \frac{2}{3}E_{\min} \qquad 6-13$$

となり,限界水深は最小の比エネルギーの $\frac{2}{3}$ の大きさとなる。

　図6-6は,縦軸に水深,横軸に比エネルギーをとって,単位幅流量が $1.0 \text{ m}^2/\text{s}$, $2.0 \text{ m}^2/\text{s}$, $3.0 \text{ m}^2/\text{s}$ の場合の比エネルギー図を描いたものである。単位幅流量によって比エネルギー曲線は変化し,それぞれの流量に応じた限界水深が1つ決まるが,いずれも式6-13の関係を満たしていることがわかる。

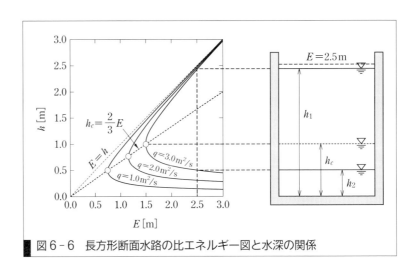

図6-6　長方形断面水路の比エネルギー図と水深の関係

3. 交代水深　最小の比エネルギーでは限界水深が1つ決まるが,最小の比エネルギー以外では,一定の比エネルギーに対して2つの水深(h_1, h_2)が存在している。このような2つの水深は,交代水深[*8]と呼ばれ,限界水深より大きい水深($h_1 > h_c$)と限界水深より小さい水深($h_2 < h_c$)の組み合わせとなっている[*9]。

[*7] **Don't Forget!!**
限界水深は開水路を考えるうえでとても重要な水深であるので忘れないこと。式6-11はよく使うので覚えておこう。また,限界水深は水路の勾配などに関係なく,流量だけで決まることに注意しよう。

[*8] **Don't Forget!!**
交代水深の定義を忘れないこと。

[*9] **Let's TRY!!**
高次方程式の解を求めるには,3-4節で紹介したニュートン–ラフソン法などの数値計算法を使うこともできるが,関数電卓にも3次方程式の解を求める機能がある。この機能を使って,$q = 3.0 \text{ m}^2/\text{s}$ の場合,比エネルギーが2.5 mのときの交代水深 h_1, h_2 を求めて図6-6から読み取れる値と比較してみよう。

例題 6-1-1 幅 $4\,\mathrm{m}$ の長方形断面水路に $2.8\,\mathrm{m^3/s}$ の水が水深 $0.8\,\mathrm{m}$ で流れている。このとき以下の問いに答えよ。

(1) このときの比エネルギーを求めよ。

(2) 限界水深と最小の比エネルギーを求めよ。

解答 (1) このときの単位幅流量は，

$$q = \frac{Q}{B} = \frac{2.8}{4} = 0.7\,\mathrm{m}$$

である。比エネルギーは式 6-9 より，

$$E = h + \frac{q^2}{2gh^2} = 0.8 + \frac{0.7^2}{2 \times 9.8 \times 0.8^2} = 0.839\,\mathrm{m}$$

となる。

(2) 限界水深は，式 6-11 より，

$$h_c = \left(\frac{q^2}{g}\right)^{\frac{1}{3}} = \left(\frac{0.7^2}{9.8}\right)^{\frac{1}{3}} = 0.368\,\mathrm{m}$$

となる。水深が限界水深に一致するとき，比エネルギーは最小になるので，

$$E_{\min} = h_c + \frac{q^2}{2gh_c^2} = 0.368 + \frac{0.7^2}{2 \times 9.8 \times 0.368^2} = 0.553\,\mathrm{m}$$

となる。

6-1-4 流量図

　長方形断面水路の比エネルギーを表す式 6-9 を単位幅流量について変形すると，

$$q^2 = 2gh^2(E - h) \qquad\qquad 6-14$$

が得られる。比エネルギーが一定の場合について考えると，式 6-14 は単位幅流量 q と水深 h の関係を考えることができる。この関係を図化すると図 6-7 のようになり，これは流量図と呼ばれる。比エネルギーが一定の条件では，水深は $0 \sim E$ の範囲で変化することが可能である。$h \to E$ のとき $q \to 0$，また $h \to 0$ のときも $q \to 0$ となり，この水深の範囲のなかで q は最大値をとる。式 6-14 を h に関して微分すると[*10]，

$$2q\frac{\partial q}{\partial h} = 2g(2Eh - 3h^2) \qquad\qquad 6-15$$

が得られる。q が最大となるのは $\dfrac{\partial q}{\partial h} = 0$ の条件を満たす水深 h' であるので，

$$h' = \frac{2}{3}E \qquad\qquad 6-16$$

が得られる。式 6-16 の関係を式 6-14 に代入すれば，

[*10]
ヒント
左辺は，合成関数の微分を利用する。
$$\frac{\partial(q^2)}{\partial h} = \frac{\partial q^2}{\partial q}\frac{\partial q}{\partial h}$$

$$q^2 = 2gh'^2 \times \left(\frac{3}{2}h' - h'\right) = gh'^3$$

$$h' = \left(\frac{q^2}{g}\right)^{\frac{1}{3}} \qquad 6-17$$

となり，結局 h' は限界水深 h_c そのものである。

以上をまとめると，限界水深は

① ある流量を流すときに比エネルギーを最小にする水深（ベスの定理）

② ある比エネルギーのもとで流量を最大にする水深（ベランジェの定理）

と定義され，これらをまとめてベランジェ－ベスの定理と呼ぶ[*11]。

*11
Don't Forget!!
限界水深は開水路の水理学においてとても重要な量である。この定義を忘れないようにしよう。

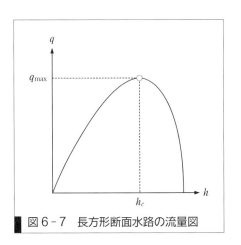

図6-7　長方形断面水路の流量図

*12
工学ナビ
ダムから放流される水も，ゲートを通じて流量の調整が行われている。写真のダムは図(a)の状態で放流しており，ゲートを完全に開くと図(b)の状態で放流される。

例題　6-1-2 図のように，貯水池からゲートを通して放流する[*12]。ゲートを閉じた状態の貯水池の水深はダム頂部において 2.4 m で，放流後もゲートから十分離れた場所での貯水池内の水位の変化はないものとして，以下の問いに答えよ。

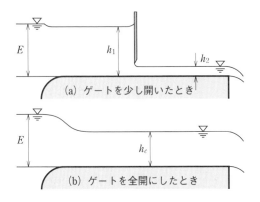

(1) ゲートを少し開いたところ（図(a)の状態），ゲート下流側の水

深 h_2 が 0.8 m になった。このときの単位幅流量 q とゲート上流
側の水深 h_1 を求めよ。

(2) ゲートを全開にしたところ，ゲートに関係なく水が流れるよう
になった（図(b)の状態）。限界水深とこのときの流量を求めよ。

解答 (1) 問題より，ダム頂部から測定した比エネルギーは $E=$
2.4 m である。下流側の水深 h_2 は 0.8 m であるので，式 6-14
を用いて q を求めると，

$$q = \sqrt{2gh_2^2(E-h_2)} = \sqrt{2\times9.8\times0.8^2\times(2.4-0.8)} = 4.48\ \mathrm{m^2/s}$$

となる。上流側の水深 h_1 は，単位幅流量が $4.48\ \mathrm{m^2/s}$ になるよ
うな水深を式 6-14 から求めるとよい。

$$h_1^2(E-h_1) = \frac{q^2}{2g}$$

$$h_1^2(2.4-h_1) = \frac{4.48^2}{2\times9.8}$$

関数電卓の機能や，逐次計算などによって h_1 を求めると，
$h_1 = 2.19$ m になる。

(2) このとき，流量は最大になるので，水深は限界水深に一致する。
比エネルギーは既知なので，限界水深は式 6-16 より，

$$h_c = \frac{2}{3}E = 1.6\ \mathrm{m}$$

である。流量は式 6-14 より，

$$q = \sqrt{2gh_c^2\left(\frac{3}{2}h_c - h_c\right)} = h_c\sqrt{gh_c} = 6.34\ \mathrm{m^2/s}$$

が得られる。

演習問題　A 　**基本の確認をしましょう**

WebにLink
演習問題解答

6-1-A1 　幅 4 m の長方形断面水路に $6\ \mathrm{m^3/s}$ の水が流れている。この
ときの限界水深と最小の比エネルギーを求めよ。

6-1-A2 　**6-1-A1** の問題の条件で，比エネルギー図を描き，図から比
エネルギーが 1.5 m のときの交代水深を求めよ。

6-1-A3 　幅 3 m の長方形断面水路に比エネルギーを 0.25 m で水を流
す場合，この水路に流すことのできる最大流量を求めよ。

演習問題　B 　**もっと使えるようになりましょう**

6-1-B1 　図のような幅 B のスルースゲートから水が流出している。水
深 h_1，h_2 が既知のとき，スルースゲートからの流量 Q を求めよ。た
だし，この区間のエネルギー損失は無視できるものとする。

6-1　開水路の流れ　161

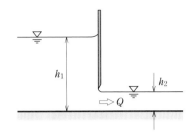

*13 **ヒント**

限界水深は比エネルギーEが最小の状態であるので，$\frac{\partial E}{\partial h}=0$となる水深を求める。

$$\frac{\partial E}{\partial h} = \frac{\partial}{\partial h}\left(h + \frac{Q^2}{2gA^2}\right)$$
$$= 1 - \frac{Q^2}{gA^3}\frac{\partial A}{\partial h}$$

よって

$$\frac{Q^2}{gA^3}\frac{\partial A}{\partial h} = 1$$

を満たす水深が限界水深となる。ここで，$\frac{\partial A}{\partial h}$は開水路の水面幅$B(h)$を表していることに注意する。

6-1-B2 次の図のような断面を持った水路に流量Qの水が流れている場合の限界水深h_cが以下の式で表されることを示せ[*13]。

(1) 三角形断面

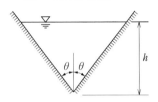

$$h_c = \left(\frac{2Q^2}{g\tan^2\theta}\right)^{\frac{1}{5}}$$

(2) 放物線形断面水路

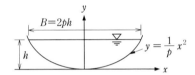

$$h_c = \left(\frac{27Q^2}{32gp}\right)^{\frac{1}{4}}$$

あなたがここで学んだこと

この節であなたが到達したのは
- □ 比エネルギーについて説明できる
- □ 限界水深(ベランジェ – ベスの定理)について説明できる

本節では，流量が一定のもとでの水深と比エネルギーの関係，比エネルギーが一定のもとでの水深と流量の関係について学んだ。これらの知識を利用すれば，水深を測定するだけで開水路の流量を求めることもできるようになる。また，ここで学んだ限界水深は，開水路の設計や開水路の流れの計算にはなくてはならないものである。開水路はいろいろな場所に設置されている。一見，水理学とは関係なさそうな道路工事でも，排水溝などの工事を行う場合，水理学の教科書を再度開くことがあるかもしれない。

6.2 常流と射流の流れ

予習　授業の前にやっておこう!!

6-1節で学んだように，開水路の流れでは，同じ流量，同じ比エネルギーの流れでも交代水深と呼ばれる2種類の水深で流れることができる。これら2つの水深は限界水深 h_c より大きい水深と小さい水深の組み合わせになっている。本節では，限界水深を境に変化する流れの状態とその性質，そして水路形状が変化した場合の水面の変化の違いについて学ぶ。

1. 幅 B の長方形断面水路に流量 Q で水が流れている。このときの限界水深 h_c と，限界水深のときの流速 U_c がそれぞれ，次式になることを示せ。

$$h_c = \left(\frac{Q^2}{gB^2}\right)^{\frac{1}{3}}, \quad U_c = \sqrt{gh_c}$$

WebにLink　予習問題解答

2. 水路床に小さな障害物をおいて水を流した。障害物を乗り越える部分の水面はどのようになるか答えよ。身近な材料を用いて実験してみよう。また，なぜそうなるか考えてみよう。

6-2-1 常流と射流

1. フルード数　開水路の流れでは，1つの流量に対して限界水深より水深の大きい流れと水深の小さい流れが存在する。これらの流れの性質を調べるため，水深が限界水深 h_c に一致する限界流と呼ばれる流れの状態を考えてみよう。限界流は，式6-10の条件を満たすので，限界流の平均流速[*1] を U_c として，単位幅流量 $q(=U_c \times h_c)$ に代入すれば，

$$U_c = \sqrt{gh_c} \qquad 6-18$$

となる。ここで，$\sqrt{gh_c}$ は水深が h_c の場合の長波の伝播速度 c を意味しており（詳細は3-4節を参照のこと），限界流は流速が長波の伝播速度に等しい流れとなる。

任意の水深 h に対する長波の伝播速度 c と平均流速 U の比

$$F_r = \frac{U}{\sqrt{gh}} \qquad 6-19$$

をフルード数と呼ぶ[*2]。限界流では $U=c$ の関係があるため $F_r=1$ となる。

[*1] **Don't Forget!!**
限界流で流れるときの流速は「限界流速」と呼ばれる。

[*2] **Don't Forget!!**
フルード数の定義を忘れないようにしよう。また，式6-19はよく使うので覚えておこう。

2. 常流と射流　式 6-19 を単位幅流量 $q = \dfrac{Q}{B}$ で表し，式 6-11 を用いれば，

$$F_r = \sqrt{\frac{q^2}{gh^3}} = \sqrt{\frac{h_c^3}{h^3}} \qquad\qquad 6-20$$

の関係が得られる。この式は，限界水深に対して水深の大きい流れは $F_r < 1$，逆に限界水深より水深が小さい場合には $F_r > 1$ になることを示している。フルード数が 1 より大きくなるかどうかは，流れの性質を大きく変える。

図 6-8 に示すように，静水中に石などを投げ入れ，水面に変化を与えると，水面にできた波は速度 c で同心円状に広がる。一方，平均流速 U で流れている状態で水面に変化を与えた場合，波は上流方向には $c-U$，下流方向には $c+U$ の速度で広がることになる。$F_r < 1$ の場合には，平均流速 U よりも波速 c のほうが大きいので，下流で生じた水面変化が上流側に伝わることになる。これは流れが下流からの影響を受けることを意味する[3]。このような流れの状態を常流と呼ぶ。一方，$F_r > 1$ の場合には，平均流速が波速を上回り，下流側で生じた水面変化は上流側に伝わらないので，流れは下流からの影響を受けないことになる。このような流れの状態を射流という。流れが下流の影響を受けるかどうかということは，いい換えれば，常流の流れは下流側，斜流の流れは上流側の条件によって決まることを意味している[4]。このため，流れの水深や流速をコントロールしようとすれば，常流では下流側，射流では上流側の堰などが有効になる。

常流・射流・限界流の特性を表 6-1 に示す。

[3]
Let's TRY!!
実験室の水路や，川などの開水路で，実際に水面を指や鉛筆などで触れてみて，波が上流に伝わるところと伝わらないところがあることを確認してみよう。

[4]
Don't Forget!!
常流と射流の流れの条件を決める断面が異なることは，開水路の水理学でとても重要である。詳しくは 7-2 節で学ぶ。

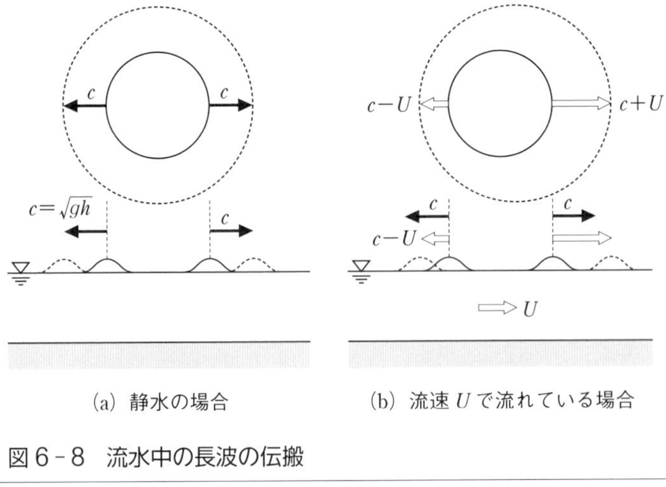

(a) 静水の場合　　　(b) 流速 U で流れている場合

図 6-8　流水中の長波の伝搬

表6-1　常流・射流・限界流の特性

流れの状態	水深 h	流速 U	フルード数 F_r
常流	$h > h_c$	$U < U_c$	$F_r < 1$
限界流	$h = h_c$	$U = U_c$	$F_r = 1$
射流	$h < h_c$	$U > U_c$	$F_r > 1$

例題　6-2-1　幅 $4\,\text{m}$ の長方形断面水路に $2.8\,\text{m}^3/\text{s}$ の水が水深 $0.8\,\text{m}$ で流れている。このときの流れが常流になるか射流になるか判別せよ。

解答　式6-19より，

$$F_r = \frac{U}{\sqrt{gh}} = \frac{Q}{Bh}\frac{1}{\sqrt{gh}} = \frac{2.8}{4 \times 0.8}\frac{1}{\sqrt{9.8 \times 0.8}} = 0.313$$

$F_r < 1$ であるので，流れは常流になる。

別解　この問題は例題6-1-1と同じ条件の流れである。例題6-1-1で求めた限界水深は，$h_c = 0.368\,\text{m}$ で，このときの流れは水深 $h = 0.80\,\text{m}$ である。よって，$h > h_c$ であるので常流である。

6-2-2 水路断面の変化と水面形

1. 水路床の変化と水面形　一定幅の水路の水路床の高さ z が変化する場合の水深の変化について考える。比エネルギー E は

$$E = H_e - z$$

の関係があるので，考えている区間でエネルギー損失が無視できる場合（全水頭 H_e が一定の場合），水路床の高さが高くなった分だけ比エネルギーは減少する。流下方向の距離を x として，比エネルギーの流下方向の変化率で表すと

$$\frac{dE}{dx} = \frac{d}{dx}(H - z) = -\frac{dz}{dx} \qquad \text{6-21}$$

となる。

このときの水深の流下方向の変化率 $\dfrac{dh}{dx}$ を調べるため，式6-9を x で微分すると[*5]，

$$\frac{dE}{dx} = \left(1 - \frac{q^2}{gh^3}\right)\frac{dh}{dx} = (1 - F_r^2)\frac{dh}{dx} \qquad \text{6-22}$$

となり，式6-21との関係から，

$$\frac{dh}{dx} = \frac{1}{F_r^2 - 1}\frac{dz}{dx} \qquad \text{6-23}$$

あるいは，水位（$h_0 = h + z$）を用いて

$$\frac{dh_0}{dx} = \frac{d(h + z)}{dx} = \frac{F_r^2}{F_r^2 - 1}\frac{dz}{dx} \qquad \text{6-24}$$

[*5]
ヒント

ここでも合成関数の微分を使う。

$$\frac{dE}{dx} = \frac{d}{dx}\left(h + \frac{q^2}{2gh^2}\right)$$

$$= \frac{dh}{dx} + \frac{d}{dh}\left(\frac{q^2}{2gh^2}\right)\frac{dh}{dx}$$

6-2　常流と射流の流れ　165

のようになる．式6-23および式6-24は，水路床の高さが変化した場合，常流と射流では水面の変化のしかたが異なることを意味している．すなわち，$F_r<1$（常流）の場合，水路床が上昇$\left(\dfrac{dz}{dx}>0\right)$すれば水面は低下$\left(\dfrac{dh_0}{dx}<0\right)$し，$F_r>0$（射流）では，水面は上昇することになる[*6]．水路床の高さ変化と水面形の変化の特性を表6-2に整理する．

*6
➕αプラスアルファ
水路床の高さの変化により比エネルギーが変化した場合，常流・射流の流れの状態によって水深の変化のしかたが異なることは比エネルギー図を使っても説明できる．演習問題 6-2-A3でチャレンジしてみよう．

表6-2 水路床の高さの変化と水位の変化

流れの状態	水路床の高さの変化	
	上昇する	低下する
常流の場合　$F_r<1$	h_0は低下	h_0は上昇
射流の場合　$F_r>1$	h_0は上昇	h_0は低下

例題 6-2-2 図のような一定幅の長方形断面水路で，水路底面に小さな隆起がある．流れが上流から下流まですべての区間で
(1) 常流で流れている場合
(2) 射流で流れている場合
の水面の概形を描け．

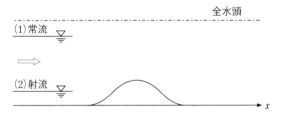

解答 (1) 水路床の変化に対する水位 h_0 の変化は式6-24から

$$\frac{dh_0}{dx}=\frac{F_r^2}{F_r^2-1}\frac{dz}{dx}$$

で表される．この場合は全区間で常流であるので，$F_r<1$ となる．この条件を考慮すると，上式中の $\dfrac{F_r^2}{F_r^2-1}$ は常に負値となるので，流下方向に水路床の高さが増加$\left(\dfrac{dz}{dx}>0\right)$すれば，水位は減少$\left(\dfrac{dh_0}{dx}<0\right)$することになる．このため，図中の隆起部で水路床の上昇する区間で水位は低下し，逆に水路床の低下する区間で水位は上昇し，平坦部$\left(\dfrac{dz}{dx}=0\right)$に到達するとその水位が維持される形となる．

(2) 全区間で射流であるので，$F_r>1$ となる．このため常流の場合とは逆に，水路床の高さ変化と同じように水面形が変化することになる．

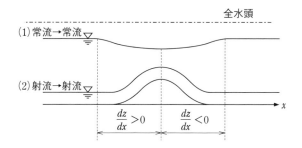

　水路床に隆起物がある場合，流れの状態によって例題6-2-2に示したような水面形が生じる。この隆起物がやや高くなると，頂点で比エネルギーが最小の状態になり，限界水深が発生する。このとき，頂点では$F_r=1$であるので，式6-24は不定になり，常流から射流に，あるいは射流から常流に切り替わりうる（図6-9参照）。

　常流の流れは下流側の条件で決まり，射流の流れは上流側の条件で決まるので，流れが常流から射流に切り替わる場合には，限界水深の発生する隆起物頂点の断面で上流，下流の条件を同時に決めることになる[*7]。このような断面を支配断面[*8]と呼ぶ。一方，流れが射流から常流に切り替わる場合，上下流の断面はそれぞれ独立して決まるため，支配断面とはならない。通常，射流から常流へ切り替わる部分では，図6-9の破線のように連続的に接続することはなく，不連続的な跳水と呼ばれる現象が発生する（詳細は6-3節参照）。

[*7] **＋α プラスアルファ**
6章とびらの白水ダムやダム模型の写真を見ながら，支配断面と常流・射流の発生位置を確認しよう。

[*8] **Don't Forget!!**
支配断面の定義を忘れないようにしよう。

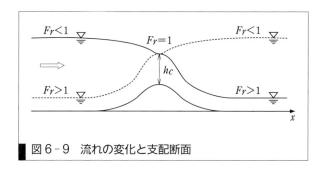

図6-9　流れの変化と支配断面

例題 6-2-3 図のように水深がH_0の貯水池の水が，頂点の高さH_d，幅Bのダムを越流して下流に射流となって流れている。このときのダムからの流量を求めよ。

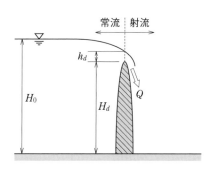

解答 ダムから十分離れた地点では流速をゼロとみなせるので，H_0 は全水頭とみなすことができる。

ダム頂点における比エネルギーE_d は，

$$E_d = H_0 - H_d$$

である。ダムからの流量 Q は連続式より，ダム頂点の流速 U_d と，頂点の水深 h_d を用いて

$$Q = U_d h_d B$$

で表される。ダム頂部では限界流となるので，h_d，U_d はそれぞれ，限界水深，限界流速になる。よって，

$$h_d = \frac{2}{3} E_d$$

$$U_d = \sqrt{g h_d} = \sqrt{g \frac{2}{3} E_d}$$

となるので，ダムからの流量は，

$$Q = \left(\frac{2}{3} E_d \right)^{\frac{3}{2}} B \sqrt{g}$$

となる。このように，ダム越流部などで限界流の現れるところでは，貯水池水深とダム頂点の高さの差から流量を簡単に求めることができる[9]。

---

*9
＋α プラスアルファ

貯水池水深が不明でも，限界水深がわかれば，限界流速をただちに求めることができるので，流量を計算することが可能になる。開水路における流量計測の詳細は 10−1 節で学ぶ。

---

2. 水路幅が変化する場合の水面形 流下方向に水路幅が変化する場合の水面の変化について考える。水路内の全流量が Q であるとき，水路の単位幅流量 $q(x)$ は

$$q(x) = \frac{Q}{B(x)} \qquad 6-25$$

で表される。水路床に変化がなく，水路幅の変化する区間で比エネルギーが一定であるとすれば，流下方向の比エネルギーの変化率 $\frac{dE}{dx}$ もゼロである。比エネルギーを x で微分して，

$$\frac{dE}{dx} = \frac{d}{dx} \left(h + \frac{q^2}{2gh^2} \right) = \frac{dh}{dx} - \frac{q^2}{gh^3} \frac{dh}{dx} + \frac{q}{gh^2} \frac{dq}{dx}$$

ここで，

$$F_r^2 = \frac{U^2}{gh} = \frac{q^2}{gh^3}$$

を用いると，

$$\frac{dE}{dx} = (1 - F_r^2) \frac{dh}{dx} + F_r^2 \frac{h}{q} \frac{dq}{dx} \qquad 6-26$$

となる。$\dfrac{dE}{dx}=0$であるので，

$$\frac{dh}{dx} = \frac{F_r^2}{F_r^2-1}\frac{h}{q}\frac{dq}{dx} \qquad\qquad 6-27$$

が得られる。

一方，単位幅流量は式6-25で示すように流下方向に異なるので，式6-27中の$\dfrac{dq}{dx}$は，

$$\frac{dq}{dx} = \frac{d}{dx}\left(\frac{Q}{B}\right) = -\frac{Q}{B^2}\frac{dB}{dx} \qquad\qquad 6-28$$

となる。これを用いると式6-27は

$$\frac{dh}{dx} = \frac{F_r^2}{1-F_r^2}\frac{h}{B}\frac{dB}{dx} \qquad\qquad 6-29$$

と表される。

式6-29は，水路幅の影響による水深の変化は，$F_r=1$を境としての影響の表れ方が異なることを示している。すなわち，常流（$F_r<1$）の場合，水路幅が大きく$\left(\dfrac{dB}{dx}>0\right)$なれば水面は上昇$\left(\dfrac{dh}{dx}>0\right)$し，射流（$F_r>1$）では，水路幅が大きくなれば水面は低下することになる[*10, *11]。

演習問題　A　基本の確認をしましょう

6-2-A1　常流と射流の流れについて，① 限界水深と流れの水深の大小関係，② フルード数，③ 流れの条件が決まる方向の3つの観点から説明せよ。

6-2-A2　幅4 mの長方形断面水路に流量2.8 m³/sの水が水深0.2 mで流れている。このときの流れが常流になるか射流になるかを以下の方法で判別せよ。

(1) 限界水深と流れの水深の比較

(2) フルード数による判別

6-2-A3　幅10 mのダム越流部の水深が2.1 mであった。この水深が限界水深に一致しているとき，越流部の流速と流量を求めよ。

6-2-A4　常流で流れている水路の下流側の水路床をわずかに上昇させたところ，水面が低下して常流状態を保ったまま流れた。このように水深が変化することについて，比エネルギー図を用いて説明せよ。

演習問題　B　もっと使えるようになりましょう

6-2-B1　演習問題6-1-B2に示した頂角2θの三角形断面水路に流量Qの水が水深hで流れている。このときのフルード数を求めよ。

6-2-B2　長方形断面水路の水路床が一部隆起している。この水路に水を流したところ，図のように隆起部頂点で限界水深が発生した。断面Ⅰと断面Ⅱの水深がそれぞれ$h_1=1.2$ m，$h_2=0.25$ mであるとき，隆

---

*10
Don't Forget!!

表6-2は水路床の変化と水面形の変化の特性を示していた。水路幅の変化と水面形の変化の特性について表6-2のようにまとめておこう。

*11
工学ナビ

開水路の流量を測定するために用いられるパーシャルフリュームは，水路床の高さや水路幅の変化によって水深が変化する特性を利用している。パーシャルフリュームについて調べてみよう。

WebにLink
演習問題解答

起部の限界水深 h_c と隆起の高さ h_d を求めよ。ただし，この間のエネルギー損失は無視できるものとする。

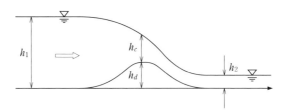

あなたがここで学んだこと

この節であなたが到達したのは
　□ フルード数について説明できる
　□ 常流と射流について説明できる

　本節では，常流・射流・限界流の3つの状態の流れの定義と判別方法，さらにそれぞれの流れの性質の違いについて学んだ。同じ流量で水が流れていたとしても，流れの状態が常流と射流では水路の形状変化による水深の変化が，まるで逆になってしまうことになる。また，常流と射流では流れの条件を決める方向が違うことも重要である。本節で得られたこのような知識は，洪水時の河川水位のシミュレーションや，河川合流部の水位変化など，現実の開水路の水深の変化にかかわるいろいろな問題で応用されている。詳しくは7章で学習する。

6-3 比力と跳水

予習 授業の前にやっておこう!!

　本節では，開水路の急激な水面変化の特徴を調べるため，開水路に運動量保存則を適用する。運動量保存則は，検査領域でエネルギー損失などの詳細が不明な場合でも，領域の検査面における流速や作用力の関係を求めることができる。水理学における運動量保存則は，3-4節で学んだように，2つの検査断面間の運動量の差がこの区間の流体に作用する力の和に等しいというもので，基本的には次式のような形式で表される。

$$\sum F = \rho Q (U_2 - U_1)$$

ここで，$\sum F$ は検査領域の作用する力の合力，ρ は流体の密度，Q は流量，U_1 は上流側断面の流速，U_2 は下流側断面の流速である[*1]。

1. 直径100 mmのホースの先端に噴出口が45 mmのノズルを取りつけ空中に放水している。このホース内に5×10^{-3} m³/sの水を流すとき，ノズル結合部に作用する力を求めよ。

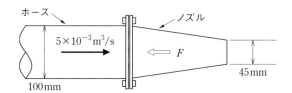

2. 3-4節で学んだように，開水路のある断面の単位時間，単位幅当たりの運動量の通過量と力積の和を単位重量で除したものは比力と呼ばれ，次式で表される。

$$F_S = \frac{q^2}{gh} + \frac{h^2}{2}$$

ここで，F_S は比力，q は単位幅流量，h は水深である。
　q が一定の場合，比力と水深の関係を図に表せ。また，比力が最小となる水深を求めよ。

6-3-1 開水路の流れにおける運動量保存則

1. 開水路の流れにおける運動量保存則　図6-10のように突起物が設置された幅 B の水平な水路に流量 Q の水を流すとき，突起物に作用する力 F を求める。流下方向を正として，水路底面に作用する摩擦力を無視できるものとして，断面Ⅰ，Ⅱの間で運動量保存則を適用すると，

$$\rho Q U_2 - \rho Q U_1 = P_1 - P_2 - F \qquad 6-30$$

[*1] **Don't Forget!!**
この式で注意しなくてはならないのは，力や流速，運動量は大きさと向きを持つベクトル量であること。このため，この式は，x，y，z 方向成分ごとに適用しなくてはならない。

となる[*2]。ここで，P_1，P_2 は断面 I，II における全水圧である。断面ごとにまとめて表せば，

$$F = (\rho Q U_1 + P_1) - (\rho Q U_2 + P_2) \qquad 6-31$$

とできる。式 6-31 の括弧でくくられた項は，それぞれの断面における運動量と圧力による力積の和を示している。水圧が静水圧分布と仮定できるものとすれば，断面 i ($i=1, 2$) の全水圧 P_i は，

$$P_i = \frac{1}{2}\rho g h_i^2 B \qquad 6-32$$

また，連続の式より，断面 i の平均流速 U_i は

$$U_i = \frac{Q}{B h_i}$$

と表すことができる。それぞれの断面にこれらを代入して単位幅当たりの力を F' で表せば，式 6-31 は次式のようになる。

$$F' = \frac{F}{B} = \left(\frac{\rho q^2}{h_1} + \frac{\rho g h_1^2}{2}\right) - \left(\frac{\rho q^2}{h_2} + \frac{\rho g h_2^2}{2}\right) \qquad 6-33$$

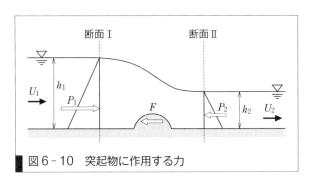

図 6-10 突起物に作用する力

+α プラスアルファ [*2]

水路底面の摩擦力を考える場合には，この式にさらに摩擦力による抵抗力を加えればよい。

工学ナビ [*3]

スルースゲートはよく用いられる水門で，注意していれば川の堤防でみつけることができる。水門にはスルースゲートのほかにもさまざまな形式があり，なかには水門前後の水位差を利用して安全に水門を自動的に開閉するオートゲートと呼ばれるものもある。水門の目的と形式について調べてみよう。

堤防に設置された排水門

例題 6-3-1 図のような幅 5 m のスルースゲート[*3]から水が流出している。上流側と下流側の水深がそれぞれ 4 m，0.6 m であるとき，スルースゲートからの流量 Q とゲートに作用する力 F を求めよ。ただし，この区間のエネルギー損失は無視できるものとする。

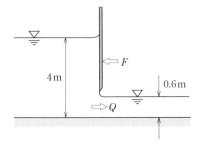

解答 まず流量を求める。上流側断面と下流側断面で比エネルギーは等しいので，

$$E = \frac{q^2}{2gh_1^2} + h_1 = \frac{q^2}{2gh_2^2} + h_2$$

$$h_1 - h_2 = \frac{q^2}{2g}\left(\frac{1}{h_2^2} - \frac{1}{h_1^2}\right)$$

$$= \frac{q^2}{2g}\frac{(h_1 + h_2)(h_1 - h_2)}{h_1^2 h_2^2}$$

よって，

$$q^2 = \frac{2gh_1^2 h_2^2}{h_1 + h_2} = 24.54$$

となる。流量は，単位幅流量に幅を乗じて，

$$Q = B \times q = 24.8 \text{ m}^3/\text{s}$$

となる。

　上流側断面と下流側断面の間で運動量保存則を適用すると，

$$\rho Q U_2 - \rho Q U_1 = P_1 - P_2 - F$$

となり，式 6-30 と同様の形で表される。水圧が静水圧分布で近似できることと連続の式を考慮すれば，式 6-33 となるので，ゲートに作用する単位幅当たりの力 F' は，

$$F' = \left(\frac{\rho q^2}{h_1} + \frac{\rho g h_1^2}{2}\right) - \left(\frac{\rho q^2}{h_2} + \frac{\rho g h_2^2}{2}\right)$$

$$= \rho g\left\{\frac{q^2}{g}\left(\frac{1}{h_1} - \frac{1}{h_2}\right) - \frac{1}{2}(h_1^2 - h_2^2)\right\}$$

$$= 9.8\left\{\frac{24.54}{9.8}\left(\frac{1}{4.0} - \frac{1}{0.6}\right) - \frac{1}{2}(4.0^2 - 0.6^2)\right\} = 41.87 \text{ kN/m}$$

よって，ゲート全体に作用する力は，

$$F = F' \times B = 41.87 \times 5 = 209 \text{ kN}$$

となる。

6-3-2 比力と共役水深

1. 比力　式 6-33 を単位体積重量 ρg で除すと，

$$\frac{F'}{\rho g} = \left(\frac{q^2}{gh_1} + \frac{h_1^2}{2}\right) - \left(\frac{q^2}{gh_2} + \frac{h_2^2}{2}\right) \qquad\qquad 6\text{-}34$$

となる。右辺で断面ごとに定義される

6-3　比力と跳水　**173**

$$F_S = \frac{q^2}{gh} + \frac{h^2}{2} \qquad 6-35$$

は比力と呼ばれ，長さの2乗の次元を持っている。

2. 比力図 流量一定のもとで比力と水深の関係を描いたものを比力図という。長方形断面水路の場合，水深を横軸に，比力を縦軸にとり比力図を描くと，図6-11のようになる。図からわかるように，比力には最小値があり，同一の比力で2つの水深をとっている。比力が最小のとき，$\frac{\partial F_S}{\partial h} = 0$ であるので，

$$\frac{\partial F_S}{\partial h} = -\frac{q^2}{gh^2} + h = 0$$

よって，これを満たす水深は，

$$h = \sqrt[3]{\frac{q^2}{g}} \qquad 6-36$$

となり，流量一定のもとで，比力を最小にする水深は限界水深になる。また，このときの比力は

$$F_{S,\min} = \frac{q^2}{g}\frac{1}{h_c} + \frac{h_c^2}{2} = \frac{3}{2}h_c^2 \qquad 6-37$$

となる。

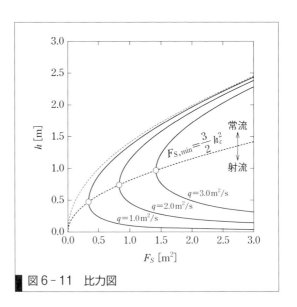

図6-11 比力図

*4
Don't Forget!!
共役水深の定義を忘れないこと。交代水深は，比エネルギーが一定の場合の2つの水深の組み合わせであった。交代水深との違いを忘れないようにしよう。

3. 共役水深 一方，限界水深以外では，同一の比力に対して，2つの水深(h_1, h_2)が存在する。この1組の水深は，常流状態と射流状態の組み合わせとなっており，これを共役水深という[*4]。

一組の共役水深(h_1, h_2)の関係を求めてみよう。共役水深では，両者の比力が等しいので，

$$F_S = \frac{q^2}{gh_1} + \frac{h_1^2}{2} = \frac{q^2}{gh_2} + \frac{h_2^2}{2} \qquad\qquad 6-38$$

となる。上式より，

$$\frac{h_1^2 - h_2^2}{2} + \frac{q^2}{g}\left(\frac{1}{h_1} - \frac{1}{h_2}\right) = 0$$

$$(h_1 + h_2)(h_1 - h_2) - \frac{2q^2}{g}\frac{h_1 - h_2}{h_1 h_2} = 0$$

となる。よって，両辺を$(h_1 - h_2)$で除して，さらにh_2を乗じると，

$$h_2^2 + h_1 h_2 - \frac{2q^2}{gh_1} = 0 \qquad\qquad 6-39$$

となり，h_2に関する2次方程式となる。解の公式を用いると，

$$h_2 = \frac{1}{2}\left(-h_1 \pm \sqrt{h_1^2 + \frac{8q^2}{gh_1}}\right)$$

となる。ここで，水深がh_1のときの流速をU_1とすると，$q = U_1 h_1$であるので，

$$h_2 = \frac{1}{2}\left(-h_1 \pm h_1\sqrt{1 + 8\frac{U_1^2}{gh_1}}\right)$$

である。水深h_1のときのフルード数F_{r1}を用い，$h_2 > 0$であることを考慮すれば，

$$\frac{h_2}{h_1} = \frac{1}{2}\left(\sqrt{1 + 8F_{r1}^2} - 1\right) \qquad\qquad 6-40$$

が得られ，h_1が既知であれば，共役水深のもう一方の水深h_2を求めることができる。なお，h_1をh_2について表せば，水深h_2のときのフルード数F_{r2}を用いて，

$$\frac{h_1}{h_2} = \frac{1}{2}\left(\sqrt{1 + 8F_{r2}^2} - 1\right) \qquad\qquad 6-41$$

となる。

■6-■3-■3 流れの遷移と跳水

1. 流れの遷移と跳水　開水路の流れでは，常流と射流の2つ状態があり，常流から射流あるいは射流から常流に流れの状態が変化することを流れの遷移という。

　常流の流れは下流側，斜流の流れは上流側の条件によって決まるので，常流から射流に流れが切り替わる場合には，ある断面で限界水深が発生し，この断面が常流の流れの下流端，斜流の流れの上流端となる。つまり，支配断面は常流と射流の共通の境界条件となり，常流から射流に連続的に遷移させる（図6-12(a)）。一方，上流側が射流，下流側が常流になる場合には，それぞれ上流と下流の条件によって独立して決まるた

6-3　比力と跳水　175

め，射流から常流に流れが切り替わる場合には，接続部分が不連続となる（図6-12(b)）[*5]。実際の流れでは表面に渦が発生し，大きなエネルギー損失とともに短い距離で射流から常流に遷移する。このような現象を跳水と呼ぶ[*6, *7]。

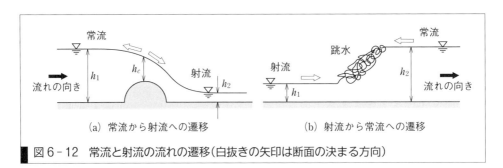

図6-12 常流と射流の流れの遷移（白抜きの矢印は断面の決まる方向）

[*5] **Don't Forget!!**
水路との摩擦損失が無視できる場合，図6-12(a)の2つの水深h_1，h_2は交代水深，図6-12(b)のh_1，h_2は共役水深の関係にあることに注意しよう。

[*6] **Don't Forget!!**
跳水が発生する条件を忘れないようにしよう。

[*7] **Let's TRY!!**
跳水現象は日常的に観察することができる。下の写真は蛇口からの水がシンクに広がったときにできる跳水で，一度は目にしたことがあるだろう。台所でまな板の上などに水を流し，跳水を発生させ，その様子を観察してみよう。

2. 跳水前後の水深とエネルギー損失 図6-12(b)のような水平な長方形断面水路において，単位幅流量をqとして，跳水前後の断面Ⅰ，Ⅱに比力の保存式6-34を適用する。

$$\frac{F'}{\rho g} = \left(\frac{q^2}{gh_1} + \frac{h_1^2}{2}\right) - \left(\frac{q^2}{gh_2} + \frac{h_2^2}{2}\right)$$

この区間の水路との摩擦を無視できるものとすれば，$F'=0$であるので，断面Ⅰと断面Ⅱの比力は等しい。この場合跳水前後の水深h_1，h_2は共役水深となるので，式6-40および式6-41の関係が成立する。

一方，跳水によるエネルギー損失ΔEは両断面の比エネルギーの差から，

$$\Delta E = \left(h_1 + \frac{q^2}{2gh_1^2}\right) - \left(h_2 + \frac{q^2}{2gh_2^2}\right)$$
$$= (h_1 - h_2)\left(1 - \frac{q^2}{2g}\frac{h_1 + h_2}{h_1^2 h_2^2}\right) \qquad 6-42$$

となる。ここで，共役水深は式6-39の関係を満たすので，

$$\frac{q^2}{2gh_1^2 h_2^2} = \frac{h_1 + h_2}{4h_1 h_2}$$

と書くことができる。これを式6-42に代入すれば，

$$\Delta E = \frac{(h_2 - h_1)^3}{4h_1 h_2} \qquad 6-43$$

となる[*8]。

例題 6-3-2 水平な長方形断面水路で，単位幅当たり$2\,\text{m}^3/\text{s}$の水が水深$0.3\,\text{m}$で流れている。下流部に常流を発生させて，一定位置で跳水を起こす場合，その際の常流部の水深を求めよ。また，

跳水によって消費されるエネルギー損失は水頭でいくらになるか求めよ。

解答 上流側の流れのフルード数 F_{r1} は，

$$F_{r1} = \frac{U_1}{\sqrt{gh_1}} = \frac{q}{h_1\sqrt{gh_1}} = \frac{2}{0.3\sqrt{9.8 \times 0.3}} = 3.888$$

となり，射流になっているので下流側に常流を発生させると跳水が生じる。常流側の水深 h_2 は式 6-40 より，

$$h_2 = \frac{h_1}{2}\left(\sqrt{1+8F_{r1}^2}-1\right) = \frac{0.3}{2}\left(\sqrt{1+8\times 3.888^2}-1\right)$$
$$= 1.506 \text{ m}$$

となる。また，この跳水によるエネルギー損失水頭 ΔE は，

$$\Delta E = \frac{(h_2-h_1)^3}{4h_1h_2} = \frac{(1.506-0.3)^3}{4\times 0.3 \times 1.506} = 0.971 \text{ m}$$

である。

例題 6-3-3 例題 6-3-2 の条件の比エネルギー図と比力図は下図のようである。射流部の水深が 0.3 m のとき，跳水後の水深と跳水によるエネルギー損失水頭を比エネルギー図，比力図を使って求めよ。

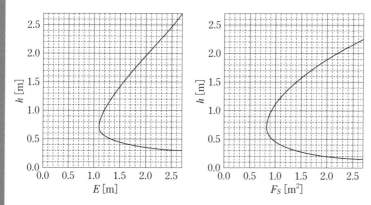

解答 跳水前後で比力は一定であるので，水深 0.3 m のときの比力が等しくなる水深を比力図から読み取ると，

$$h_2 = 1.51 \text{ m}$$

である。跳水前後のエネルギー損失水頭 ΔE は，上流側と下流側の比エネルギーの差になる。比エネルギー図より，それぞれの水深に相当する比エネルギーを読み取ると，上流側は $E_1 = 2.57$ m，下流側は $E_2 = 1.60$ m であるので，

$$\Delta E = 2.57 - 1.60 = 0.97 \text{ m}$$

*8 **工学ナビ**

ダムから放流された後の水のエネルギーは非常に大きくなり，そのまま流下させた場合，下流にさまざまな被害が出る恐れがある。これを防止するため，ダム下流部には減勢工という構造物が設置されている。減勢工のなかには跳水を発生させてエネルギーを低下させる形式のものもある。

ダムの余水吐に設置された跳水式減勢工（白の矢印部分）。上流から矢印方向に放流された水（灰色の矢印部分）は，この減勢工でせき上げられ，跳水が発生する。

が得られる。

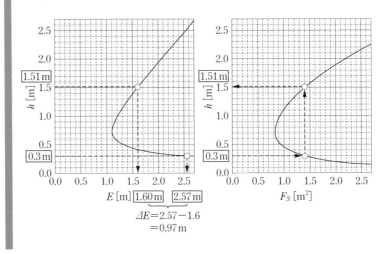

3. 段波 一定の位置で発生した跳水において，前後の水深を変化させると跳水は段波となって，その位置が上流または下流に移動する[*9]。ここでは，下流側の水深が増加し，上流側へ跳水が移動する場合の移動速度 c について考える。段波の移動速度 c と同じ速度で上流へ移動する座標系から見ると，上流・下流の流速はそれぞれ U_1+c，U_2+c となる。このとき，単位幅流量は，

$$q = (U_1+c)h_1 = (U_2+c)h_2 \qquad 6-44$$

となる。これを式6-37に代入すると，

$$c = \sqrt{\frac{g}{2}\frac{h_2}{h_1}(h_1+h_2)} - U_1 \qquad 6-45$$

が得られる[*10]。

[*9]
Let's TRY!!
段波は水面の高さが不連続に変化する段差のような波が伝わる現象である。このような段波が発生した場合，大きな被害が発生することがある。実際の現象としてどんなときに段波が発生するか調べてみよう。

[*10]
+α プラスアルファ
静水中（$U=0$）で，水面差が小さい場合（$h_1 \fallingdotseq h_2$）の場合，式6-45は，

$$c = \sqrt{gh_1}$$

となり，長波の伝播速度に一致する。

例題 6-3-4 水平な長方形断面水路で，単位幅当たり $2\,\mathrm{m^3/s}$ の水が水深 $0.5\,\mathrm{m}$ で流れている。堰を設置して下流部を $1.2\,\mathrm{m}$ の水深にしたところ跳水が発生し，跳水が上流へ移動した。このときの移動速度を求めよ。

解答 射流部の流速は，

$$U_1 = \frac{q}{h_1} = 4\,\mathrm{m/s}$$

である。式6-45より，

$$c = \sqrt{\frac{g}{2}\frac{h_2}{h_1}(h_1+h_2)} - U_1 = \sqrt{\frac{9.8}{2}\frac{1.2}{0.5}(0.5+1.2)} - 4 = 0.471\,\mathrm{m/s}$$

となる。

演習問題　A　基本の確認をしましょう

6-3-A1 例題 6-3-1 において，ゲートの開きを変化させたところ，上流側・下流側の水深がそれぞれ 4.04 m，0.413 m に変化した。このとき，ゲートに作用する力を求めよ。

6-3-A2 図のような水平水路上の水門から，単位幅当たり 4 m³/s の水が流出し，下流部の一定位置で跳水が発生している。跳水後の水深が 2.4 m であるとき，跳水前の水深 h_2 を求めよ。また，跳水前後の損失水頭を求めよ。

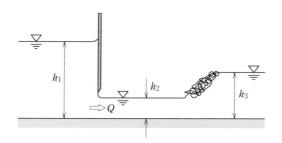

6-3-A3 水平な長方形断面水路で跳水が発生している。跳水前後の水深が射流部で 0.8 m，常流部で 1.6 m であるとき，水路を流れる水の単位幅流量を求めよ。

演習問題　B　もっと使えるようになりましょう

6-3-B1 図のように，傾き θ の長方形断面水路に水が流れている。L だけ離れた区間に断面Ⅰ，Ⅱを設定し，水深を測定したところ，水深がそれぞれ h_1，h_2 であった。この区間では水深が直線的に変化するものとして，水路壁面に作用するせん断力 τ_0 を求めよ。なお，水圧は静水圧分布で表すことができるものとする[*11]。

*11
ヒント
この検査領域には水圧，せん断力による抵抗力，この区間の水塊の重量の流下方向成分が作用する。

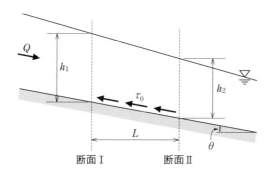

6-3-B2 高さ y_d の段落ち部がある水平水路に単位幅当たり 4 m³/s の水を流したところ，段落ち部下流側で跳水が発生した。段落ち部上流の水深と下流の水深がそれぞれ 0.5 m，3.6 m のとき，段落ち部の高さ y_d と跳水による損失水頭を求めよ。ただし，水路底面に作用する摩擦力は無視でき，段落ち部には跳水前の水深に相当する静水圧が作

用しているものとしてよい。

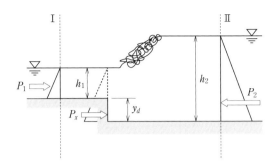

あなたがここで学んだこと

この節であなたが到達したのは
□ 開水路の流れに運動量保存則を適用できる
□ 跳水現象について説明できる

　本節では，開水路に運動量保存則を適用し，流水中の開水路の壁面に作用する力を求めたり，跳水前後の水深の関係を求める方法について学んだ。運動量保存の式は，連続の式やベルヌーイの式と違い，一般的な形で当てはめることができず，問題によって方程式を立てなくてはならない。このため，少し難しく感じるかもしれないが，複雑な問題を簡単に解くことができる強力な手法である。しっかり基礎を身につけたうえで，より多くの問題に挑戦してほしい。

7章

開水路の流れ(2)

写真は同じ場所における洪水前と洪水時の流れの様子を示している。洪水時の流れは，川の断面形状，潮位変動，堰や橋脚などの構造物，河川敷などに繁茂する植生，河床変動などさまざまな境界条件や抵抗などの影響を受け変化する。河川の計画や管理を適切に進めるためには，洪水時の流れを適確に把握することが必要であり，その手段として観測・実験・解析が行われる。洪水流観測として，主要点での流量・水位観測と洪水痕跡調査が古くから実施され，計画・管理に活用されてきた。流量観測は，水表面の流速を浮子によって測定する浮子観測が主流となっているが，流れが複雑な場合や河床が大きく変動する場合は，観測誤差が大きく正確な情報を得ることが難しい。一方で水位は，観測精度が高いうえに，河道状況(境界条件や抵抗)の変化は水表面に明確に表れるため，水位観測を縦断的に実施することで得られる水面形の時間変化には，洪水流を知る有益な情報が多く含まれる。近年の計算機の発達により，洪水流解析の技術が向上したこともあり，観測水面形の時間変化を解とした洪水流の計算を行うことにより，精度の高い流量値を得ることが可能となってきた。

●この章で学ぶことの概要

開水路(河川)の設計(計画・管理)を行う場合，目標となる流量を適切に流しうる断面形状を水理計算により決定する必要がある。本章では，開水路の設計を行ううえで必要となる基礎知識について学習する。基本となる等流における水深・流速・流量の計算から，水路条件(川幅，勾配など)が場所ごとに変化する不等流計算，実際の洪水流に見られる流量の時間変化を考慮した非定常流の考え方について学ぶ。

7 1 開水路の等流

予習 授業の前にやっておこう!!

開水路の等流の平均流速公式として以下のマニングの式が実用的に広く用いられている[1]。

$$U = \frac{1}{n} R^{\frac{2}{3}} I_e^{\frac{1}{2}}$$

ここに，U は平均流速，n はマニングの粗度係数，R は径深，I_e はエネルギー勾配である。ただし，等流の場合，エネルギー勾配 I_e は河床勾配 I と一致する。

実際の河川のように水深 h に対し水路幅 B が十分に広い場合，径深 R は水深 h によって近似でき，マニングの式は以下で表すことができる。

$$U = \frac{1}{n} h^{\frac{2}{3}} I_e^{\frac{1}{2}}$$

流量 Q を求める場合，上式に流水断面積 A を掛ければよい。

$$Q = A \frac{1}{n} h^{\frac{2}{3}} I_e^{\frac{1}{2}}$$

1. 長方形断面水路において水深 h に対し水路幅 B が十分に広い場合，径深 R が水深 h によって近似できる根拠を示せ。

WebにLink 予習問題解答

2. 水路幅 B が十分に広い条件において，流量 Q，水路幅 B，河床勾配 I，マニングの粗度係数 n が与えられた場合，等流水深 h_0 を算出する式をマニングの式より導け。

---

[1]
Don't Forget!!

管路の流れで学習したマニングの式は，開水路の流れの平均流速式としても，よく利用される。
管路の流れ（円形管路）では，径深 R は直径 D により $\frac{D}{4}$ で評価されるが，開水路の流れでは，水深に対して川幅が十分に広い長方形水路の場合，径深 R は水深 h で近似できる。

7-1-1 等流の平均流速

1. 開水路の等流のせん断応力　図 7-1 のように開水路の流れに距離 L だけ離れた断面 I，II を想定し，この面で囲まれた検査領域に働く力を考える。検査領域の流下方向の力として，上下流から作用する全水圧 P_1，P_2，水の重量 W の流下方向成分 $W \sin \theta$，水路壁面に作用するせん断力 $\tau L S$ があげられ，これらの力のつり合いは，以下の式で表される。

$$P_1 + W \sin \theta = P_2 + \tau L S \qquad\qquad 7-1$$

ここで，等流状態では水深が流下方向に一定であることから，上下流から作用する全水圧 P_1，P_2 は等しくなりたがいに打ち消し合う。また，等流では，流速も各断面で一様となるため，河床勾配，水面勾配とエネルギー勾配は等しくなる。ここでは，後述する不等流や非定常流にもつながるようにエネルギー勾配 I_e を用いて表記する。水の密度を ρ，流

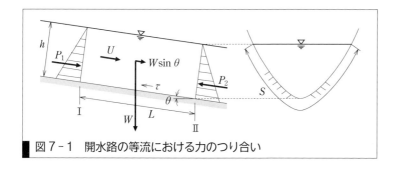

■図7-1 開水路の等流における力のつり合い

水断面積を A とすれば，水の重量の流下方向成分は，

$$W \sin\theta = \rho g A L I_e \qquad 7-2$$

と表される。式7-1，式7-2から次式

$$\rho g A L I_e = \tau L S \qquad 7-3$$

を得る。径深 R を用いて式7-3を整理すると，せん断応力 τ の算定式として

$$\tau = \rho g R I_e \qquad 7-4$$

を得る。ここで，水深 h に対して水路幅 B が十分に広い開水路の場合，以下に示すように径深 R は水深 h で近似できる。

$$R = \frac{A}{S} = \frac{Bh}{B+2h} = \frac{h}{1+2\dfrac{h}{B}} \fallingdotseq h \qquad 7-5$$

この関係から幅の広い開水路におけるせん断応力 τ の算定式として，以下を用いることが多い。

$$\tau = \rho g h I_e \qquad 7-6$$

次に，摩擦速度 u_* を用いるとせん断応力の算定式(7-4，7-6)は以下の式で表現できる。

$$\tau = \rho u_*^2 \qquad 7-7$$

また，4章で学習したダルシー–ワイズバッハの式を変形すると，せん断応力と平均流速 U に関して以下の関係を得る。

$$\tau = \frac{f}{8} \rho U^2 \qquad 7-8$$

式7-7と式7-8から

$$\frac{U}{u_*} = \sqrt{\frac{8}{f}} = \varphi \qquad 7-9$$

となる。ここに，φ は流速係数である。実際の河川では，底面や側面が

石・砂・植生・コンクリートなどさまざまな材料で構成されることが多く，摩擦損失係数でこれらを評価することは難しいため，以下の平均流速公式が広く利用される。

2. 対数則による平均流速公式　管路の流れ(4章)の流速分布と同様に，開水路の流れにおいても流速分布が発生する。幅の広い長方形開水路断面内の流速分布は，図7-2に示すように底面と壁面付近で摩擦の影響により流速が遅く，断面中央部の水面付近で流速は最大となる[*2]。

*2
+α プラスアルファ
水路幅が狭い水路の場合は，水路中央部の最大流速の位置が水表面よりも若干下側に発生する。

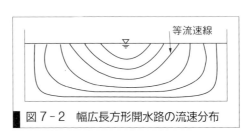

図7-2　幅広長方形開水路の流速分布

開水路の断面中央付近では，底面から水面までのせん断応力分布は直線分布となり，流速分布も対数則で表すことができるため，管路の流れの流速分布式が開水路の流れにも適用できる。

滑面流速分布　　$\dfrac{u}{u_*} = 5.5 + 5.75 \log_{10} \dfrac{u_* z}{\nu}$ 　　　　7-10

粗面流速分布　　$\dfrac{u}{u_*} = 8.5 + 5.75 \log_{10} \dfrac{z}{k_s}$ 　　　　7-11

管路の流れと同様に上式の流速分布式から平均流速 U を求める。開水路の流れにおける底面から水面までの平均流速 U は，水深を h として式7-12で定義される。

$$\dfrac{U}{u_*} = \dfrac{1}{h} \int_0^h \dfrac{u}{u_*} dz$$ 　　　　7-12

式7-12に滑面・粗面の流速分布式を代入し，整理すると以下の平均流速公式が求まる。

滑面平均流速　　$\dfrac{U}{u_*} = 3.0 + 5.75 \log_{10} \dfrac{u_* h}{\nu}$ 　　　　7-13

粗面平均流速　　$\dfrac{U}{u_*} = 6.0 + 5.75 \log_{10} \dfrac{h}{k_s}$ 　　　　7-14

3. 経験則による平均流速公式　ここでは，平均流速公式のなかでも，実用的に広く用いられるシェジーの式とマニングの式について記述する。

式7-9において摩擦速度を重力 g，径深 R，エネルギー勾配 I_e を用いて書き換えると，以下の式

$$U = \sqrt{\frac{8}{f}}\sqrt{gRI_e} = \sqrt{\frac{8g}{f}}\sqrt{RI_e} \qquad 7-15$$

を得る。上式の $\sqrt{\frac{8g}{f}}$ をシェジーの流速係数 C で置き換えると，以下の平均流速公式

$$U = C\sqrt{RI_e} \qquad 7-16$$

を得る。式7-16がシェジーの式である。マニング(Manning)は，シェジーの流速係数 C をマニングの粗度係数 n と径深 R を用いて[*3]

$$C = \frac{1}{n} R^{\frac{1}{6}} \qquad 7-17$$

と表した。上式は，式7-9の流速係数 φ を以下のように表現したことになる。

$$\varphi = \sqrt{\frac{8}{f}} = \frac{1}{n\sqrt{g}} R^{\frac{1}{6}} \qquad 7-18$$

式7-18を式7-9に代入すると，以下の平均流速公式が得られる。

$$U = \frac{R^{\frac{1}{6}}}{n\sqrt{g}}\sqrt{gRI_e} = \frac{1}{n} R^{\frac{2}{3}} I_e^{\frac{1}{2}} \qquad 7-19$$

式7-19がマニングの式である[*4]。幅の広い開水路の場合は，式7-5の関係から水深 h を用いて以下のようにも書かれる。

$$U = \frac{1}{n} h^{\frac{2}{3}} I_e^{\frac{1}{2}} \qquad 7-20$$

マニングの粗度係数 n は，表4-2に示すように河川では底面を構成する材料などを考慮して決定される[*5]。ここで，マニングの式を用いて計算する際には単位に注意する必要がある。表4-2に示すマニングの粗度係数 n の単位は $[\mathrm{m}^{-\frac{1}{3}} \cdot \mathrm{s}]$ である。したがって，径深 R や水深 h は m で計算しなければならない[*6]。

マニングの式に流水断面積 A を掛ければ流量が求まる。

$$Q = A \frac{1}{n} R^{\frac{2}{3}} I_e^{\frac{1}{2}} \qquad 7-21$$

例題 7-1-1 図に示す2つの断面条件において流水が等流で流れている。径深 R，断面平均流速 U，流量 Q をそれぞれ求めよ。

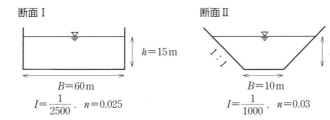

*3 工学ナビ
マニングは，レイノルズ数が大きい流れではシェジーの流速係数 C は，水路の粗度と形状(代表値として径深)のみで評価できると考え，式7-17を設定した。

*4 Don't Forget!!
マニングの式はよく使うので覚えておこう！

*5 工学ナビ
粗度係数は底面の抵抗を評価するための指標であり，底面を構成する材料(コンクリート，石・砂，草本)や底面の凹凸形状を考慮して決定される。橋脚や堰などの大きな構造物や樹木などは，流れに対して形状抵抗で作用するため，河道設計を行う場合には粗度係数とは別にこれらの抵抗を評価する式を用いる。

*6 Let's TRY!!
マニングの粗度係数 n を $[\mathrm{cm} \cdot \mathrm{s}]$ に変換するには $[\mathrm{m} \cdot \mathrm{s}]$ に 0.215 を掛ければよい。この数値の根拠を確かめてみよう。

解答 断面 I の場合の径深 R, 平均流速 U, 流量 Q はそれぞれ以下のように求められる。

$$R = \frac{A}{S} = \frac{60 \times 15}{60 + 2 \times 15} = 10.0 \text{ m}$$

$$U = \frac{1}{n} R^{\frac{2}{3}} I^{\frac{1}{2}} = \frac{1}{0.025} 10^{\frac{2}{3}} \left(\frac{1}{2500}\right)^{\frac{1}{2}} = 3.71 \text{ m/s}$$

$$Q = AU = 60 \times 15 \times 3.71 = 3340 \text{ m}^3/\text{s}$$

断面 II の場合の径深 R, 平均流速 U, 流量 Q はそれぞれ以下のように求められる。

$$R = \frac{A}{S} = \frac{(10+26) \times \frac{8}{2}}{10 + 2 \times 8\sqrt{2}} = 4.41 \text{ m}$$

$$U = \frac{1}{n} R^{\frac{2}{3}} I^{\frac{1}{2}} = \frac{1}{0.03} 4.41^{\frac{2}{3}} \left(\frac{1}{1000}\right)^{\frac{1}{2}} = 2.83 \text{ m/s}$$

$$Q = AU = (10+26) \times \frac{8}{2} \times 2.83 = 408 \text{ m}^3/\text{s}$$

7-1-2 等流の計算

1. 幅の広い開水路の等流水深　前項では，等流状態において水路幅や水深，勾配，粗度が既知である場合の断面平均流速の求め方をおもに学習した。しかし，水路設計では，逆に流量が定められた状況において，断面内を流下する水深を算定しなければならない場合も多い。等流状態における水深を等流水深と呼ぶ。ここでは，マニングの式を利用した等流水深の計算方法を説明する。幅の広い開水路におけるマニングの式(式7-20)の水深 h を等流水深 h_0 と置き換える。これに断面積 Bh_0 を掛けると以下の式となる。

$$Q = Bh_0 \frac{1}{n} h_0^{\frac{2}{3}} I_e^{\frac{1}{2}} \qquad\qquad 7-22$$

上式を h_0 について整理すると，以下の等流水深の式を得る[7]。

$$h_0 = \left(\frac{nQ}{BI_e^{\frac{1}{2}}}\right)^{\frac{3}{5}} \qquad\qquad 7-23$$

また，単位幅流量 q を用いて上式を書き換えると，以下のようになる。

$$h_0 = \left(\frac{nq}{I_e^{\frac{1}{2}}}\right)^{\frac{3}{5}} \qquad\qquad 7-24$$

上式から流量と粗度を一定にした場合，緩勾配になれば水深が大きくなり，逆に急勾配になれば水深が小さくなることがわかる。

[7]
Don't Forget!!

等流水深の式はよく使われる式なので，覚えておこう！

例題 7-1-2 水路勾配 $\frac{1}{100}$ と $\frac{1}{1000}$ の2つの水路がある。マニングの粗度係数 n が 0.025，単位幅流量 q が 3.0 m²/s のとき，それぞれの等流水深を求めよ。

解答 水路勾配 $\frac{1}{100}$ の等流水深は，以下のように求められる。

$$h_0 = \left(\frac{0.025 \times 3.0}{\sqrt{\frac{1}{100}}} \right)^{\frac{3}{5}} = 0.841 \text{ m}$$

次に，水路勾配 $\frac{1}{1000}$ の等流水深は，以下のように求められる。

$$h_0 = \left(\frac{0.025 \times 3.0}{\sqrt{\frac{1}{1000}}} \right)^{\frac{3}{5}} = 1.68 \text{ m}$$

2. 水路の形状要素と水理特性曲線 径深 R を水深 h で近似することができない幅が狭い長方形断面や台形断面，下水管に見られる円形断面などでは，あらかじめ各水路形状に適した形状要素（水面幅，潤辺，流水断面積，径深，水深）を算定する式を作成しておくと便利である。

図7-3に示す各断面形状の形状要素を求める。まず，幅の狭い長方形断面については，以下のようになる。

水面幅　　$B = b$　　　　　　　　　　　　　　7-25

潤辺　　　$S = B + 2h$　　　　　　　　　　　7-26

流水断面積　$A = Bh$　　　　　　　　　　　7-27

径深　　　$R = \dfrac{Bh}{B + 2h}$　　　　　　　　　7-28

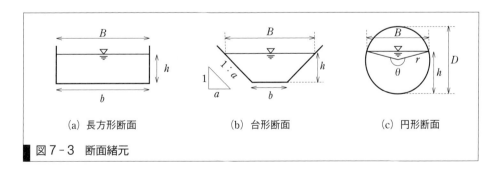

図7-3　断面諸元

(a) 長方形断面　　(b) 台形断面　　(c) 円形断面

水深の算定に関しては，流量 Q，粗度係数 n，勾配 I，水路幅 B が与えられる場合，式7-21に式7-27と式7-28を代入し水深 h を整理すると以下の式となる。

水深 $\qquad h = \left(\dfrac{nQ}{BI_e^{\frac{1}{2}}}\right)^{\frac{3}{5}}\left(1+2\dfrac{h}{B}\right)^{\frac{2}{5}}$ $\qquad$ 7−29

上式には，両辺に h が含まれるため，両辺の h の値が同値になるまで繰り返し計算（収束計算）を行う必要がある[*8]。また，上式は幅が十分に広くなれば式 7−23 と等しくなる。

次に台形断面の式は，以下のようになる。

水面幅 $\qquad B = b+2ah$ $\qquad$ 7−30

潤辺 $\qquad S = b+2\sqrt{1+a^2}\,h$ $\qquad$ 7−31

流水断面積 $\quad A = h(b+ah)$ $\qquad$ 7−32

径深 $\qquad R = \dfrac{h(b+ah)}{b+2\sqrt{1+a^2}\,h}$ $\qquad$ 7−33

水深の算定式は，長方形断面と同様に式 7−21 に，式 7−32 と式 7−33 を代入し，水深 h について整理すると以下の式を得る。

水深 $\qquad h = \left(\dfrac{nQ}{bI_e^{\frac{1}{2}}}\right)^{\frac{3}{5}}\dfrac{\left(1+\dfrac{2\sqrt{1+a^2}\,h}{b}\right)^{\frac{2}{5}}}{1+\dfrac{ah}{b}}$ $\qquad$ 7−34

長方形断面の式 7−29 と同様，両辺の h を満たす値を収束計算により求める必要がある。上式において $a=0$ とすれば長方形断面の式と一致する。

円形断面の場合，図 7−3(c) のように管路の直径を D，内部角を θ（ラジアン単位）とすると各形状要素の式は以下のようになる。

水面幅 $\qquad B = D\sin\dfrac{\theta}{2}$ $\qquad$ 7−35

潤辺 $\qquad S = \dfrac{D}{2}\theta$ $\qquad$ 7−36

流水断面積 $\quad A = \dfrac{D^2}{8}(\theta-\sin\theta)$ $\qquad$ 7−37

径深 $\qquad R = \dfrac{D}{4}\left(1-\dfrac{\sin\theta}{\theta}\right)$ $\qquad$ 7−38

水深 $\qquad h = \dfrac{D}{2}\left(1-\cos\dfrac{\theta}{2}\right)$ $\qquad$ 7−39

円管水路の特徴として，管路の流しうる最大流量は，抵抗との関係で流水断面積が最大となる満水状態（管路の流れ）で生じるのではなく，それよりも水深がやや低い状況で生じる。したがって，流量と水深は比例

[*8]

＋α プラスアルファ

式 7−29 のように，直接，解を得られない数式は，今後，多く触れることになると思う。収束計算（反復計算）は，このような数式を解くうえで，便利な手法である。

ここでは単純な収束計算の手順を以下に記載する。

1. 右辺 h に仮定値を入れ，右辺の計算を行う。ここで算定された水深を h' とする。

2. $|h'-h|<\varepsilon$ となる収束許容誤差 ε を決めておき，収束判定を行う。

3. 誤差を満たさない場合，h' を新たな h として右辺の計算を行い，上述の手順を繰り返す。

4. 誤差を満たせば，得られた水深 h が数式の解となる。このような手法以外にも，ニュートン法など，収束解を得るための手法がある。

関係にならず，長方形，台形断面に比べ計算が複雑となる。

円形断面の水深管径比 $\frac{h}{D}$ に対し各形状要素および平均流速・流量がどのような関係にあるのかをあらかじめ求めておけば，理解が深まり計算にも役立てられる。満水状態の各値 (S_0, A_0, R_0, U_0, Q_0) を基準として，$\frac{S}{S_0}$, $\frac{A}{A_0}$, $\frac{R}{R_0}$, $\frac{U}{U_0}$, $\frac{Q}{Q_0}$ を求めると以下のようになる。

潤辺　　　$\dfrac{S}{S_0} = \dfrac{\dfrac{D}{2}\theta}{\pi D} = \dfrac{\theta}{2\pi}$　　　　　　　　　　7-40

流水断面積　$\dfrac{A}{A_0} = \dfrac{\dfrac{D^2}{8}(\theta - \sin\theta)}{\dfrac{\pi D^2}{4}} = \dfrac{1}{2\pi}(\theta - \sin\theta)$　　7-41

径深　　　$\dfrac{R}{R_0} = \dfrac{\dfrac{D}{4}\left(1 - \dfrac{\sin\theta}{\theta}\right)}{\dfrac{D}{4}} = 1 - \dfrac{\sin\theta}{\theta}$　　　7-42

流速　　　$\dfrac{U}{U_0} = \dfrac{\dfrac{1}{n}\left(\dfrac{D}{4}\left(1 - \dfrac{\sin\theta}{\theta}\right)\right)^{\frac{2}{3}} I^{\frac{1}{2}}}{\dfrac{1}{n}\left(\dfrac{D}{4}\right)^{\frac{2}{3}} I^{\frac{1}{2}}} = \left(1 - \dfrac{\sin\theta}{\theta}\right)^{\frac{2}{3}}$　　7-43

流量　　　$\dfrac{Q}{Q_0} = \dfrac{A}{A_0}\dfrac{U}{U_0} = \dfrac{1}{2\pi}(\theta - \sin\theta)\left(1 - \dfrac{\sin\theta}{\theta}\right)^{\frac{2}{3}}$　　7-44

式 7-39 から θ と水深管径比 $\frac{h}{D}$ との関係は，

$$\theta = 2\cos^{-1}\left(1 - \frac{2h}{D}\right) \qquad 7\text{-}45$$

となり，式 7-40 ～式 7-44 に式 7-45 を代入し整理すると図 7-4 の関係が得られる。この曲線を水理特性曲線という[*9]。

*9
Don't Forget!!
水理特性曲線は便利な考え方であるため，覚えておこう！

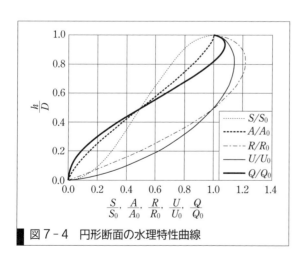

図 7-4　円形断面の水理特性曲線

例題 7-1-3 底面幅 $b = 30$ m，側壁勾配 $1:a = 1:2$ の台形断面水路があり，水深 $h = 4$ m で水が流れている。また，粗度係数 $n = 0.02$，河床勾配 $I = \dfrac{1}{1000}$ である。流水断面積 A，潤辺 S および径

深 R を求めよ。さらに，水路を流れる流量がいくらとなるか求めよ。

解答 流水断面積 A，潤辺 S，径深 R はそれぞれ以下のように求められる。

流水断面積 $\quad A = h(b+ah) = 4 \times (30 + 2 \times 4) = 152 \text{ m}^2$

潤辺 $\quad S = b + 2\sqrt{1+a^2}\,h = 30 + 2\sqrt{1+2^2} \times 4 = 47.9 \text{ m}$

径深 $\quad R = \dfrac{A}{S} = \dfrac{152}{47.9} = 3.17 \text{ m}$

マニングの式を用いて，流量は以下のように算定される。

流量 $\quad Q = A \dfrac{1}{n} R^{\frac{2}{3}} I^{\frac{1}{2}} = 152 \times \dfrac{1}{0.02} \times 3.17^{\frac{2}{3}} \times \left(\dfrac{1}{1000}\right)^{\frac{1}{2}}$
$\qquad\qquad = 519 \text{ m}^3/\text{s}$

7-**1**-**3** 水理学的に有利な断面

長方形断面や台形断面において，流水断面積，勾配，粗度が一定である場合に最大の流量を流しうる断面形状を水理学的に有利な断面という[10]。

まず，長方形断面について考える。式 7-21 において，流水断面積 A，粗度係数 n および勾配 I が一定の場合，最大流量は径深 R が最大の場合に生じる。流水断面積 A が一定のもとで径深 R が最大となる条件は，潤辺 S が最小となる場合であり，そのときの水深 h と水路幅 B の関係を求めると，

$$S = B + 2h = \frac{A}{h} + 2h \qquad\qquad 7-46$$

$$\frac{dS}{dh} = -\frac{A}{h^2} + 2 = -\frac{B}{h} + 2 = 0 \qquad\qquad 7-47$$

$$B = 2h \qquad\qquad 7-48$$

となる。したがって，長方形断面では水路幅 B に対して水深 h が半分の場合，水理学的に有利な断面といえる[11]。

次に，台形断面について考える。長方形断面と同様，潤辺 S が最小となる条件を検討する。

$$S = b + 2\sqrt{1+a^2}\,h = \frac{A}{h} - ah + 2\sqrt{1+a^2}\,h \qquad\qquad 7-49$$

$$\frac{dS}{dh} = -\frac{A}{h^2} - a + 2\sqrt{1+a^2} = 0 \qquad\qquad 7-50$$

---

*10
Don't Forget!!

水理学的に有利な断面は重要な考え方であるため，しっかり理解しよう！

*11
工学ナビ

実際の河道断面を設計するうえでは，この考え方以外にもさまざまな状況を想定する必要がある。水理学的に有利な断面は，流量を流すという目的においては有効であるが，一方で流速が最大となるため，最大流速による河道への影響を想定する必要がある。流速が大きくなれば，土砂移動の活発化，構造物への流体力の増加など，災害が発生する危険性が高まる。また，近年では自然環境に配慮した川づくりが活発に行われるようになり，魚や植物などの生息環境としても流速の速い川は望ましくない。治水と環境の両面から見て望ましい河道断面形状を設計することが求められる。

$$h^2 = \frac{A}{2\sqrt{1+a^2}-a} \qquad 7-51$$

式 7-51 の関係を式 7-32 に代入し，底面幅 b について整理すると，

$$b = 2h\left(\sqrt{1+a^2}-a\right) \qquad 7-52$$

となる．また，式 7-49 に式 7-51 を代入し，潤辺 S について整理すると，以下の式を得る．

$$S = 2h\left(2\sqrt{1+a^2}-a\right) \qquad 7-53$$

式 7-53 において潤辺 S を最小にする条件を導くと，

$$\frac{dS}{da} = 2h\left(2\frac{a}{\sqrt{1+a^2}}-1\right) = 0 \qquad 7-54$$

$$a = \frac{1}{\sqrt{3}} \qquad 7-55$$

が得られる．式 7-55 を式 7-52 に代入すると，以下の関係を得る．

$$b = \frac{2}{\sqrt{3}}h \qquad 7-56$$

式 7-55 と式 7-56 から，台形断面における水理学的に有利な断面は，正六角形の下半分の形状となることがわかる．

演習問題 A　基本の確認をしましょう

7-1-A1　図のような台形断面水路があり，流量 $Q=100 \text{ m}^3/\text{s}$ が流れているときの水深 h を求めよ．ただし，粗度係数 0.025，水路勾配 $\dfrac{1}{300}$ である．

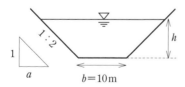

7-1-A2　図に示す円形断面水路を流れる流量を求めよ．ただし，粗度係数 0.015，水路勾配 $\dfrac{1}{500}$ である．

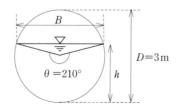

演習問題　B　もっと使えるようになりましょう

7-1-B1　図のような複断面河川があり，低水路粗度係数 $n_1=0.02$，高水敷粗度係数 $n_2=0.04$，河床勾配 $\dfrac{1}{2000}$ である。このときの流量を求めよ。

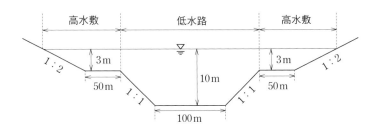

7-1-B2　図のような円形断面水路で流量 $8\,\mathrm{m}^3/\mathrm{s}$ を管径 D の 7 割の水深で流すようにするには，水路勾配をいくらにすればよいか求めよ。ただし，管の粗度係数は 0.022 である。

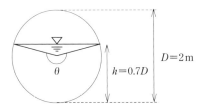

7-1-B3　水路勾配 $\dfrac{1}{1000}$，粗度係数 0.02 の台形断面水路に流量 $500\,\mathrm{m}^3/\mathrm{s}$ を流したい。水理学的に有利な断面となる水深 h と水面幅 B を求めよ。

あなたがここで学んだこと

この節であなたが到達したのは

☐ 開水路の等流（平均流速公式，等流水深）について説明できる

☐ 水理特性曲線と水理学的に有利な断面について説明できる

　本節では，開水路設計の基礎となる等流の計算法について学習した。開水路設計においては，流下目標となる流量（計画流量）を安全に流しうる断面形状について検討する必要がある。流量と流水断面積との関係において，抵抗（粗度）が重要な役割を果たすことを学習したが，さまざまな材料で一つ一つの断面が構成される実際の河川では，抵抗評価が難しい場合が多い。このような場合，蓄積された多くの経験と，数値解析による最新技術の融合により，抵抗（粗度）の検討が行われ，開水路設計に反映される。また，近年では環境や親しみやすさ（景観・親水性など）に配慮した開水路設計が求められ，その分，広い分野の知識と技術が必要となってきている。

7 2 開水路の不等流

予習 授業の前にやっておこう‼

　開水路の不等流の運動方程式は，ベルヌーイの定理を用いて導出され，

$$\frac{dz}{dx}+\frac{dh}{dx}+\frac{d}{dx}\left(\frac{U^2}{2g}\right)+\frac{n^2U^2}{R^{\frac{4}{3}}}=0$$

となる。ここに，U：流速，h：水深，z：河床高であり，左辺第4項はマニングの式による抵抗を表す。7−1節で学習した等流では，流下方向の水深・流速が変化しないため，河床勾配，水面勾配およびエネルギー勾配が同値であり，上式のうち左辺第1項，第2項が消え，第3項を $-I_b$ とおけばマニングの平均流速式が導かれる。そのため，等流ではマニングの式など断面平均流速（流量）の式が運動方程式の役割を果たし，議論の中心となっていた。しかし，不等流では，水深・流速が場所的に変化する状況を対象とするため，河床勾配，水面勾配およびエネルギー勾配は同値とならず，上式の運動方程式をそのまま用いた検討が必要となる。

---

1. 上述の運動方程式の中で河床勾配，水面勾配およびエネルギー勾配は，それぞれどの部分であるかを示せ。

WebにLink
予習問題解答

2. 等流水深と限界水深が一致するときの勾配を限界勾配と呼び，常流・射流を判断する一つの指標となる。マニングの式から導出された等流水深の式と限界水深の式を用いて限界勾配の式を導出せよ[*1]。

7-2-1 不等流の基礎方程式

　開水路の不等流の基礎方程式を図7−5に示す関係から導出する。図7−5の断面Ⅰおよび断面Ⅱにベルヌーイの定理を適用すると

$$z_1+h_1+\frac{\alpha U_1^2}{2g}=z_2+h_2+\frac{\alpha U_2^2}{2g}+\Delta h_L \qquad 7-57$$

となる。ここで，α はエネルギー補正係数であり，実用計算では $\alpha=1$ として扱われる。上式の両辺をまとめ，区間長 Δx で割ると以下のようになる。

$$\frac{1}{\Delta x}(z_2-z_1)+\frac{1}{\Delta x}(h_2-h_1)+\frac{1}{\Delta x}\left(\frac{U_2^2}{2g}-\frac{U_1^2}{2g}\right)+\frac{\Delta h_L}{\Delta x}=0 \quad 7-58$$

式7−58を微分方程式の形で表記すると，以下の式が得られる。

$$\frac{dz}{dx}+\frac{dh}{dx}+\frac{d}{dx}\left(\frac{U^2}{2g}\right)+\frac{dh_L}{dx}=0 \qquad 7-59$$

第1項の $\frac{dz}{dx}$ は河床勾配であり，以下 I_b に置き換えて表記する。また，

[*1]
ヒント

等流水深（式7−24）

$$h_0=\left(\frac{nq}{I_e^{\frac{1}{2}}}\right)^{\frac{3}{5}}$$

限界水深（式6−11）

$$h_c=\left(\frac{q^2}{g}\right)^{\frac{1}{3}}$$

上述の両式がつり合うとき，等流水深に含まれるエネルギー勾配が限界勾配 I_c となる。すなわち，

$$\left(\frac{nq}{I_c^{\frac{1}{2}}}\right)^{\frac{3}{5}}=\left(\frac{q^2}{g}\right)^{\frac{1}{3}}$$

として I_c を求めればよい。

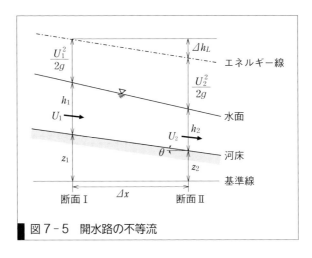

図7-5 開水路の不等流

第4項は摩擦損失勾配(エネルギー勾配 I_e に相当する)であり，シェジーの式およびマニングの式を用いて以下のように表される[*2]。

*2
Don't Forget!!
マニングの式を用いたエネルギー勾配の評価は実用計算でもよく使われるため，覚えておこう。

シェジーの式　　$\dfrac{dh_L}{dx} = I_e = \dfrac{U^2}{C^2 R}$　　　　　7-60

マニングの式　　$\dfrac{dh_L}{dx} = I_e = \dfrac{n^2 U^2}{R^{\frac{4}{3}}}$　　　　　7-61

上式を式7-59に代入すると，以下の開水路の不等流の基礎方程式

シェジーの式による抵抗評価

$$-I_b + \dfrac{dh}{dx} + \dfrac{d}{dx}\left(\dfrac{U^2}{2g}\right) + \dfrac{U^2}{C^2 R} = 0 \quad\quad 7\text{-}62$$

マニングの式による抵抗評価

$$-I_b + \dfrac{dh}{dx} + \dfrac{d}{dx}\left(\dfrac{U^2}{2g}\right) + \dfrac{n^2 U^2}{R^{\frac{4}{3}}} = 0 \quad\quad 7\text{-}63$$

を得る。ここに，右辺第1項は加速度勾配，右辺第2・3項は水面勾配，右辺第4項は摩擦勾配をそれぞれ表す。

次に，開水路の不等流の水深変化 $\left(\dfrac{dh}{dx}\right)$ に関する基礎式を求める。断面平均流速 U を連続式の関係から $\dfrac{Q}{A}$ で置き換え，加速度勾配項を変形すると

$$\dfrac{d}{dx}\left(\dfrac{1}{2g}\dfrac{Q^2}{A^2}\right) = \dfrac{Q^2}{2g}\dfrac{d}{dx}\left(\dfrac{1}{A^2}\right) = -\dfrac{Q^2}{gA^3}\dfrac{dA}{dx} \quad 7\text{-}64$$

となる。流水断面積 A の流下方向の変化には，水深 h と水路幅 B がかかわることから，

$$\dfrac{d}{dx}\left(\dfrac{1}{2g}\dfrac{Q^2}{A^2}\right) = -\dfrac{Q^2}{gA^3}\dfrac{dA}{dx} = -\dfrac{Q^2}{gA^3}\left(\dfrac{dA}{dh}\dfrac{dh}{dx} + \dfrac{dA}{dB}\dfrac{dB}{dx}\right) \quad 7\text{-}65$$

となる。式7-65を式7-62，式7-63に代入し，それぞれ $\dfrac{dh}{dx}$ で整理すると，開水路の不等流の水深変化に関する基礎式を得る。

$$\frac{dh}{dx} = \frac{I_b + \frac{Q^2}{gA^3}\frac{dA}{dB}\frac{dB}{dx} - \frac{1}{C^2R}\frac{Q^2}{A^2}}{1 - \frac{Q^2}{gA^3}\frac{dA}{dh}} \qquad 7-66$$

$$\frac{dh}{dx} = \frac{I_b + \frac{Q^2}{gA^3}\frac{dA}{dB}\frac{dB}{dx} - \frac{n^2}{R^{\frac{4}{3}}}\frac{Q^2}{A^2}}{1 - \frac{Q^2}{gA^3}\frac{dA}{dh}} \qquad 7-67$$

7-2-2 一様水路の不等流と水面形状特性

1. 一様水路の不等流の水深変化式　断面形状および水路勾配が一様で，かつ幅の広い長方形水路（$b \gg h$）の水面形状について考える。この場合 $\frac{dB}{dx} = 0$，$\frac{dA}{dh} = B$，$R \fallingdotseq h$ となることから，式7-66および式7-67は，以下のように書き換えられる。

$$\frac{dh}{dx} = I_b\frac{1 - \frac{1}{C^2hI_b}\frac{Q^2}{A^2}}{1 - \frac{Q^2B}{gA^3}} = I_b\frac{1 - \frac{1}{C^2hI_b}\frac{Q^2}{h^2B^2}}{1 - \frac{Q^2}{gh^3B^2}} = I_b\frac{1 - \frac{q^2}{C^2h^3I_b}}{1 - \frac{q^2}{gh^3}} \qquad 7-68$$

$$\frac{dh}{dx} = I_b\frac{1 - \frac{n^2}{h^{\frac{4}{3}}I_b}\frac{Q^2}{A^2}}{1 - \frac{Q^2B}{gA^3}} = I_b\frac{1 - \frac{n^2}{h^{\frac{4}{3}}I_b}\frac{Q^2}{h^2B^2}}{1 - \frac{Q^2}{gh^3B^2}} = I_b\frac{1 - \frac{n^2q^2}{h^{\frac{10}{3}}I_b}}{1 - \frac{q^2}{gh^3}} \qquad 7-69$$

　流れが等流の場合，$\frac{dh}{dx} = 0$ となることから，上式の右辺分子はゼロでなければならない。分子をゼロとすると，シェジーの流速係数およびマニングの粗度係数を用いた等流水深 h_0 の式が導かれる。

$$h = h_0 = \left(\frac{q^2}{C^2I_b}\right)^{\frac{1}{3}} \qquad 7-70$$

$$h = h_0 = \left(\frac{n^2q^2}{I_b}\right)^{\frac{3}{10}} \qquad 7-71$$

　一方，式7-68および式7-69の右辺分母がゼロの場合，限界水深を表し，$\frac{dh}{dx} = \infty$ となる。限界水深 h_c の式は，以下のようになる。

$$h = h_c = \left(\frac{q^2}{g}\right)^{\frac{1}{3}} \qquad 7-72$$

　これら等流水深および限界水深の関係を，式7-68および式7-69に代入し，単位幅流量 q を消去すると，一様水路の不等流の水深変化に関する以下の式を得る。

$$\text{シェジーの式} \quad \frac{dh}{dx} = I_b \frac{1 - \left(\dfrac{h_0}{h}\right)^3}{1 - \left(\dfrac{h_c}{h}\right)^3} \qquad\qquad 7\text{-}73$$

$$\text{マニングの式} \quad \frac{dh}{dx} = I_b \frac{1 - \left(\dfrac{h_0}{h}\right)^{\frac{10}{3}}}{1 - \left(\dfrac{h_c}{h}\right)^3} \qquad\qquad 7\text{-}74$$

2. 水面形状の分類　開水路の流れは，常流か射流かによって流れの特性が異なり，対象とする流れが常流，射流のどちらであるかは，フルード数もしくは等流水深と限界水深の大小関係により判断できることはすでに学習した。ここで，等流水深と限界水深の関係について流量 Q，水路幅 B および粗度が一定の場合について考える。限界水深は式 7-72 に示すように流量の変化にのみ依存するため，この条件下では一定値となる。一方，等流水深は，式 7-70，式 7-71 の水路勾配を徐々に急勾配に変化させると，水深は徐々に小さくなり，常流 $(h_0 > h_c)$ から射流 $(h_0 < h_c)$ へ遷移することがわかる。この遷移過程のなかで，等流水深と限界水深が一致 $(h_0 = h_c)$ する水路勾配が必ず存在する。この勾配のことを限界勾配 I_c という。限界勾配の算定式は，等流水深(式 7-70，式 7-71)と限界水深(式 7-72)が等しいという条件から，以下のようになる。

$$\text{シェジーの式} \quad h_0 = h_c \rightarrow \left(\frac{q^2}{C^2 I_c}\right)^{\frac{1}{3}} = \left(\frac{q^2}{g}\right)^{\frac{1}{3}} \rightarrow I_c = \frac{g}{C^2} \qquad 7\text{-}75$$

$$\text{マニングの式} \quad h_0 = h_c \rightarrow \left(\frac{n^2 q^2}{I_c}\right)^{\frac{3}{10}} = \left(\frac{q^2}{g}\right)^{\frac{1}{3}} \rightarrow I_c = \frac{n^2 g^{\frac{10}{9}}}{q^{\frac{2}{9}}} \qquad 7\text{-}76$$

　限界勾配を用いた開水路の流れの分類として，水路勾配が限界勾配よりも緩い場合 $(I_b < I_c)$ を緩勾配水路，逆に限界勾配よりも急な場合 $(I_b > I_c)$ を急勾配水路という[3]。

　緩勾配水路の条件として $h_0 > h_c$ であるため，式 7-73，式 7-74 から以下の関係が得られる。

$$h > h_0 > h_c \rightarrow \frac{dh}{dx} > 0 \quad \cdots\cdots (M_1) \qquad\qquad 7\text{-}77$$

$$h_0 > h > h_c \rightarrow \frac{dh}{dx} < 0 \quad \cdots\cdots (M_2) \qquad\qquad 7\text{-}78$$

$$h_0 > h_c > h \rightarrow \frac{dh}{dx} > 0 \quad \cdots\cdots (M_3) \qquad\qquad 7\text{-}79$$

　上記の $M_1 \sim M_3$ は緩勾配水路の水面形状を表す曲線名であり，図 7-6 にそれぞれの水面形状を示す。ここで，M_1 曲線のように流下方向に

[3]
***Don't* Forget!!**

限界勾配を境界として，緩勾配水路と急勾配水路に分けられることを，覚えておこう！

水深が増加するものを堰上げ背水曲線，M_2 曲線のように流下方向に水深が減少するものを低下背水曲線という[*4]。

*4
Don't Forget!!
堰上げ背水曲線および低下背水曲線の両者の違いを，しっかりと理解しよう！

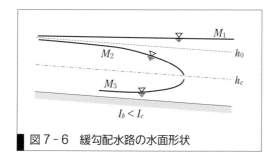

図7-6　緩勾配水路の水面形状

急勾配水路では $h_0 < h_c$ であるため，式7-73，式7-74から以下の関係

$$h > h_c > h_0 \rightarrow \frac{dh}{dx} > 0 \quad \cdots\cdots (S_1) \qquad 7-80$$

$$h_c > h > h_0 \rightarrow \frac{dh}{dx} < 0 \quad \cdots\cdots (S_2) \qquad 7-81$$

$$h_c > h_0 > h \rightarrow \frac{dh}{dx} > 0 \quad \cdots\cdots (S_3) \qquad 7-82$$

が得られる。上記の $S_1 \sim S_3$ は，急勾配水路の水面形状を表す曲線名であり，図7-7にそれぞれの水面形状を示す。

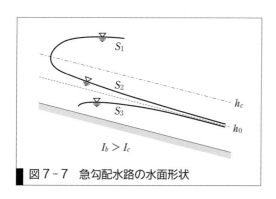

図7-7　急勾配水路の水面形状

一様断面水路の水面形状の一例を図7-8および図7-9に示す。図には，等流水深 h_0 と限界水深 h_c を示し，ゲートにより限界水深よりも低い位置まで水路が仕切られ，また下流端は段落ちとなる状況の水面形状を示す。

まず，緩勾配水路では，ゲートによる形状抵抗によりゲート上流は堰上げが生じ，等流水深から堰上げ水位に接続するために M_1 曲線の水面形状となる。ゲート下流部では，限界水深よりも小さくおさえられた水深から等流水深に接続するために，M_3 曲線ののち，跳水により等流水深に接続する。下流端は段落ちとなるため，M_2 曲線により等流水深か

ら下流端限界水深へと遷移する。

次に，急勾配水路の事例では，上流端に貯水池を有するため S_2 曲線により等流水深へと遷移する。その下流ではゲートによる形状抵抗により水位が S_1 曲線まで達するため，跳水をともなう水面形状となる。ゲート下流部では，S_3 曲線により等流水深に遷移する[*5]。

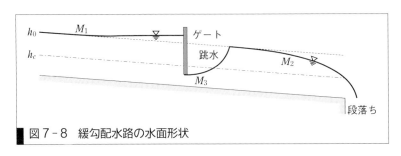

図 7-8 緩勾配水路の水面形状

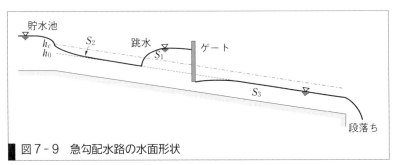

図 7-9 急勾配水路の水面形状

> [*5] 工学ナビ
> ダムゲートから放出された流水は，大きな落差を持つスロープ上を一気に流れ落ちる（射流）。この勢いのある流れをそのまま下流河道に流すと，下流河道が大きく洗掘を受け，その影響がのちにダム本体に影響することが想定される。そのため，スロープの下流側に副ダムが通常設置される。副ダムによって跳水を発生させ，射流から常流へ変化させて勢いを減衰し，下流河道に影響が出ないように設計されている。ダムに行く機会があれば，下流側に設置された副ダムも見てほしい。

勾配変化点を有する水面形状の一例を，図 7-10 および図 7-11 に示す。まず，図 7-10 に示す緩勾配水路から急勾配水路に接続される場合，常流から射流へ遷移する過程において勾配変化点で限界水深となり，M_2 曲線から S_2 曲線に遷移する。限界水深を境界として上下流の水面形が決められることから，限界水深の断面が支配断面となる。

図 7-11 に示す急勾配水路から緩勾配水路への接続では，射流から常流へ遷移する過程において水面形は跳水により接続される。跳水の発生位置は，下流側の水深（図 7-11 の例では緩勾配部の等流水深 h_{02}）と急勾配部の等流水深 h_{01} をもとに計算される共役水深 h_2 との大小関係で決まる。図に示すように $h_2 < h_{02}$ であれば跳水は急勾配部で生じ，S_1

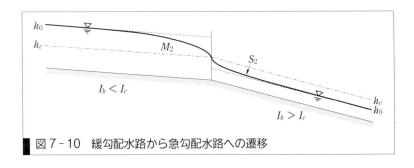

図 7-10 緩勾配水路から急勾配水路への遷移

曲線をともなう水面形となる。逆に，$h_2 > h_{02}$ であれば跳水は緩勾配部で生じ，M_3 曲線をともなう水面形となる。

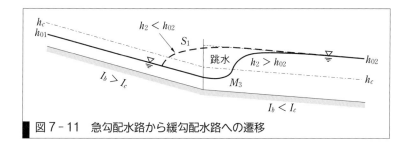

図 7-11 急勾配水路から緩勾配水路への遷移

例題 7-2-1 河床勾配 $\dfrac{1}{50}$ の水路 I と河床勾配 $\dfrac{1}{2000}$ の水路 II が接続し，単位幅流量 $3\,\mathrm{m}^2/\mathrm{s}$ が流れている。両水路とも，幅の広い長方形断面であり，粗度係数は 0.02 である。また，両水路は十分に長く，下流端水深は水路 II の等流水深 h_{02} であるとして，以下の問いに答えよ。

(1) 限界勾配 I_c を算定し，水路 I および水路 II が急勾配水路，緩勾配水路のどちらであるか示せ。

(2) 各水路の等流水深 h_{01}, h_{02} および限界水深 h_c を求めよ。

(3) 跳水がどちらの水路内で発生するか検討し，水面形状の概略を示せ。

解答 (1) 限界勾配 I_c は，以下のように算定される。

$$I_c = \dfrac{n^2 g^{\frac{10}{9}}}{q^{\frac{2}{9}}} = \dfrac{0.02^2 \times 9.8^{\frac{10}{9}}}{3^{\frac{2}{9}}} = 0.004 = \dfrac{1}{250}$$

したがって，水路 I は急勾配水路 ($I_c < I_b$)，水路 II は緩勾配水路 ($I_c > I_b$) となる。

(2) 等流水深 h_{01}, h_{02} および限界水深 h_c は，以下のように算定される。

$$h_{01} = \left(\dfrac{n^2 q^2}{I_{b1}}\right)^{\frac{3}{10}} = \left(\dfrac{0.02^2 \times 3^2}{\dfrac{1}{50}}\right)^{\frac{3}{10}} = 0.598\,\mathrm{m}$$

$$h_{02} = \left(\dfrac{n^2 q^2}{I_{b2}}\right)^{\frac{3}{10}} = \left(\dfrac{0.02^2 \times 3^2}{\dfrac{1}{2000}}\right)^{\frac{3}{10}} = 1.81\,\mathrm{m}$$

$$h_c = \left(\dfrac{q^2}{g}\right)^{\frac{1}{3}} = \left(\dfrac{3^2}{9.8}\right)^{\frac{1}{3}} = 0.972\,\mathrm{m}$$

(3) 急勾配水路の等流水深 h_{01} を用いて共役水深 h_2 を求める。

$$F_{r1} = \dfrac{\dfrac{q}{h}}{\sqrt{gh}} = \dfrac{\dfrac{3}{0.6}}{\sqrt{9.8 \times 0.6}} = 2.06$$

$$h_2 = \dfrac{h_{01}}{2}\left(-1 + \sqrt{1 + 8F_{r1}^2}\right) = \dfrac{0.6}{2}\left(-1 + \sqrt{1 + 8 \times 2.06^2}\right) = 1.47\,\mathrm{m}$$

上式の結果から $h_2 < h_{02}$ であるため，跳水は水路Ⅰ内で生じ，S_1 曲線をともなう水面形が現れる。水面形状を描くと図のようになる。

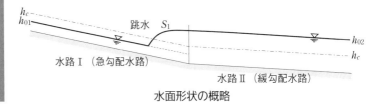

水面形状の概略

7-2-3 不等流における水面形計算法

実際の河川のように水路幅（川幅），水路勾配（河床勾配）および粗度が，場所ごとに変化する状況では，開水路の不等流の基礎方程式を用いて水面形状を計算する標準逐次計算法が一般的に用いられる。基礎方程式の抵抗評価としてはマニングの粗度係数が一般的であるため，式7-63が用いられる。以下に，常流の場合を想定し，計算式および計算手順の説明を記述する[*6]。まず，式7-63の断面平均流速 U を $\frac{Q}{A}$ に置き換えた形

$$-I_b + \frac{dh}{dx} + \frac{d}{dx}\left(\frac{Q^2}{2gA^2}\right) + \frac{n^2Q^2}{R^{\frac{4}{3}}A^2} = 0 \qquad 7-83$$

で表記する。これを，図7-5の断面Ⅰ，断面Ⅱ間の差分表示に直す。

$$\left(z_1 + h_1 + \frac{Q^2}{2gA_1^2}\right) - \left(z_2 + h_2 + \frac{Q^2}{2gA_2^2}\right) = \frac{1}{2}\left(\frac{n^2Q^2}{R_2^{\frac{4}{3}}A_2^2} + \frac{n^2Q^2}{R_1^{\frac{4}{3}}A_1^2}\right)\Delta x \qquad 7-84$$

上式の中で上流側断面Ⅰの水深 h_1 が未知数であり，それにかかわる諸量（R_1, A_1）も未知数である。$K^2 = \frac{A^2 R^{\frac{4}{3}}}{n^2}$ とし，上式を h_1 でまとめると，以下の式を得る。

$$h_1 = (h_2 + z_2) + \left(\frac{1}{2gA_2^2} - \frac{1}{2gA_1^2}\right)Q^2 + \left(\frac{1}{K_2^2} + \frac{1}{K_1^2}\right)Q^2 \frac{\Delta x}{2} - z_1 \qquad 7-85$$

式7-85は，両辺に h_1 にかかわる諸量を含むため直接解を得ることはできない。上述のように反復による標準逐次計算法により解を導く。具体的な計算手順を以下に示す。

① この値を h_i とする。

② h_i と仮定値 h_1 の差が許容範囲 ε 以下（$|h_i - h_1| \leq \varepsilon$）であれば得られた h_i を求める断面Ⅰでの水深 h_1 として，次の上流側断面の計算に進む。

③ $|h_i - h_1| \geq \varepsilon$ であれば，次の仮定値に h_i を代入し（$h_1 = h_i$），収束条件（$|h_i - h_1| \leq \varepsilon$）を満たすまで計算を繰り返す。

[*6] **Don't Forget!!**
水面形状の計算のなかで最も重要な注意点について記載する。それは対象とする流れが常流か射流かによって境界条件および計算方向が異なることである。常流の場合の水面形状は，下流端水位の影響を受けて決まるため，下流端水位を既知数として境界条件に与え，上流側に向かって計算を順次進め水面形状を計算する。一方，射流の場合，水面形状は上流端水位の影響を受けるため，上流端水位を境界条件として下流側に向かって計算を進め，解を得る必要がある。計算を行う流れ場が常流・射流のどちらであるかを判断したうえで，計算を始めることが必要となる。境界条件および計算方向以外の計算方法に関しては，常流・射流どちらも同じである。

例題 7-2-2 図のように下流端が段落ちになっている水路幅 100 m，河床勾配 $\frac{1}{500}$，粗度係数 0.03 の幅の広い長方形緩勾配水路に流量 200 m³/s が流れている。下流端（断面 A）の水深（限界水深）が $h_A = 0.75$ m であるとき，断面 B～E の水深を標準逐次計算法により求めよ。ただし，水路幅が広い条件であるため径深 R は水深 h で近似できる（式 7-5）ものとし，繰り返し計算の収束条件 ε は 0.0001 m とする。また，基準面（$z=0$ の高さ）は下流端の水路床の高さとする。

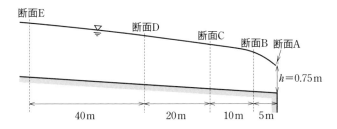

解答 初めに，等流水深を確認しておけば，計算間違いを少なくすることができる。すなわち，対象とする流れは M_2 曲線の水面形状であり，上流に向かい等流水深へと徐々に近づくが，等流水深を上回ることはないため，その確認ができる。

$$h_0 = \left(\frac{nQ}{BI_e^{\frac{1}{2}}} \right)^{\frac{3}{5}} = \left(\frac{0.03 \times 200}{100 \times \sqrt{\frac{1}{500}}} \right)^{\frac{3}{5}} = 1.193 \text{ m}$$

まず，断面 B の初期仮定水深を $h_B = 0.8$ m とし，式 7-85 の 1 回目の計算を行う（図 7-5 および式 7-85 の上流断面 I を断面 B，下流断面 II を断面 A とする）。径深 R には水深 h の値をそのまま代入する。

$$\begin{aligned} h_i &= (h_A + z_A - z_B) + \left(\frac{1}{2gA_A^2} - \frac{1}{2gA_B^2} \right) Q^2 + \left(\frac{1}{K_A^2} + \frac{1}{K_B^2} \right) Q^2 \frac{\Delta x}{2} \\ &= \quad 0.74 \quad + \quad 0.043934 \quad + \quad 0.042416 \\ &= \quad 0.082635 \text{ m} \end{aligned}$$

収束条件 ε と比較すると

$$|h_i - h_B| = |0.82635 - 0.8| = 0.02635 > 0.0001$$

となり，収束条件に収まらないため，仮定値を $h_B = h_i$ とし，繰り返し計算により検討を進める。何回かの繰り返し計算ののち，断面 B の水深は $h_B = 0.872$ m と算定される。

次に，断面 C の計算においては，断面 B の既知量を下流側断面 II の値として式 7-85 に代入し，断面 I の水深を h_C として，上記

*7
Let's TRY!!
繰り返し計算は大変であるが，一度，手計算で最後まで行ってみよう。

WebにLink
演習問題解答

と同様に繰り返し計算を実施する。この作業から求められる各断面の水深は，$h_C=0.928$ m，$h_D=0.991$ m，$h_E=1.059$ m となる[*7]。

演習問題 A 基本の確認をしましょう

7-2-A1 下図に示すように，勾配 $\frac{1}{1500}$ の水路Ⅰに勾配 $\frac{1}{50}$ の水路Ⅱが接続し，それぞれにゲートが設置されている。各水路は十分に長く，また水路幅は十分に広い断面である。粗度係数は 0.025 であり，単位幅流量 1.5 m²/s が流下している場合，以下の問いに答えよ。

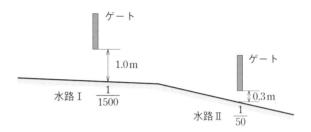

(1) 限界水深を求めよ。
(2) 各水路の等流水深 h_{01}, h_{02} と，等流水深に対応するフルード数 F_{r1}, F_{r2} を求めよ。
(3) 水面形状を描き，水面形状に対応する曲線名を示せ。

7-2-A2 河床勾配 $\frac{1}{40}$ の水路Ⅰと河床勾配 $\frac{1}{500}$ の水路Ⅱが接続し，流量 300 m³/s が流れている。粗度係数は 0.02 で，水路幅は両水路とも 100 m であり幅の広い断面であるとする。また，両水路は十分に長く，下流端水深は水路Ⅱの等流水深 h_{02} である場合，以下の問いに答えよ。
(1) 各水路の等流水深 h_{01}, h_{02} および限界水深 h_c を求めよ。
(2) 跳水がどちらの水路内で発生するか検討せよ。

演習問題 B もっと使えるようになりましょう

7-2-B1 図のような勾配変化を有する水路幅 $B=120$ m の長方形水路があり，粗度係数は 0.02 で，流量 1000 m³/s が流れている。下流端水深 $h_A=4.5$ m，下流端河床高 0.3 m である場合，断面B〜断面Dの水深を標準逐次計算法により求めよ。ただし，収束条件 ε を

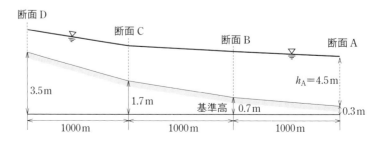

0.0001 m とする。

7-2-B2 **7-2-B1** において，下流端断面 A の水路幅が $B_A = 250$ m，断面 B の水路幅が $B_B = 200$ m，断面 C と断面 D の水路幅が $B_C = B_D = 150$ m とする。その他の条件は **7-2-B1** と同様である場合，断面 B～断面 D の水深を標準逐次計算法により求めよ。

あなたがここで学んだこと

この節であなたが到達したのは

□ 開水路の不等流の基礎方程式について説明できる

□ 一様水路の不等流と水面形状特性について説明できる

□ 不等流の水面形の計算ができる

　本節では，開水路の不等流を理解するために必要な事項を学習した。各断面の水位とそれをつないだ水面形は，その断面の抵抗だけで決まるのではなく，上下流のさまざまな影響により規定されることが理解されたと思う。実際の河川は，川幅・河道線形（直線・蛇行など）・河床勾配・河床材料などが縦断的に変化し，堰や橋脚などの構造物も多くあるため，実務では計画流量を現状の河道で安全に流下させることができるかについて，不等流解析を用いた水面形の検討が行われる。解析により得られた水面形状は，計画高水位（洪水を安全に流すために設定された高さで堤防高の少し下に設定される）と比較され，水が氾濫しそうな危険箇所の抽出や管理策の立案に役立てられる。

7 3 開水路の非定常流

予習 授業の前にやっておこう!!

非定常流は，各断面を通過する流量が時間的に変化することで，水深・流速も時間的に変化する流れである。そのため運動方程式は，時間変化項を付加した，以下の式で表される。

$$\frac{1}{g}\frac{\partial U}{\partial t} + \frac{\partial}{\partial x}\left(\frac{U^2}{2g}\right) = I_b - \frac{\partial h}{\partial x} - \frac{n^2 U^2}{R^{\frac{4}{3}}}$$

上式の運動方程式は流速 U(流量 Q)が未知数となり，これを場所的・時間的に解いていくために利用される。しかし，この式だけでは非定常流を解くことはできない。それは，水深 h(断面積 A)の時間変化も同時に解く必要があるためである。ある区間に流入する流量と流出する流量の差が水深の変化に表れ(質量保存則)，その関係から水深(断面積)の時間変化を評価する以下の連続式が導出される。

$$\frac{\partial h}{\partial t} + \frac{\partial Uh}{\partial x} = 0 \left(\frac{\partial A}{\partial t} + \frac{\partial Q}{\partial x} = 0\right)$$

非定常計算では，連続式と運動方程式の両式を連立して水深・流速の場所的・時間的な変化を解くことになる。

---

1. 距離 dx 離れた2断面を想定し，流量の収支とそれによる水深(断面積)の時間変化から連続式を導け[*1]。

   Webにリンク
   予習問題解答

2. 以下の式①に連続式を適用し変換すると式②となる。この変換過程を示せ[*2]。

$$\frac{\partial AU}{\partial t} + \frac{\partial QU}{\partial x} = gAI_b - gA\frac{\partial h}{\partial x} - g\frac{n^2 U^2}{R^{\frac{1}{3}}}S \qquad \cdots\cdots ①$$

$$A\frac{\partial U}{\partial t} + Q\frac{\partial U}{\partial x} = gAI_b - gA\frac{\partial h}{\partial x} - g\frac{n^2 U^2}{R^{\frac{1}{3}}}S \qquad \cdots\cdots ②$$

7-3-1 非定常流の基礎方程式

定常流解析は，河川の計画・管理などにおいて洪水流の実現象を把握する実用的手段として一般に広く用いられている。とくに，流域面積が広い河川の中・下流域では，流量のピーク時間が長く，洪水流を定常状態とみなすことができるため，このような場合，定常流解析は有用な手段といえる。

しかし，図7-12に示すように，洪水流は上流から下流に向かって水位・流量が伝播する非定常現象であり，河口付近においては潮位変動の影響も受けるなど，定常流解析では説明できない事象も多くある。ここ

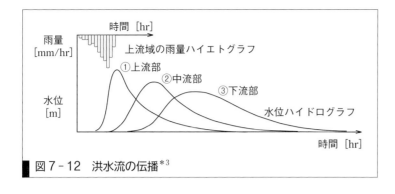

図7-12 洪水流の伝播[*3]

では，開水路の非定常流の基本的な知識について学習する。

1. 非定常流の連続式 図7-13に示すように，距離 dx だけ離れた断面Ⅰ，Ⅱを設定する[*4]。ある時刻にこの両断面に囲まれた区間において，水位が上昇するか低下するかについては，断面Ⅰ，断面Ⅱの各通過流量の大小関係が影響する。これを方程式で示したものが，非定常流の連続式であり，以下の手順で導出する。

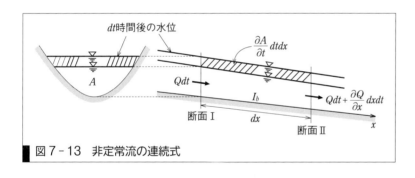

図7-13 非定常流の連続式

断面Ⅰから流入する水の体積と，断面Ⅱから流出する水の体積の差から，dx 区間内に貯留される水の体積を計算すると以下のようになる。

$$Qdt - \left(Qdt + \frac{\partial Q}{\partial x}dxdt\right) = -\frac{\partial Q}{\partial x}dxdt \quad \text{7-86}$$

また，dt 時間の体積変化量を，断面積 A を用いて表現すると以下のようになる。

$$\left(Adx + \frac{\partial A}{\partial t}dtdx\right) - Adx = \frac{\partial A}{\partial t}dtdx \quad \text{7-87}$$

式7-86と式7-87は，質量保存則により等しいため，以下の関係

$$-\frac{\partial Q}{\partial x}dxdt = \frac{\partial A}{\partial t}dtdx \quad \text{7-88}$$

が得られる。上式を整理すると，以下に示す非定常流の連続式

[*1] **ヒント**

微小時間 dt の間に流入する流量は，

$$Qdt \quad \cdots ①$$

距離 dx 離れた断面から流出する流量は，

$$Qdt + \frac{\partial Q}{\partial x}dxdt \quad \cdots ②$$

で表される。
次に，微小時間 dt における体積変化量は，

$$\frac{\partial A}{\partial t}dtdx \quad \cdots ③$$

となり，①と②の差が式③とつり合うことから，連続式が導出できる。

[*2] **ヒント**

以下の変換を用いるとよい。

$$\frac{\partial F_1 F_2}{\partial k} = F_1\frac{\partial F_2}{\partial k} + F_2\frac{\partial F_1}{\partial k}$$

[*3] **プラスアルファ**

雨量の時間変化を示したグラフのことをハイエトグラフという。また，流量・水位の時間変化を示したグラフをハイドログラフという。

[*4] **工学ナビ**

通常 dx は微小区間を表すため，非常に細かな区間のように感じると思う。しかし，河川では，川幅，水深に比較して流路延長が非常に長いため，数100 m 程度で考えることが多い。国が管理する河川では，数100 m 間隔で横断測量が行われ，その断面形状を用いた不等流解析から河川計画や管理策の立案が行われている。

$$\frac{\partial A}{\partial t} + \frac{\partial Q}{\partial x} = 0 \qquad\qquad 7{-}89$$

が得られる。もし，対象とする区間内で，支川合流などによる流入や，分派などによる流出がある場合，連続式に流入量・流出量 q を付加して

$$\frac{\partial A}{\partial t} + \frac{\partial Q}{\partial x} \pm q = 0 \qquad\qquad 7{-}90$$

となる。ここで，q は単位幅当たりの流入・流出量であり，流入がマイナス，流出がプラスの量で表される。

2. 非定常流の運動方程式　連続式と同様に，図 7 − 13 の断面 Ⅰ と断面 Ⅱ に囲まれた区間において式の導出を考える。この区間内（検査領域）における x 方向の運動量保存則を考えると，水の持つ運動量の時間変化分と流入・流出による運動量変化の和が，流体が区間内に与える力の総和に等しい。まず，水の持つ運動量の時間変化分は，以下のようになる。

$$\left(\rho AU\,dx + \frac{\partial \rho AU}{\partial t}dx\right) - \rho AU\,dx = \frac{\partial \rho AU}{\partial t}dx \qquad\qquad 7{-}91$$

次に，流入・流出による運動量変化は，運動量補正係数を β とすると，以下の式で表される。

$$\left(\beta \rho QU\,dx + \frac{\partial \beta \rho QU}{\partial x}dx\right) - \beta \rho QU\,dx = \frac{\partial \beta \rho QU}{\partial x}dx \qquad 7{-}92$$

また，流体が x 方向に与える力の総和 F は，重量の流下方向成分，断面 Ⅰ，断面 Ⅱ の圧力差と底面せん断力で表され，以下の式となる。

$$F = \rho gAI_b\,dx - \rho gA\frac{\partial h}{\partial x}dx - \tau_b S\,dx \qquad\qquad 7{-}93$$

これらをまとめると，

$$\frac{\partial \rho AU}{\partial t}dx + \frac{\partial \beta \rho QU}{\partial x}dx = \rho gAI_b\,dx - \rho gA\frac{\partial h}{\partial x}dx - \tau_b S\,dx$$

$$7{-}94$$

となる。ここで，密度 ρ は一定値として扱い，また実用計算では運動量補正係数を $\beta=1$ とする。また，底面せん断応力の評価にマニングの式（式 7 − 4 に式 7 − 61 を代入する）を用いる。これらの条件により式 7 − 94 を整理したのち，連続式（式 7 − 89）を代入し，さらに式をまとめると

$$\frac{\partial AU}{\partial t} + \frac{\partial QU}{\partial x} = gAI_b - gA\frac{\partial h}{\partial x} - g\frac{n^2 U^2}{R^{\frac{1}{3}}}S \qquad\qquad 7{-}95$$

$$A\frac{\partial U}{\partial t} + U\frac{\partial A}{\partial t} + Q\frac{\partial U}{\partial x} + U\frac{\partial Q}{\partial x} = gAI_b - gA\frac{\partial h}{\partial x} - g\frac{n^2 U^2}{R^{\frac{1}{3}}}S \qquad 7{-}96$$

$$A\frac{\partial U}{\partial t} + Q\frac{\partial U}{\partial x} = gAI_b - gA\frac{\partial h}{\partial x} - g\frac{n^2 U^2}{R^{\frac{1}{3}}}S \qquad 7-97$$

となる。両辺を gA で割ると,非定常流の運動方程式

$$\frac{1}{g}\frac{\partial U}{\partial t} + \frac{U}{g}\frac{\partial U}{\partial x} = I_b - \frac{\partial h}{\partial x} - \frac{n^2 U^2}{R^{\frac{4}{3}}} \qquad 7-98$$

$$\frac{1}{g}\frac{\partial U}{\partial t} + \frac{\partial}{\partial x}\left(\frac{U^2}{2g}\right) = I_b - \frac{\partial h}{\partial x} - \frac{n^2 U^2}{R^{\frac{4}{3}}} \qquad 7-99$$

が得られる。式7-99は,開水路の不等流の基礎方程式(式7-63)に非定常項(左辺第1項)が加わった形となる。

連続式(式7-89)と運動方程式(式7-99)を連立して解くことで,場所的,時間的に未知量(断面積 A および流速 U)を算出することができる。対象とする領域の広さや時間によるが,非定常流の計算は計算量がかなり膨大となることから,計算の実施においては,現在主流となっているプログラミングによる数値解析法を利用すれば便利である。

7-3-2 洪水流の伝播速度

図7-12に示すように,洪水流を上流から下流まで広い領域で見れば,1つの大きな波が下流へ伝わっていく現象であると解釈できる。一般に,上流部の波形は,水位の立ち上がりが早く,ピークを越えてからの低減も早いことが特徴といえる。中流部,下流部へと流下する過程のなかで,徐々に洪水波の波高は減衰し,波長が長くなって伝播する。実際にはこのような洪水伝播の現象が生じているが,古くから行われてきた洪水伝播に関する理論的な検討は,いくつかの仮定を設け現象の解明が進められてきた。その代表例としてクライツ-セドンの法則について以下に示す。

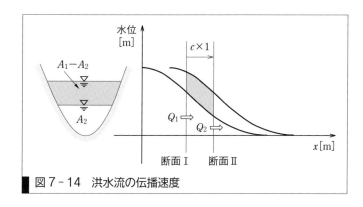

図7-14 洪水流の伝播速度

図7-14に示すように,洪水波形が伝播速度 c で流下している状況を想定する。単位時間当たり($\Delta t = 1$)に洪水波形が移動する距離は $c \times 1$ となるが,この距離が洪水の波長に比べて十分に短いとすると,単位時

間における洪水波形の変形は非常に小さいといえる。そこで，図7-14
の洪水波形の移動に対して，洪水波形や伝播速度が変化しないと仮定し，
連続式を適用すると

$$c(A_2 - A_1) = A_2 U_2 - A_1 U_1 \qquad 7-100$$

となる。上式を伝播速度 c について整理すると，

$$c = \frac{A_2 U_2 - A_1 U_1}{A_2 - A_1} = \frac{dAU}{dA} = U + A\frac{dU}{dA} \qquad 7-101$$

が得られる。ここで，一般に開水路において水位の上昇にともない断面
積 A が増加すれば，断面平均流速 U も増加するため，$\frac{dU}{dA}>0$ の関係
となり，式7-101から $c > U$ となることがわかる。また，式7-101を
流量 Q，川幅 B，水深 h を用いて書き換えると，

$$c = \frac{dQ}{dA} = \frac{1}{B}\frac{dQ}{dh} \qquad 7-102$$

と表される。この関係式がクライツ-セドンの法則と呼ばれ，水位-流
量曲線から $\frac{dQ}{dh}$ を求めれば，伝播速度 c が算定できる。

　また，洪水の波長が非常に長く，時間的な変化がきわめて小さい状況
では，洪水流を擬似等流とみなすことができ，流量算定にマニングの式
(式7-21)を適用できる。幅の広い長方形断面で，粗度係数および河床
勾配が一定である河道を想定すると，伝播速度 c に関して以下の関係を
得る。

$$c = \frac{1}{B}\frac{d}{dh}\left(\frac{B}{n}h^{\frac{5}{3}}I_e^{\frac{1}{2}}\right) = \frac{5}{3}\frac{1}{n}h^{\frac{2}{3}}I_e^{\frac{1}{2}} = \frac{5}{3}U \qquad 7-103$$

　幅の広い長方形断面以外の断面形状を対象とした伝播速度の算定は，
マニングの断面平均流速式(式7-19)の両辺の対数をとり断面積 A で
微分した

$$\frac{1}{U}\frac{dU}{dA} = \frac{2}{3}\frac{1}{R}\frac{dR}{dA} \qquad 7-104$$

の関係を，式7-101に代入すると，以下の式が得られる。

$$c = U\left(1 + \frac{2}{3}\frac{A}{R}\frac{dR}{dA}\right) = U\left(1 + \frac{2}{3}\frac{A}{R}\frac{dR}{dh}\frac{dh}{dA}\right) \qquad 7-105$$

　また，上式に $R = \frac{A}{S}$，$dA = Bdh$ を代入し，変形すると以下のような
形でも表される[5]。

$$c = U\left\{1 + \frac{2}{3}\frac{A}{RS^2}\left(S - \frac{A}{B}\frac{dS}{dh}\right)\right\} \qquad 7-106$$

　式7-105，式7-106ともに伝播速度 c と断面平均流速 U の関係を
示す式であり，対象とする断面の断面積 A，径深 R，潤辺 S，川幅 B
の算定式を代入すれば，伝播速度 c と断面平均流速 U の比を求めるこ

[5]
Let's TRY!!
式7-104から式7-106まで
の一連の導出を行ってみよう。

とができる。各断面形状に対し，マニングの式およびシェジーの式を用いて算定された伝播速度 c と断面平均流速 U の比は表 7-1 のようである。一般的な断面に関しては，洪水流の伝播速度 c は断面平均流速 U のおおむね 1.2〜1.7 倍程度になることが理解できる。

表 7-1 c/U の関係

	マニングの式	シェジーの式
幅の広い長方形	1.67	1.50
三角形	1.33	1.25
放物線形	1.44	1.33

例題 7-3-1 幅の広い長方形断面に対して，シェジーの式（式 7-16）を適用した場合の伝播速度 c と断面平均流速 U の比を求めよ。

解答 式 7-102 にシェジーの式を代入すると，以下のように算出される。

$$c = \frac{1}{B}\frac{d}{dh}\left(CBh^{\frac{3}{2}}I^{\frac{1}{2}}\right) = \frac{3}{2}Ch^{\frac{1}{2}}I^{\frac{1}{2}} = \frac{3}{2}U$$

以上から，伝播速度は断面平均流速の 1.5 倍になる。

演習問題 A　基本の確認をしましょう

7-3-A1 図のように，幅 30 m の長方形断面水路を洪水が流下している。距離が 1 km 離れた断面 I，II において 5 分間かけて流量観測を行ったところ，断面 I は時間平均 250 m³/s，断面 II は 200 m³/s であった。この状況において，対象区間（断面 I 〜 断面 II）では，水位は 1 分間で何 m 上昇するか，連続式を用いて求めよ。

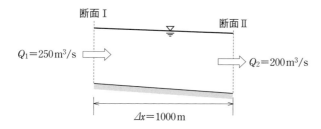

7-3-A2 幅 $B = 450$ m の長方形水路に，流量 $Q = 1000$ m³/s の洪水が，水深 $h = 2.5$ m で流下している。水深に対して，幅が十分に広い条件であると考え，シェジーの式およびマニングの式を用いて伝播速度 c を求めよ。

演習問題 B　もっと使えるようになりましょう

7-3-B1 貯水面積 150000 m² の池があり，上下流に水路が接続されている。この池に洪水流が流入・流出し，1時間ごとに測定した流入・流出量は表に示す値となった。池の初期水位が 60 m である場合，池の各時刻の水位を求めよ。ただし，各時刻間の流量は線形で評価できるものとする。

時刻(hr)	0	1	2	3	4	5	6	7	8	9	10	11	12
流入量(m³/s)	250	400	700	1200	1400	1150	900	700	550	420	320	250	200
流出量(m³/s)	250	380	650	950	1100	1170	1000	810	640	520	400	330	280

7-3-B2 図のような三角形断面水路における伝播速度 c と断面平均流速 U との比をマニングの式を用いて求めよ。

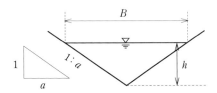

あなたがここで学んだこと

この節であなたが到達したのは

☐ 開水路の非定常流の基礎方程式について説明できる

☐ 洪水流の伝播速度について説明できる

　本節では，開水路の非定常流を理解するために必要となる基礎的な事項を学習した。冒頭に記載したように，現状の河川の計画や管理策の立案においては，洪水流を定常流としてとらえた不等流解析により検討が行われることが多い。しかし，最大流量時に流速が最大になるとはかぎらず，河道状況（断面形状など）や下流側水位（潮位など）の影響を受け，中規模流量時に最大流速となり，河岸侵食や構造物の被災などが発生することもある。洪水流を非定常流として検討することで，定常流としての扱いでは解決できないさまざまな課題を説明することができ，より精度の高い河川計画や管理策の立案を実施することが可能となる。

8章

物体に作用する力

（岡田将治先生撮影）

写真は四万十川の洪水時における，四万十橋の橋脚周辺の流れを示す。写真左側が上流である。橋脚の下流側では水面が波打ち，その範囲が下流へ広がっている様子がわかる。これは後流と呼ばれ，流速が周辺よりも遅い領域である。橋脚の上流側の流速分布が下流側でどの程度変化しているかが判明すれば，橋脚に加わっている力の大きさが推定できる。後流の広がりの大きさ，流速の変化量は流れの状態によって大きく変化するため，この力を見積もることはそう簡単ではないが，水の流れによる力の大きさを水理学・流体力学的に適切に評価し，倒壊することのないように橋脚は設計されている。

●この章で学ぶことの概要

　川や海岸に土木構造物を設計する場合，流れや波による力に耐え，倒壊などの危険性がないようにしなければならない。一方，山間部で生産された土砂は流れによって運ばれ，土砂量の大小により砂州や瀬・淵，海浜の形成・破壊が生じ，河川災害の発生に大きくかかわる。たとえば川の中に立つ橋脚は流れによる力を受けるほか，橋脚まわりの土砂移動による局所洗掘の発生により基礎の沈下や傾きが生じるため，対策を講じなければ洪水時などに倒壊する危険性がある。このように流れの中にある物体に作用する力を推定することは工学的に重要である。そこで本章では，作用する力としてはどのようなものがあるか，その発生要因は何か，それをどのようにモデル化し，数式で表現するかについて議論する。

8.1 定常な流れにおける流体力

予習 授業の前にやっておこう!!

1. レイノルズ数 R_e は次式

$$R_e = \frac{UL}{\nu}$$

で定義される。ここに，U：流速，L：代表的な長さ，ν：動粘性係数である。レイノルズ数が非常に小さい場合，非常に大きい場合で流れの様子がどう変わるか，慣性力，粘性力，層流，乱流の言葉を用いて説明せよ。

2. 図は A 君が質量 m の球に力 F を与えている様子を表す。A 君の履いている靴は地面にしっかり固定してあるとする。この場合，球は加速度 $a = \dfrac{F}{m}$ で運動するが，作用・反作用の法則により A 君自身にも $-F$ の力が作用する。したがって球の運動を考える場合，作用・反作用の法則は考慮しなくてよい。しかし，A 君が運動せずにその場で留まる条件（つまり靴と地面を固定する力はどれだけあればよいか）も考えるならば，作用・反作用の法則を使うことになる。作用・反作用の法則をどのように使い分ければよいのか答えよ。(ヒント：問題の対象の違いに着目せよ)

8-1-1 流体力の分類

本章では川や海の中の構造物，土砂を対象にして，これらにどのような力が加わるのかを学ぶ。前章までは水の流れに視点を置き，圧力，重力，粘性力，壁面摩擦力などが流れに作用していることを学んだ。一方，本章では，流れの中の物体に視点を置いて考える[*1]。流体力とは，流体中の物体に対して相対的に流れがある（つまり流速がゼロでない）場合，その物体に力が作用するが，この力のことをいう。つまり流体力は，第一に流れがあって初めて作用する力であって，静水中でも働く浮力，重力は含まれない[*2]。物体自体もある速度ベクトル u_b で動いている場合は注意が必要である。たとえば x 軸方向にのみ流速 u の流れがあるなかで，物体も x 軸方向に速度 u_b で流れている場合，相対速度 $u_r = u - u_b$ の大小関係で次のように流体力の向き，大きさが変化する。

(a) $u_r > 0$ の場合，流れと同じ方向に流体力が作用する

[*1] **＋α プラスアルファ**
なぜかといえばそのほうが理論展開や理解がより容易に進むからである。

[*2] **＋α プラスアルファ**
あくまでも定義の問題であって，流体力に含まないことで問題があるわけではないし重要ではないということでもない。

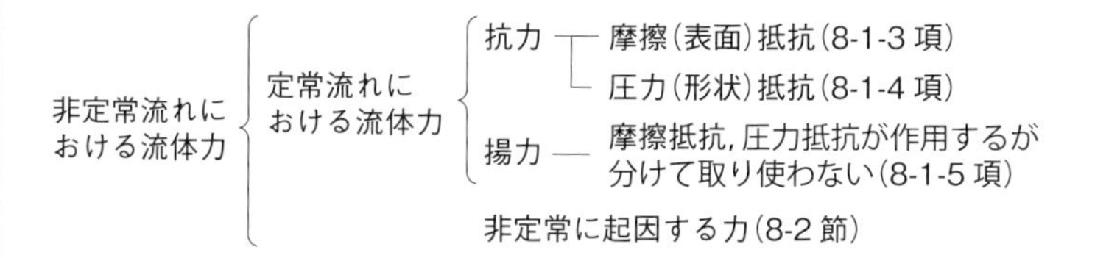

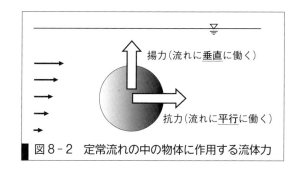

図8-1 本章において取り扱う流体力と流れの状態の関係

図8-2 定常流れの中の物体に作用する流体力

(b) $u_r=0$ の場合,流体力は作用しない(見かけ上,静水状態と同じ)
(c) $u_r<0$ の場合,流れと逆向きの方向に流体力が作用する

なお,以下では必要な場合を除き,$u_b=0$,つまり $u_r=u$ として解説する。このように流速を取り扱っても一般性を失わない。

図8-1は,本章で取り扱う流体力がどのような流れの条件で発生するかを表したものである[*3]。流れが定常状態の場合,流体力としてはおもに抗力と揚力が作用する。抗力とは流れの方向に平行に作用する流体力であり,揚力は流れの方向に垂直に作用する流体力である(図8-2)[*4]。力学でも,斜め方向に作用する力を水平方向と鉛直方向に分解したのと同じ発想で,流体力も分解して扱っているだけのことである。抗力はさらに摩擦(表面)抵抗と圧力(形状)抵抗に分けて取り扱われる。身近な例でいうと,下敷きなどの薄い板を持って流れの向きと平行になるように置いた場合,小さな力を受けていることを感じ取ることができる(図8-3(a))[*5]。この小さな力は薄い板の表面において板と水の間で摩擦が生じているためである。これを摩擦抵抗,あるいは表面抵抗と呼ぶ[*6]。今度は薄い板を流れの向きと垂直になるように置き直したとしよ

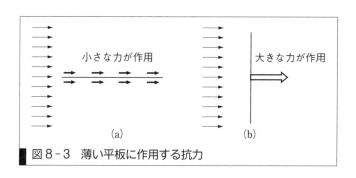

図8-3 薄い平板に作用する抗力

[*3] 工学ナビ
そのほか,造波抵抗,誘導抵抗などがある。

[*4] +α プラスアルファ
抗力という言葉からは,何かあるものから受ける作用に対して抵抗するというイメージが浮かび,違和感を覚えるかもしれない。しかし,抗力は流体力の一つであり,流体力の定義に従って「流れが物体に作用する力」なので,抗力の作用方向は図8-2に示す方向で整理されている。
揚力は流れの方向に垂直に作用する力であって,言葉からイメージできる鉛直上向きに作用する力とはかぎらない。したがって,より一般的な定義であるといえる。

[*5] Let's TRY!!
イメージをつかむため,身近な道具を使って実際に試してみよう。

[*6] 工学ナビ
たとえば,船底や流線形物体では摩擦抵抗をいかに小さくするかが工学的に問題となる。

う（図8-3(b)）。この場合，先ほどとは比べものにならないほど大きな力を感じ取ることができる。この力は，先ほどと同様に摩擦抵抗も影響しているが，板の上流側と下流側で生じている圧力差をおもな要因としている（理由は後述）。これを圧力抵抗，あるいは圧力差が物体の形状に深い関係があることから形状抵抗と呼ぶ[7]。

一方，揚力が発生している身近な例といえば飛行機の翼，野球やサッカーにおいてボールがカーブしている場合があげられる。揚力も物体の表面における摩擦，圧力差が発生に寄与しているが，圧力差のほうにより大きく依存しているため，分けて取り扱わない。

流れが非定常の場合，抗力，揚力に加え，非定常であることに起因する力が作用する。これは8-2節で述べる。

8-1-2 流体力の表現

1. 粘性の役割　定常流の場合に発生する流体力が具体的にどのようにモデル化され，数式で表現されるのかを考えよう。その前に，流体力を考える場合には粘性の概念が欠かせないので，その重要性について考える。

3章で我々はポテンシャル流れの理論について学んだ。この理論は水や空気の粘性を無視した場合に適用でき，複素速度ポテンシャル[8]さえ決定できれば簡単に流れの様子を表現することができるという特徴がある。19世紀までの流体力学者はこの理論を中心として研究を行っており，ポテンシャル流れの理論を用いて抗力をモデル化することを試みた。そこで先人と同様に，底面に固定した円柱（静止円柱）を一様[9]な流れの中に置いた場合を想定し，円柱に作用する抗力を計算してみよう。

まず，半径 a の静止円柱のまわりの流れを，ポテンシャル流れの理論を用いて表す。複素ポテンシャル関数 $\varOmega$ は，3-5節の演習問題**3**-5-B3 の式を用いて表現できる。一様な流れの流速を U とすると $\varOmega$ は

$$\varOmega = U\left(\omega + \frac{a^2}{\omega}\right) \qquad 8-1$$

となる。なお，$\omega = re^{i\theta}$ である。これより，偏角 θ 方向の流速 u_θ は

$$u_\theta = U\left(1 + \frac{a^2}{r^2}\right)\sin\theta \qquad 8-2$$

となる。図8-4はこの場合の流れの様子を示している。円柱表面での流速は式8-2で $r=a$ とおけば得られる。

$$u_\theta = 2U\sin\theta \qquad 8-3$$

一方，円柱表面の任意の点と，円柱から十分離れた地点とでベルヌーイの定理を適用すると

---

[7]
工学ナビ
川の中の土砂に作用する抗力はもっぱら形状抵抗である。

[8]
工学ナビ
複素関数論は振動・波動現象などを取り扱う場合によく使われ，工学のあらゆる分野で使われる。

[9]
＋α プラスアルファ
ここでいう一様とは，たとえば x 方向のみに流れがあるとしたとき，y，z 方向には流速分布がない流れを指す。管路や開水路ではそのような状況はごくかぎられるが，理論展開を簡単にするためにそのような特殊な状況を想定している。

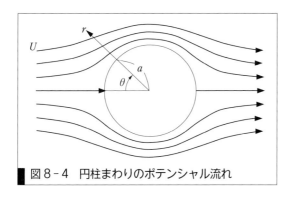

図8-4 円柱まわりのポテンシャル流れ

$$\frac{p}{\rho g} + \frac{u_\theta^2}{2g} = \frac{p_\infty}{\rho g} + \frac{U^2}{2g} \qquad 8-4$$

となる。ここに，p_∞は円柱から十分離れた地点での圧力である。式8-3，8-4から円柱表面の任意の点における圧力は

$$p = p_\infty + \frac{\rho}{2}U^2(1 - 4\sin^2\theta) \qquad 8-5$$

で評価することができる。$p-\theta$関係を図示すれば容易にわかるが，圧力は円柱の上流側，下流側とで対称である[*10]。これは円柱に作用する流体力はゼロである，ということを意味する(演習問題8-1-B1)。これはあきらかに実際とは異なる結果であり，ダランベールのパラドックスとして長年，流体力学者を悩ませた。原因は流体の粘性を無視していたことにあったが，そのことが認識されたのは20世紀の初めであり，ドイツのプラントル(Prandtl)による。彼は，物体の表面のごく近くでは流体の粘性を無視することができない層(境界層)が存在すると提唱し，そうすれば物体に働く抵抗を正しく評価できることを示した。

2. 流体力の実用的な表現 次に，具体的に流体力を数式で表現することを考える。まず，当然のことながら流れがなければ力は働かないため，地点流速uの関数であると予想できる。また，水の中で作用する流体力と水よりも密度が大きい水銀の中で作用する流体力は異なると考えられる。したがって流体の密度ρの関数であると予想できる。さらに，物体自体の大きさにも依存すると考えられるので，物体自体の大きさを表すパラメータとして，代表的な長さLを取り上げる[*11]。最後に，上述の「1.」項から粘性係数μも関数に含まれる。以上，流体力Fの次元に合うようにこれらの変数を組み合わせると次元解析[*12]から以下の2式

$$F = f_1 \rho u^2 L^2 \qquad 8-6$$

$$F = f_2 \mu u L \qquad 8-7$$

[*10] **Let's TRY!!**
実際に描いてみよう。

[*11] **＋α プラスアルファ**
代表的な長さといわれても具体的にどの部分の長さをとればよいのか，と疑問を持ってしまうが，とるべき長さは出くわした問題によって変わる。したがってあえて曖昧な表現に留めている。長さを決めるうえで技術者に判断の余地が残されているともいえる。

[*12] **＋α プラスアルファ**
ある単位に合うように異なる単位を持つ複数の変数から関数形を導出する手法を次元解析と呼ぶ。現象を支配するパラメータがわかっていれば次元解析によって関数形が予想できる。次元解析ではバッキンガムのΠ定理という定理(10-3節参照)を用いることが多い。

*13

＋α プラスアルファ

次元解析の代表的な例題である。

*14

＋α プラスアルファ

卓越するとはこの場合，慣性力のほうが粘性力よりも大きく，また粘性力の影響がないと近似できることを指す。なお，あくまで近似であって，まったく影響がないわけではない。が，物理学ではしばしばこのように問題を簡単にして議論することが多い。

*15

＋α プラスアルファ

*14 と同様だが，今度は慣性力が無視できると近似している。

*16

Don't Forget!!

これらは，よく使うので覚えておこう。

が導かれる。ここに，f_1，f_2 は無次元係数である。なお詳細は省くが，f_1，f_2 はレイノルズ数の関数であることが理論的に導ける[*13]。次元解析でわかるのは流体力が式 8-6，式 8-7 の関数形で表現できるということまでであって，f_1，f_2 の具体的な形は実験などによらなければならない。

さて，流体力は上記のように流体の密度 ρ が含まれた式 8-6 か粘性係数 μ が含まれた式 8-7 で表現され，ρ と μ の両方が同時に含まれる形になっていない。式を活用するにあたっての候補としては，式 8-6，式 8-7 のいずれかを使うか，両式を足し合わせた形を使うかの 3 パターンが考えられるが，実際には，レイノルズ数の大小によって式 8-6，式 8-7 を使い分けることにしている。

レイノルズ数が大きい場合：慣性力が卓越[*14]する（式 8-6）

レイノルズ数が小さい場合：粘性力が卓越[*15]する（式 8-7）

なお，慣例として，流体力を動圧 $\dfrac{\rho u^2}{2}$ の関数として

$$F = C_1 \frac{\rho u^2}{2} L^2 \quad \text{（レイノルズ数が大きい場合）} \qquad 8-8$$

$$F = C_2 \frac{\rho u^2}{2} L^2 \quad \text{（レイノルズ数が小さい場合）} \qquad 8-9$$

と表すことが多い。C_1，C_2 は無次元の係数である。レイノルズ数が小さい場合は本来，式 8-7 で表すべきであるが，形式的に式 8-9 で表すことができるととらえておけばよい。動圧とは，3-3 節（あるいは 10-2 節）で学んだように，流速の計測にピトー管を用いたとき，よどみ点において圧力水頭が速度水頭分（3-3 節側注 *15 の図中の h）だけ増加するが，この増分のことを指す。実質的には $\dfrac{1}{2}$ はなくてもよいが，流速の測定器としてピトー管を多用したため，実験で読み取る値はよどみ点における圧力の増分，つまり動圧であった。そこで，流体力を算出する場合には動圧の測定値から直接求めるようにしたものと思われる。動圧の測定値を 2 倍して ρu^2 を求めてもよいが，2 倍したか否か逐一チェックしておかなければならず，ミスの原因である。式 8-8，式 8-9 の表現は実務でしばしば使われる表現である[*16]。

例題 8-1-1 C_1 と f_1 の関係，C_2 と f_2 の関係を確かめよ。

解答 式 8-6 と式 8-8 より

$$f_1 \rho u^2 L^2 = C_1 \frac{\rho u^2}{2} L^2 \quad \text{よって，} \quad f_1 = \frac{C_1}{2}$$

式 8-7 と式 8-9 より

$$f_2 \mu u L = C_2 \frac{\rho u^2}{2} L^2 \quad \text{よって，} \quad f_2 = C_2 \frac{\rho u L}{2\mu} = C_2 \frac{u L}{2\nu} = C_2 \frac{R_e}{2}$$

以上より，f_2 と C_2 の関係を見ればわかるように，両者間には定数項あるいはレイノルズ数が係数として現れるのみで，式 8−7 を式 8−9 で表現してもよいことがわかる。

8-1-3 摩擦抵抗

流体力として第一に摩擦抵抗を考えよう。摩擦抵抗は物体の表面における流体との摩擦（せん断）に起因する力である。物体の表面においては，流速は物体の動く速度と等しくなければならないから（ノンスリップ条件[*17]），流速と物体の速度が異なるかぎり表面のごく近くでは速度の変化が生じる。その結果，ニュートンの摩擦法則からせん断力が作用することになる。

ところですでに，管路や開水路の章で壁面摩擦を取り扱っているので，ここでおさらいしておこう。管路・開水路にかかわらず力のつり合いを考えれば，壁面摩擦力 τ が

$$\tau = \rho g R I_e \qquad\qquad 8-10$$

で表される。ここに，R は径深，I_e はエネルギー勾配である。管路の場合は，管径を D とすれば $R = \dfrac{D}{4}$，また $I_e = \dfrac{h_L}{L}$ とおけることから，ダルシー−ワイズバッハの式 4−42 を用いて I_e を摩擦損失係数 f の関数として表せば，式 8−10 は

$$\tau = \frac{f \rho U^2}{8} \quad \text{（管路の場合）} \qquad\qquad 8-11$$

とできる。一方，開水路では式 4−42 に相当するものとして

$$h_L = f_o L \frac{U^2}{2g} \qquad\qquad 8-12$$

を用いることができる。ここで f_o は開水路での摩擦損失係数である。上式を用いると式 8−11 と同様の式形で τ を表現することができる。

$$\tau = \frac{f_o \rho U^2}{2} \quad \text{（開水路の場合）} \qquad\qquad 8-13$$

ただし，開水路では等流であればエネルギー勾配 I_e と河床勾配が等しくなるため，河床勾配をよく測定する河川工学の分野では式 8−10 を用いて τ を評価することが多い[*18]。

式 8−10，式 8−11 は，レイノルズ数が小さい場合でも大きい場合でも適用できる実用的な式である。ただし，ダルシー−ワイズバッハの式は経験的に提案されたものである。また，8−1−2 項で述べたようにレイノルズ数が大きい場合になぜ摩擦抵抗が働くのかは自明ではない。さらに球体や円柱形物体に作用する形状抵抗を説明するにあたり摩擦抵抗の理論的背景が土台となるため，以下では摩擦抵抗の理論を紹介す

[*17]
Don't Forget!!
重要な条件なので覚えておこう。

[*18]
工学ナビ
不等流であっても漸変流であれば，水面勾配の影響は大きくないために実務でもよく使われる。

8−1 定常な流れにおける流体力 　217

*19 工学ナビ
繰り返しになるが実際に壁面摩擦力を求める際は式8-10,式8-11を用いればよい。管路ではさまざまな粗度,流れの条件のもとで摩擦損失係数を整理したニクラーゼの図表(ムーディー線図)があり,使い勝手がよい。以下では壁面摩擦を理論的に説明するが,理論の適用条件はかぎられることに注意しよう。

*20 Let's TRY!!
導出過程については,たとえば今井功,「流体力学(前編)」,裳華房を読んでみよう。

*21 +αプラスアルファ
乱流の場合は時間平均値が一様であるとすればよい。

*22 +αプラスアルファ
薄い板を考えるのは,摩擦抵抗のみを議論の対象にできるためである。

る*19。

1. レイノルズ数が小さい場合 レイノルズ数が小さい場合,球体については摩擦抵抗 D_f を理論的に導くことができる。導出はやや専門的で難しいので省略するが,球の表面で慣性力は小さいとして無視し,圧力と粘性力がつり合うとして導出できる。球の半径を a とすると

$$D_f = 4\pi\mu a U \qquad 8-14$$

で表現できる*20。ここに,U は流れが一様であるとしたときの流速である。ただし,式8-14が実際とよく合うのはレイノルズ数 $R_e = \dfrac{Ua}{\nu}$ が1以下の場合である。

2. レイノルズ数が大きい場合 レイノルズ数が大きい場合,粘性力よりも慣性力のほうが卓越する流れとなる。レイノルズ数が大きいほど粘性応力は無視してもよいことになり,ポテンシャル流れの理論が使える。しかしながら8-1-2項で述べたように,物体の表面のごく近傍では粘性応力を無視することができない層(境界層)が存在する。以下では,この境界層について考える。

(1) 層流境界層 まず,図8-5に示すように x 方向のみに流速 U で流体が流れているとしよう。流れは定常かつ y 方向には変化せず,一様*21 であると仮定し,その流れに平行に,形状抵抗の発生がほとんど無視できる薄い板が固定して設置されているとして考える*22。このときの流れを観察すると,板の表面付近では y 方向に流速が変化している様子がわかる。板と接する面では流速はゼロであり,y 方向に板から離れるにつれて流速は徐々に大きくなっていき,板から十分に離れれば一様流と同じ流速 U となる。このようにレイノルズ数が大きく慣性力が卓越する場合でも,粘性力が無視できず,y 方向に流速が変化している領域を境界層と呼んでいる。板の表面が滑らかな場合,先端からしばらくの間は境界層内の流れが層流状態であることがわかっているため,とくに層流境界層と呼ぶ。

8-1-3項の冒頭でも述べたように,表面抵抗はこの流れが y 方向に

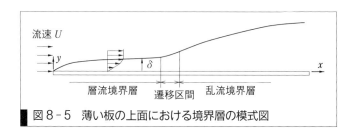

図8-5 薄い板の上面における境界層の模式図

変化(分布)していることに起因する。したがって,層流境界層の厚さが
どの程度であるかを知ることは重要である。そのためにはまず,層流境
界層を支配する要因をピックアップし,これらから方程式を立てなけれ
ばならない。第一に,レイノルズ数が大きく慣性力が卓越しているため,
慣性力を考慮しなければならない。運動量保存則によれば,慣性力は流
体の持つ運動量の場所的変化による。運動量の場所的変化をもたらす要
因としては,摩擦抵抗,圧力,重力が候補としてあげられるが,実験な
どで確かめた結果,圧力および重力の作用は重要でないことが判明して
いる[23]。

　以上から,薄い板の表面付近の流体が持つ運動量の場所的変化は,そ
の流体に作用する摩擦抵抗に起因するとしてつり合いの式を立てればよ
いことになる。方程式の導出および展開はやや複雑なので結果のみを示
すと[24],層流境界層の厚さ δ は

$$\delta = 5\sqrt{\frac{\nu x}{U}} \qquad\qquad 8-15$$

で表すことができる。つまり,図 8-5 に示すように板の上流端から下
流方向へ流下するにつれ層流境界層の厚さは大きくなる。続いて,摩擦
抵抗を算出する式を導こう。板の局所的な部分 $\varDelta x$ に作用する局所摩擦
抵抗(局所せん断力)は

$$\tau_0 = \mu \frac{du}{dy}\bigg|_{y=0} \qquad\qquad 8-16$$

で表される[25]。板の表面における $\frac{du}{dy}$ は厳密に導くこともできるが,こ
こではより簡単なアプローチで導出する。板の表面から y 方向に δ だ
け離れれば,x 方向の流速 u はゼロから U だけ変化することから,$\frac{du}{dy}$
は $\frac{U}{\delta}$ と同程度であると推定される。したがって

$$\tau_0 \fallingdotseq \mu \frac{U}{\delta} \qquad\qquad 8-17$$

と表される。式 8-17 に式 8-15 を代入して整理すると

$$\tau_0 \fallingdotseq \frac{1}{5}\sqrt{\frac{\mu\rho U^3}{x}} = \frac{2}{5}\frac{1}{R_{ex}^{\frac{1}{2}}}\frac{\rho U^2}{2} \qquad\qquad 8-18$$

が導かれる。ここに,$R_{ex}\left(=\dfrac{Ux}{\nu}\right)$ は板の上端からの距離 x を用いたレ
イノルズ数である。式 8-18 ではまだ式形が定まっていないが,実験の
結果,係数を $\frac{2}{5}$ から 0.664 に変更すればよいことがわかっている。

$$\tau_0 = \frac{0.664}{R_{ex}^{\frac{1}{2}}}\frac{\rho U^2}{2} \qquad\qquad 8-19$$

式 8-19 は局所部分 $\varDelta x$ における摩擦抵抗を表す。板の上端から距離 L
までの間に板の上面に作用する全抵抗 D_f は,τ_0 を x について 0 から L
まで積分し,また板の奥行きを b としてこれを乗じることで

---

[23]

＋α プラスアルファ

ハーゲン－ポアズイユの法則
はレイノルズ数の小さい層流
の場合に成り立つもので,慣
性力は無視できるとし,圧力
と摩擦力がつり合うことから
求められる。場を支配する要
因が異なることに注意してお
こう。

[24]

＋α プラスアルファ

導出過程が気になる人は,た
とえば H. Schlichting,
「Boundary Layer Theory」,
Springer を参照。

[25]

Don't Forget!!

式 8-16 の右辺は $y=0$ の地
点におけるせん断力 $\mu\dfrac{du}{dy}$ と
いう意味である。このような
表現はしばしば使うので覚え
ておこう。

$$D_f = b \int_0^L \tau_0 dx = b \frac{0.664}{\sqrt{\dfrac{U}{\nu}}} \frac{\rho U^2}{2} \int_0^L x^{-\frac{1}{2}} dx = \frac{1.328}{R_{eL}^{\frac{1}{2}}} bL \frac{\rho U^2}{2} \qquad 8-20$$

と得られる。ここに，$R_{eL} = \dfrac{UL}{\nu}$ である。なお，板の上下面ともに作用する抵抗は，境界層の厚さが板の面に対して対称であることから式 8-20 で表示される抵抗の 2 倍となる。なお，抗力係数 $C_D = C_f$ として式 8-20 を式 8-8 の形式で表現すると C_f は式 8-21 で表される。

$$C_f = \frac{1.328}{R_{eL}^{\frac{1}{2}}} \qquad 8-21$$

(2) 乱流境界層　層流境界層の厚さは，板の上端から遠ざかるにつれて厚くなっていくことがわかったが，層流の状態が維持されることはなく，レイノルズ数 R_{ex} がある程度以上（10^6 程度）になると境界層内の流れが乱流に遷移し，同時に境界層の厚さが急激に大きくなる。境界層内の流れが乱流の場合を乱流境界層と呼ぶ。乱流境界層は完全に解明されたわけではなく，また現在でもさかんに研究がなされている。

WebにLink
乱流境界層について

例題 **8-1-2** 長さ $L=1$ m の薄い板が図 8-5 に示すように流速 $U=1.5$ m/s の中に置かれているとする。層流境界層が板の上端から下端まで持続するとして $x=L$ の地点における層流境界層の厚さ δ，せん断力 τ_0 および板の上面全体（$0 \leqq x \leqq L$）に作用する単位幅（$b=1$ m）当たりの全抵抗 D_f を求めよ。なお動粘性係数 ν は 0.01 cm²/s とする。

解答　式 8-15 より

$$\delta = 5\sqrt{\frac{0.01 \times 100}{150}} = 5\sqrt{\frac{1}{150}} = 0.408 \text{ cm}$$

式 8-19 より

$$\tau_0 = \frac{0.664}{\left(1.5 \times \dfrac{1.0}{0.01 \times 10^{-4}}\right)^{\frac{1}{2}}} \frac{1000 \times 1.5^2}{2} \fallingdotseq 0.610 \text{ N/m}^2$$

式 8-20 より

$$D_f = \frac{1.328}{\left(1.5 \times \dfrac{1.0}{0.01 \times 10^{-4}}\right)^{\frac{1}{2}}} \times 1.0 \times 1.0 \times \frac{1000 \times 1.5^2}{2}$$

$$\fallingdotseq 1.220 \text{ N}$$

以上より層流境界層の厚さは薄く，せん断力も小さいことがわかる[26]。

[26]
Don't Forget!!
どの程度の大きさか，感覚的につかんでおこう。その癖をつけておくと実務でも役に立つ。

8-1-4 圧力抵抗

　次に，流体力として圧力抵抗を考えよう。圧力抵抗が作用する原因としては物体の上下流における圧力差であるから，物体の表面で圧力が上流から下流に向けて変化する場合に生じる。そのような圧力に変化が生

じる物体は，球体や円柱形物体，流れ方向に垂直にすえつけた板などの
にぶい物体[27]である。まず，レイノルズ数が小さい場合を考えよう。

1. レイノルズ数が小さい場合　レイノルズ数が小さい場合，球体につ
いては摩擦抵抗と同様に圧力抵抗を理論的に導くことができる。導出は
やや専門的で難しいので省略するが[28]，摩擦抵抗と同様に球の表面で
慣性力は小さいとして無視し，圧力と粘性力がつり合うとして導出でき
る。球の半径を a とすると式 8-22 で表現できる。

$$D_p = 2\pi\mu a U \qquad\qquad 8-22$$

　なお，式 8-14 と足し合わせたものをストークス[29]の抵抗法則と呼
び，このときの抗力 F_D は式 8-23 で表される。

$$F_D = D_f + D_p = 6\pi\mu a U \qquad\qquad 8-23$$

　また，式 8-23 は形式的に次式

$$F_D = \frac{24}{R_e}\frac{\rho U^2}{2}A = C_D\frac{\rho U^2}{2}A, \quad C_D = \frac{24}{R_e} \qquad 8-24$$

のように表すことができる。ここに，A は球の断面積（$=\pi a^2$），C_D は
抗力係数である。式 8-22 あるいは式 8-24 はレイノルズ数 $R_e = \dfrac{Ua}{\nu}$ が
1 以下の場合に適用される。たとえば半径 0.04 mm 以下の小さな雨滴
の空気中での沈降を数式で表現する場合に使われる。

例題 8-1-3　粘性が卓越するような場合，風のない静止した空気の
中で落下する物体の終端速度 W_b は

$$W_b = \frac{2a^2(\rho - \rho_0)g}{9\mu_0}$$

で表される[30]。ここに，a は物体の半径，ρ は物体の密度，ρ_0 は
空気の密度，μ_0 は空気の粘性係数である。半径 0.03 mm の雨滴が
終端速度で落下する場合，レイノルズ数（$R_e = \dfrac{W_b \cdot 2a}{\nu_0}$，$\nu_0$ は空気
の動粘性係数）を調べて式 8-24 が適用できるか確かめ，雨滴に作
用する抗力 F_D を求めよ。ただし $\rho = 1000 \text{ kg/m}^3$，$\rho_0 =$
1.247 kg/m^3，$\mu_0 = 0.01772 \times 10^{-3} \text{ Pa·s}$，$\nu_0 = 0.1421 \text{ cm}^2/\text{s}$ とする。

解答　雨滴の終端速度は

$$W_b = \frac{2 \times (0.03 \times 10^{-3})^2 \times (1000 - 1.247) \times 9.8}{9 \times 0.01772 \times 10^{-3}} = 0.110 \text{ m/s}$$

よってレイノルズ数は

$$R_e = \frac{0.110 \times 2 \times 0.03 \times 10^{-3}}{0.1421 \times 10^{-4}} = 0.464$$

---

[27] **工学ナビ**

一方，圧力抵抗がほとんど作
用しない形状の物体を流線形
という。

[28] **Let's TRY!**

導出過程が気になる場合は，
たとえば今井功「流体力学
（前編）」（裳華房）を読んでみ
よう。

[29] **工学ナビ**

ストークスはイギリスの数学
者で，粘性流体の運動方程式
を提唱した人物である。一方，
フランスのナビエはストーク
スとは別に同じ運動方程式を
提唱しており，現在ではナビ
エ－ストークス式（N-S 方
程式）と呼ばれる。N-S 方
程式に興味がある人は勉強し
てみよう。

[30] **工学ナビ**

力学の教科書（たとえば藤原
邦男「物理学序論としての力
学」）では質点に作用する外力
として重力に加え，速度に比
例する抵抗力が作用する場合
の問題として取り扱われてい
る。

以上より式8-24が使える。よって雨滴に作用する抗力は次式となる。

$$F_D = \frac{24}{0.464} \times \frac{1000 \times 0.110^2}{2} \times \pi \times (0.03 \times 10^{-3})^2 = 8.848 \times 10^{-7} \text{ N}$$

2. レイノルズ数が大きい場合 レイノルズ数が大きい場合は，ストークスの抵抗法則を導く際に仮定した慣性力の省略ができない。よって，境界層内における慣性力，圧力，摩擦抵抗のつり合いを考えなければならない。ただし，理論的に説明することは現在も十分にできていない。以下ではどのような現象が発生し，それが物理的にどのように解釈されるかについて述べる。

8-1-2項で見たように円柱の場合は，粘性がないとすると流れの様子は図8-4に示すものとなる。球体についてもほぼ同様である。したがって円柱の場合，圧力分布は y 軸について線対称であるため圧力抵抗はゼロである。一方，粘性が働く実際の流れでは，図8-4とは流れの様子が異なる。図8-6は $\theta=90°$ 付近において実際に見られる速度分布を表している。非粘性であれば $\theta > 90°$ では速度が減少してその分だけ圧力が増加するのだが，粘性があることで物体表面では摩擦力が作用し，速度水頭の減少分は圧力水頭および摩擦損失水頭の増分に費やされる。そのため，速度勾配 $\left(\dfrac{\partial u}{\partial y}\right)$ がある点でゼロとなり，そこから先では速度が負となって渦[*31]が形成される。速度勾配がゼロとなる点を剥離点と呼ぶ。同時に，圧力の回復量が小さく上流側よりも小さな圧力となり，結果的に物体の上下流で圧力差が生じる。以上のことから，圧力抵抗 D_p が生じることになる。なお，C_p は圧力抵抗の抗力係数である。

$$D_p = C_p \frac{\rho U^2}{2} A \qquad\qquad 8-25$$

圧力差を知るためにはどの点で速度がゼロとなるのかを求めなければならない。しかし物体表面の粗度，形状，レイノルズ数に依存するため，理論的に求めることができず，実験によらなければならない[*32]。このことから摩擦抵抗と形状抵抗とを厳密に分離することができず，式8-

[*31] **+α プラスアルファ**
専門的になるので必要になってから学べばよいが，当面は，文字通り水が渦巻いている現象をイメージすればよい。正確にはここでは渦度（うずど，かど）ω というベクトル量のことを指しており，角速度の2倍の大きさを持つ。ベクトル解析の記法によると $\omega = \text{rot } u$ と表される。rot はローテーションと読む。ベクトル解析は物理を学ぶうえで重要な数学的知識であるので興味のある読者は勉強してみよう。

[*32] **工学ナビ**
レイノルズ数がある大きさ（たとえば円柱であれば10〜100程度）になると2列の渦が交互に並ぶカルマンの渦列が形成される。
カルマンの渦列によって構造物には振動が生じ，もし渦の発生周波数が構造物の固有周波数に近いと共振のため激しく振動する。タコマ橋が落橋した原因の一つとされる。

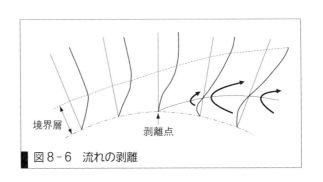

図8-6 流れの剥離

25は摩擦抵抗の寄与分も含んでいる。

典型的な形状の物体については，図8-7に示すようにレイノルズ数と C_p の関係が実験的に求められている。図8-7にはストークスの抵抗法則から得られる直線も表示している。レイノルズ数が 3×10^5 付近で抵抗係数が急激に減少している。これは境界層が層流境界層から乱流境界層に遷移する点に対応しており，乱れによって境界層の内外で流速が混合して速度低下が抑制され，剥離点が下流側へシフトするためである（図8-8）。

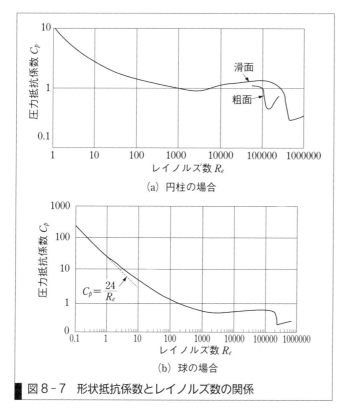

図8-7　形状抵抗係数とレイノルズ数の関係

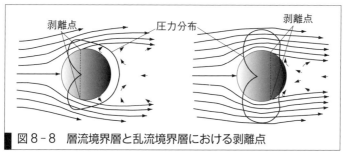

図8-8　層流境界層と乱流境界層における剥離点

例題 8-1-4 半径5cmの球が流速 $U=1.5$ m/s の水中に置かれているとする。この場合の圧力抵抗 D_p を求めよ。

解答 レイノルズ数は

$$R_e = \frac{1.5 \times 2 \times 0.05}{0.01 \times 10^{-4}} = 150000$$

図8-7(b)より $C_p=0.4$。よって圧力抵抗 D_p は

$$D_p = 0.4 \times \frac{1000 \times 1.5^2}{2} \times \pi \times 0.05^2 = 3.53 \, \text{N}$$

8-1-5 揚力

揚力の原理は粘性を考慮せずとも説明することができる。まず揚力が発生するときの流れの構造を考察する。ここでは長さ L, 半径 r_0 の円柱形物体を対象として説明する。円柱を対象とすると議論が2次元平面で可能である[*33]。図8-9のように，x 方向に流速 U の一様な流れがある場に，時計回りに回転している円柱があるとする。その場合の流線は図8-4とは異なり，円柱の下部で流線が疎となり，上部では密となる。流れの持つエネルギーがどこも同じであるとすると[*34]，ベルヌーイの定理より図8-9では下側のほうが上側よりも圧力が大きい。したがって上側の力，つまり揚力を円柱は受けることになる。

次に，揚力を定量的に表現する。いまの場合，流れと物体の回転の相互作用が重要であると考えられる。そこで一様流速 U と物体の角速度 ω[*35] から物体の周辺の速度 u を評価し，ベルヌーイの定理を用いて物体表面の圧力 p を求める。円柱物体周辺の偏角方向の流速 u_θ は，導出過程はやや専門的なので結果のみを示すが，図8-9に示す極座標系 (r, θ) では式8-26で表される。式8-26中の Γ は循環[*36] と呼ばれる。

$$u_\theta = -(2U\sin\theta + r\omega) = -\left(2U\sin\theta + \frac{\Gamma}{2\pi r}\right) \qquad 8-26$$

次に円柱表面の圧力を求める。任意の点Aと物体から十分離れた位置でベルヌーイの式を立てると

$$\frac{u_A^2}{2g} + \frac{p_A}{\rho g} = \frac{U^2}{2g} + \frac{p_0}{\rho g} \qquad 8-27$$

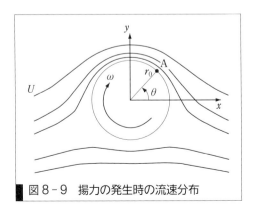

図8-9 揚力の発生時の流速分布

[*33] **+α プラスアルファ**
厳密には3次元で考えなければならないが，2次元でも十分な精度で議論ができるという意味である。

[*34] **+α プラスアルファ**
流速，圧力がどこも同じように工夫すれば実現できる。理論的には渦なしの流れであればエネルギーはいたるところで同じである。

[*35] **+α プラスアルファ**
複素関数と混同しないように注意されたい。

[*36] **+α プラスアルファ**
循環 Γ とは，ある断面 σ における渦度の大きさ $|\omega|$ の総和であり，$\Gamma = \sigma |\omega|$ と定義される。下図のように同じ大きさの渦度が4つ隣り合って並んでいる場合，渦度どうしが接するところでは渦がたがいに逆向きなので，そのところだけ渦度がなくなる。よって，外側の渦だけが残り，これが循環となる。

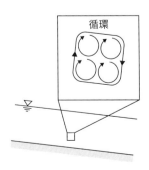

となる。ここに，u_A，p_A はそれぞれ点 A における偏角方向の流速，圧力，p_0 は物体から十分に離れた位置での圧力である。式 8-26 と式 8-27 より，点 A での圧力 p_A と p_0 の差 $\Delta p_A = p_A - p_0$ は

$$\Delta p_A = \frac{\rho}{2}(U^2 - u_A^2) = \frac{\rho}{2}\left\{U^2 - \left(2U\sin\theta_A + \frac{\Gamma_0}{2\pi r_0}\right)^2\right\} \qquad 8-28$$

で表される。ここに，Γ_0 は $r = r_0$ のときの循環，θ_A は x 軸から点 A までの角度である。

　最後に，式 8-28 から円柱形物体に作用する揚力の大きさ F_L を求めよう。そのためには圧力差 Δp_A を物体表面で積分すればよい。ただし，積分の際には圧力差 Δp_A の y 方向成分のみを考える必要がある。点 A の微小部分 $ds(= r_0\,d\theta)$ における圧力差 Δp_A の y 方向成分は $\Delta p_A \sin\theta$ なので

$$F_L = -L\int_0^{2\pi} \Delta p_A \sin\theta \cdot r_0 d\theta \qquad 8-29$$

という関係式が成り立つ。式 8-29 に式 8-28 を代入して積分すると式 8-30 が導かれる[37]。

$$F_L = L\rho U\Gamma_0 \qquad 8-30$$

*[37]
Let's TRY!!
式 8-29 の積分を実行して式 8-30 を導いてみよう。

　式 8-8 のような形式で表示する場合には，揚力の方向について投影した面積 $A = 2r_0 L$ を用いれば，揚力係数 C_L が

$$C_L = \frac{L\rho U\Gamma_0}{\dfrac{\rho U^2 A}{2}} = \frac{\Gamma_0}{U r_0} \qquad 8-31$$

のように表される。揚力係数には循環が含まれるため，物体周辺の流速分布が判明しなければ値が決定できない[38]。一方の抗力係数は周辺の流れを代表する流速がわかっていればよい[39]。抗力係数，揚力係数は異なる原理で決定されることに注目しよう。

*[38]
工学ナビ
飛行機の翼などはその形状自体に循環を作り出す要因がある。

*[39]
＋α プラスアルファ
開水路の流れであれば水深方向平均流速が候補としてあげられる。

例題 8-1-5 流速 2 m/s の一様な流れの中に半径 5 cm，長さ 10 cm の円柱が中心軸について角速度 10°/s で回転している場合の揚力を求めよ。

解答 循環は

$$\Gamma = 2\pi \times 0.05^2 \times 10 \times \frac{\pi}{180} = 0.00274 \text{ m}^2/\text{s}$$

よって揚力は

$$F_L = 0.1 \times 1000 \times 2 \times 0.0027 = 0.548 \text{ N}$$

8-1　定常な流れにおける流体力　225

演習問題　A　基本の確認をしましょう

8-1-A1　乱流境界層の厚さおよび局所せん断力は次式

$$\delta = 0.37 \left(\frac{\nu}{U}\right)^{\frac{1}{5}} x^{\frac{4}{5}}, \quad \tau_0 = \frac{f}{8}\rho U^2 = \frac{0.18 R_{e\delta}^{-\frac{1}{4}}}{8}\rho U^2$$

で与えられる。$U=5$ m/s，$x=1$ m のときの厚さを求めよ。また同じ位置の層流境界層の厚さ，粘性底層の厚さ（式4–19）を求め，3者の違いを考察せよ。

8-1-A2　半径5 cm の球が(a) 流速0.4 m/s，(b) 流速25 m/s の流れの中に置かれたときに受ける形状抵抗を求め，例題8–1–4と併せて考察せよ。

演習問題　B　もっと使えるようになりましょう

8-1-B1　式8–5を円柱表面で積分し，円柱に作用する抗力がゼロとなることを確かめよ。

8-1-B2　角度 θ だけ傾斜した河床上にある粒径 D の球状の砂粒が水流に押されているとする。砂粒の重心位置における流速を U として滑動を開始するときに砂粒に作用する力のつり合いを考え，滑動条件を示せ。

あなたがここで学んだこと

この節であなたが到達したのは
　□定常な流れでの流体力の発生要因が説明できる
　□定常な流れでの流体力を計算できる

　本節では定常な流れにおける流体力についての概要を学んだ。流れの中の物体に作用する力は工学的に重要であるが，それを定量的に評価することは難しく，じつは流体力学という水理学と兄弟関係にありつつも，より理論的で高度な数学的手法を駆使する学問の最終目標の一つでもある。そのため難しく，詳細をここで述べることはできなかったが，興味のある読者は専門書に挑んでほしい。

8-2 非定常な流れにおける流体力

> **予習** 授業の前にやっておこう!!
>
> 1. 質量 m の物体に力 F を作用させた場合の加速度 $\left(a=\dfrac{du}{dt}\right)$ はニュートンの第2法則から
>
> $$F = m\dfrac{du}{dt}$$
>
> となる。ところで、m は慣性の大小を表すパラメータでもあるが、慣性とは何か説明せよ。また、質量 m の物体の表面に質量 m_a の物体が付着して結合した場合、同じ加速度 a を得ようとするには力の大きさをどのようにすればよいか、説明せよ。

WebにLink
予習問題解答

8-2-1 物体の加速度に起因する流体力

8-1節では定常な流れにおいて発生する流体力について学んだ。ここでは非定常な流れを考える。なお、この場合の流体力は粘性を考慮せずにポテンシャル流理論によって説明できる。流速が時間的に変化する場合としてはまず静止流体中を物体が加速度運動する場合があげられる。問題を2次元平面で考えたい[*1]ので、半径 a の円柱形物体を対象とする。

図8-10に示すように x 軸の負の方向に円柱形物体が速度 u_b で移動しているとする。まず加速度がない場合で考える $\left(\dfrac{\partial u_b}{\partial t}=0\right)$。この場合、物体周辺の流れの様子は図8-10に示すようなものとなる[*2]。物体の進行方向前方では流線の方向が物体の進行方向と同じ方向を向いている。これは物体が流れを押しのけているためである。物体の進行方向後方でも流線の方向は物体の進行方向を向いている。これは物体の進行方向後方において、物体が加速することで隙間ができることになるが、その隙間に流体が流れ込むためである。

ただしこの場合に物体に働く流体力はゼロとなる。なぜならば物体と

[*1] +α プラスアルファ
3次元でもよいが、その場合は流れを3次元で考えなければならないため、2次元のほうが容易に議論を展開できるからである。

[*2] +α プラスアルファ
図8-10の物体周辺の流れは、二重吹出しである。二重吹出しは3章で学んだ。一方の図8-4の流れは二重吹出しと一様流れの重ね合わせとして表現することができる。

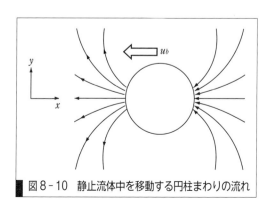

図8-10 静止流体中を移動する円柱まわりの流れ

ともに動く座標系で見ると物体は静止して見える代わりに流体は速度 u_b で右向きに流れることになり，このときの流れの様子は図8-4に示すものと同じである。したがって8-1-2項で見たように流体力はゼロである。

一方，加速度が有限の場合$\left(\dfrac{\partial u_b}{\partial t} \neq 0\right)$，物体の進行方向前方と後方における力のバランスが崩れ，物体が流れを押しのけるための力が必要になってくる。その反作用で流体から物体は力を受ける。その大きさは二重吹出しの複素速度ポテンシャル(式8-32)および圧力方程式と呼ばれるベルヌーイの定理を非定常流れにも適用できるよう拡張した方程式(式8-33)を用いて

$$\Omega = \frac{u_b a^2}{\omega - x} \qquad\qquad 8-32$$

$$\frac{1}{g}\frac{\partial \phi}{\partial t} + \frac{u^2}{2g} + z + \frac{p}{\rho g} = f(t) \qquad\qquad 8-33$$

と導くことができる。ここに，x は物体の x 軸上の重心位置，ϕ は速度ポテンシャル(3-5-1項参照)，$f(t)$ は時間 t の任意関数である。導出過程は複雑なため省くが，物体の加速度に起因する流体力 D_{u1} が

$$D_{u1} = \rho \pi a^2 \frac{\partial u_b}{\partial t} = \rho V C_{M1} \frac{\partial u_b}{\partial t} \qquad\qquad 8-34$$

と表現できる[*3]。ここに，$V(=1\cdot\pi a^2)$ は単位長さ当たりの円柱形物体の体積，C_{M1} は付加質量係数(仮想質量係数)，ρ は流体の密度である[*4]。C_{M1} は円柱形物体の場合は1，球の場合は0.5となる。外力 F を加えて質量 M の物体を流体中で加速度運動させる場合，式8-34の流体力を考慮して運動方程式を立てると

$$(M + \rho V C_{M1})\frac{\partial u_b}{\partial t} = F \qquad\qquad 8-35$$

となる。質量 M の物体にある加速度を持たせるためには，$\rho V C_{M1}$ だけ見かけの質量(慣性)が増加するとして外力を与える必要がある。

8-2-2 流体の加速度に起因する流体力

流速が時間的に変化する場合としては，流体自身が加速度運動をしている場合もあげられる。加速度を持たせるためには流体にかける圧力差を変化させればよく，結果として流体力が作用することになる。ここでも円柱形物体について考える。円柱形物体が流速 U の一様な流れの中にある場合の流線は図8-4に示され，複素速度ポテンシャル Ω は

$$\Omega = U(t)\left(\omega + \frac{a^2}{\omega}\right) \qquad\qquad 8-36$$

となる。Ω と圧力方程式を用いて単位長さ当たりの円柱形物体全体に働

WebにLink
圧力方程式の導出

[*3]
Let's TRY!!
導出過程が気になる場合は，たとえば今井功，「流体力学(前編)」，裳華房を読んでみよう。

[*4]
＋α プラスアルファ
ρ は流体の密度であって，物体の密度ではないことに注意しよう。

く流体の加速度に起因する流体力 D_{u2} を求めると

$$D_{u2} = 2\rho\pi a^2 \frac{\partial U}{\partial t} = C_{M2}\rho V \frac{\partial U}{\partial t} \qquad 8-37$$

となる。ここに，$V(=1\cdot\pi a^2)$ は単位長さ当たりの円柱形物体の体積である。流体が加速度運動している場合の C_{M2} は円柱形物体で 2 であり，球体で 1.5 となることが導ける*5。

*5
+α プラスアルファ
導出過程は式 8-34 を導く場合とまったく同じである。異なる点は複素速度ポテンシャルである。

演習問題 A　基本の確認をしましょう

8-2-A1　静止した水の中で球体が加速度運動する場合，非定常な流れでの流体力として式 8-34 と式 8-37 のどちらを用いるべきか答えよ。

WebにLink
演習問題解答

演習問題 B　もっと使えるようになりましょう

8-2-B1　図のように円柱状の構造物が直立しているとし，波があるとする。微小振幅波理論が使えるとすると，x 方向の水の流速は 9 章の式 9-31 で表される。非定常な流れでの流体力として式 8-34，8-37 のどちらを用いるべきか考え，円柱構造物の微小高さ dz の部分に作用する流体力を求めよ。

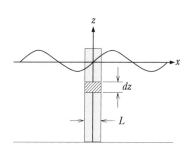

8-2-B2　微細な土粒子(直径 d)が静水中を沈降するときの沈降速度を求めたい。加速度運動することを考慮して沈降速度 w を算出する運動方程式を立てよ。また，この式は解析的に解くことができるか考察せよ。

あなたがここで学んだこと

この節であなたが到達したのは

  □非定常な流れにおける流体力の発生要因が説明できる

　本節では非定常な流れにおける流体力についての概要を学んだ。定常，非定常の流れにおける流体力をひととおり学んだことで，流体力の評価にあたっての全体像を概観できたと思う。深く理解しようとすると数学的知識が前提となるので本書では詳細を述べなかったが，興味のある読者はより高度な専門書に挑んでほしい。

9章 水の波の基礎

葛飾北斎　富嶽三十六景　神奈川沖浪裏(イメージ)　PIXTA 提供

左上の写真は，実験室で発生させた水の波を，横から撮影したものである。この波は，水槽の中を進んでいくものの，その形は変化しない規則波と呼ばれる波である。しかし，自然界で発生するさまざまな水の波は，進むにつれて波の形が変化することも多く，このようなきれいな形を見られることは，むしろまれかもしれない。

　水の波は我々の身のまわりにも多数存在している。たとえば，風呂の湯船に入ったときにできる波，熱いスープを冷まそうと息を吹きかけたときにできる非常に小さな波，水滴が水溜りに落ちてできた波紋など，日常的に目にすることができる。また，海や湖ではもっと大きな波を目にすることができる。日本は四方を海に囲まれており，たとえば右上の浮世絵の葛飾北斎「富嶽三十六景 神奈川沖浪裏(イメージ)」にも見られるように，波は我々日本人には昔から身近な存在であるといえよう。

● **この章で学ぶことの概要**

　自然界に存在する水の波は複雑な動きをしている。この現象をそのまますべて取り扱うことは非常に困難であり，多くの場合，不可能である。しかし，この複雑な動きをする波を単純化して適切な仮定を用いることで，波の動きやその特性の本質を理解することが可能である。

　本章では波の運動を理解するための基礎知識を解説するとともに，波の数学的な表現方法や波のエネルギーについて解説する。本章で紹介する水の波に関する知識の多くは，水の波にかぎらずさまざまな振動現象(波動現象)にも適用できるものである。

9　1　波の諸量と分類

予習　授業の前にやっておこう!!

三角関数の性質

　正弦関数　$\sin\theta$ ：　奇関数，周期 2π

　余弦関数　$\cos\theta$ ：　偶関数，周期 2π

　正接関数　$\tan\theta = \dfrac{\sin\theta}{\cos\theta}$ ：　奇関数，周期 π

$$\sin^2\theta + \cos^2\theta = 1$$

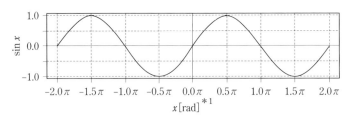

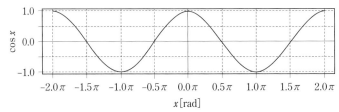

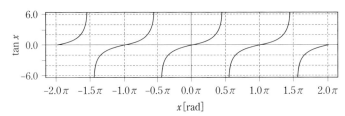

1. 以下の関係を確認せよ。

(1) $\sin(-\theta) = -\sin\theta$

(2) $\cos(-\theta) = \cos\theta$

(3) $\tan(-\theta) = -\tan\theta$

(4) $\sin\left(\theta + \dfrac{\pi}{2}\right) = \cos\theta$

(5) $\cos\left(\theta + \dfrac{\pi}{2}\right) = -\sin\theta$

(6) $\tan(\theta + n\pi) = \tan\theta$ 　（n：整数）

9-1-1 波の諸量

　水の波は，静止した水面が何らかの外力によって乱れることで発生する。乱れた水面がもとの状態に戻ろうとするときに作用する力[*2]が，重力が主要である波を重力波，それが表面張力である波を表面張力波[*3]という。水の波は，水面の変動が伝播する現象であり，あたかも水塊自体が進行していくように見えるが，水面に浮かんだ木の葉が波と一緒に進行していかないように，水粒子に着目すれば，その位置で波の進行方向と鉛直方向から成る平面内で水粒子が円運動を繰り返す現象（運動）である。

　水面の変化はある周期で繰り返され，その形（波形）が正弦関数で与えられると仮定すると，波の進行方向を x 軸，これに直交する鉛直方向（上向きを正）を z 軸として，ある時刻 t における水面の空間変化（空間波形）は図 9-1(a) のようになる。また，ある地点 x における水面の時間変化（時間波形）は図 9-1(b) のようになる。

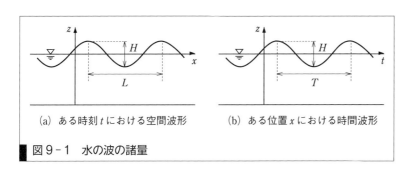

(a) ある時刻 t における空間波形　　(b) ある位置 x における時間波形

図 9-1　水の波の諸量

　任意の地点 x における時刻 t での波形が正弦関数で仮定できるとすると，波形は次式で与えられる。

$$\eta(x,t) = \frac{H}{2}\cos(kx-\omega t) = \frac{H}{2}\cos k(x-ct) \quad \text{9-1}$$

ここで，η は静水面（$z=0$）からの水面変化量，H は波高，k は波数，ω は角周波数（角振動数），c は波の伝播速度（波速）を表しており，$kx-\omega t$ は位相関数と呼ばれる[*4]。また，波数 k，角周波数 ω，波速 c は以下の式で表される。

$$k = \frac{2\pi}{L} \quad \text{9-2}$$

$$\omega = \frac{2\pi}{T} = 2\pi f \quad \text{9-3}$$

$$c = \frac{\omega}{k} = \frac{L}{T} \quad \text{9-4}$$

L は波長，T は周期，f は周波数である。

[*1] **Don't Forget!!**

下の図のように，$\theta = \frac{l}{r}$ で定義される弧度法で用いられる角度の単位をラジアン（radian）という。度数法と弧度法の対応関係は，下表のとおりである。

度数法	0 … 180 … 360
弧度法	0 … π … 2π

弧度法（ラジアン）の定義

[*2] **プラスアルファ**

この力を「復元力」という。

[*3] **工学ナビ**

章とびらに掲載した実験室での波は，重力波の一例である。一方，表面張力波の一例としては，下の写真のような非常に小さな波である。

[*4] **Let's TRY!!**

実際には，

$$\eta(x,t) = \frac{H}{2}\cos(kx-\omega t+\varepsilon)$$

の形で用いられることが多い。ここで ε は位相差と呼ばれる。位相差とは何か考えてみよう。

例題 9-1-1 周期が 10 s の波の周波数，角周波数を求めよ。

解答 式 9-3 より

$$f = \frac{1}{T} = \frac{1}{10} = 0.1 \text{ s}^{-1} \quad {}^{*5}$$

$$\omega = \frac{2\pi}{T} = 2\pi f = 2 \times 3.14 \times 0.1 = 0.628 \text{ rad/s}$$

*5 **Don't Forget!!**
・ s^{-1} は Hz(ヘルツ)とも表されるので注意しよう！
・角度を表す単位として，rad(ラジアン)が用いられていることに注意しよう！

9-1-2 波の分類

1. 規則性による波の分類　日常の生活の中で我々が目にする水の波(たとえば，海に行って見ることのできる波)では，波高の大きな波や小さな波，周期(もしくは波長)の長い波や短い波が不規則に現れ，水面は複雑に変動している。このような不規則に水位が変動する波は不規則波(random waves または irregular waves)と呼ばれる。これに対して，波高や周期(または波長)が一定で，規則正しい水位の変動を観察することができる波を規則波(regular waves)という(図 9-2)。規則波は，式 9-1 のように正弦関数で表される[*6]。

不規則波の場合には，水位変動が複雑であるため，そのときどきで観測される波高や周期が変化するが，規則波は規則正しい水位変動を繰り返しているため，いつ観測しても常に同じ波高や周期を求めることができる。規則波は身近な自然現象の中ではあまり見ることのできない波であるが，数学的な取り扱いが容易であり，表示される現象自体も比較的シンプルであるため，理論的な研究・検討，実験などでは頻繁に用いられる[*7]。

*6 **Let's TRY!!**
式 9-1 を sin 関数で表しても，同じ波 H，波長 L，周期 T の規則波を表現できることを確かめてみよう！

*7 **+α プラスアルファ**
不規則波は，規則波の重ね合わせとして説明される場合がある。

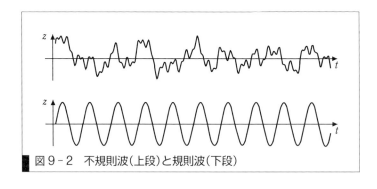

図 9-2　不規則波(上段)と規則波(下段)

2. 水深による分類　水の波は，さまざまな場所で観察される。波の性質は，波の存在している場所の水深にも大きく依存しており，水深が変化するとその性質も変化する。水面の変動(波の運動)は水面下の水粒子の運動も引き起こす。この水粒子の運動は，一般には水面近くでは大きく，水面からの位置が深くなるにつれて小さくなる(減衰する)。

水深が大きく，波による水粒子の周期運動が水底では発生しないよう

な波を深水波(または深海波:deep water waves)という。これに対して，水面での波による水粒子の運動が水底にまで十分達するような波を浅水波(または浅海波:shallow water waves)という。浅水波のなかでも，水深に比べて波長が非常に長い波をとくに長波(long waves)または極浅水波(very shallow water waves)と呼び，この波では波による水粒子の運動が水面から水底までほぼ一様である。したがって，長波は水底面(の変化)の影響を大きく受ける。

これらの波は静水深 h と波長 L の比によって，以下のように分類される。

$$\frac{h}{L} > \frac{1}{2} \quad 深水波$$

$$\frac{1}{2} > \frac{h}{L} > \frac{1}{20} \quad 浅水波$$

$$\frac{1}{20} > \frac{h}{L} \quad 長波(極浅水波)^{*8}$$

ここで，$\frac{h}{L}$ は相対水深(relative depth)と呼ばれる[*9]。水面での波とそれによる水粒子の運動の概略は図9-3に示すとおりである。

*8 **+α プラスアルファ**
浅水波と長波(極浅水波)を分ける相対水深の値として，$\frac{1}{25}$ が用いられている場合もある。

*9 **工学ナビ**
ここでの水深の深い／浅いは，波にとっての深さであり，私たちが感じる深い／浅いとは異なる場合がある。たとえ水深30 cm のプールであっても，周期が短く波高の非常に小さな水面の波にとっては，十分に深い水深である。

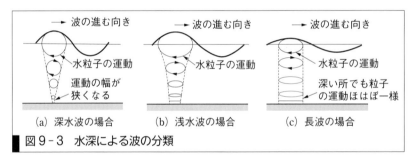

図9-3 水深による波の分類

例題 9-1-2 水深 25 m の地点で計測された波の波長が 300 m であった。水深による波の分類に基づいて，このときの波の種類を求めよ。

解答 $h = 25$ m, $L = 300$ m より，$\frac{h}{L} = \frac{25}{300} = \frac{1}{12}$ となる。したがって，$\frac{1}{2} > \frac{h}{L} > \frac{1}{20}$ なので，この波は浅水波である。

3. 波高の大きさによる分類 水の波は，波高の大きさによっても分類することができる。波高 H と波長 L の比(波形勾配)もしくは波高 H と水深 h の比(相対波高)が十分に小さい波 $\left(\frac{H}{L} \ll 1,\ \frac{H}{h} \ll 1\right)$ を微小振幅波[*10] といい，そうでない波を有限振幅波という。前述の水深による波の分類は，微小振幅波と有限振幅波のそれぞれに対して考えることができる。微小振幅波として扱うことができれば，波による運動が小さく，現象を線形的にみなすことが可能となる。それによって，波の基礎方程

*10 **Don't Forget!!**
微小振幅波は3-4節および6-2節でも扱っている重要な概念であるので，覚えておこう。

*11 Let's TRY!
数学における線形と非線形の違いを復習しておこう！

式も線形化することができるため，理論的な解析が容易となる。一方，有限振幅波では非線形項を考慮する必要があるため，解析が複雑になる*11。

図9-4は，有限振幅波の一つであるストークス波の近似解による計算結果（実線）と微小振幅波の計算結果（破線）の比較を示している。図のように有限振幅波では水面形状の上下非対称性が生じていることがわかる。

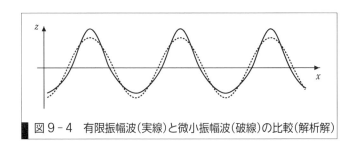

図9-4 有限振幅波（実線）と微小振幅波（破線）の比較（解析解）

例題 9-1-3 水深 0.5 m の水路に波高 0.08 m，波長 2.5 m の波を発生させた。この波の相対波高および波形勾配を求めよ。

解答 $h=0.5$ m, $H=0.08$ m, $L=2.5$ m より，

相対波高：$\dfrac{H}{h}=\dfrac{0.08}{0.5}=0.16$，波形勾配：$\dfrac{H}{L}=\dfrac{0.08}{2.5}=0.032$

WebにLink
演習問題解答

演習問題 A　基本の確認をしましょう

9-1-A1 水面の変動（波形）η が次式で与えられた場合の波高，周期，波長を求めよ。

(1) $\eta = \dfrac{1}{2} \cos\left(\dfrac{2\pi}{100}x - \dfrac{2\pi}{15}t\right)$ 　(2) $\eta = 0.05 \cos \pi(x - 2t)$

(3) $\eta = \dfrac{1}{2} \sin\left(\dfrac{2\pi}{100}x - \dfrac{2\pi}{15}t\right)$ 　(4) $\eta = 0.025 \cos \dfrac{\pi}{2}(x - 2t + 1)$

9-1-A2 周期が 4.0 s，波長が 25 m の波の波数，周波数，角周波数を求めよ。

9-1-A3 水深 10 cm の水槽の中に，周期 0.2 s，波高 1 cm，波長 6 cm の波が発生した。この波の相対水深，相対波高および波形勾配を求めよ。また，この波が，深水波，浅水波，極浅水波のいずれであるか判定せよ。

演習問題 B　もっと使えるようになりましょう

9-1-B1 図の波形データから波の諸量（波高，周期，波長，周波数，波数など）を求めよ。

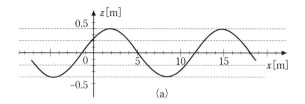
(a)

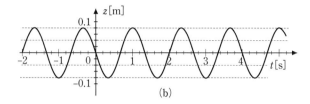
(b)

9-1-B2　周期 5.0 s，波長 25 m の波が，水深 3.0 m の地点で計測された。この波を水深によって分類せよ。また，このときの波速を求めよ。

9-1-B3　水の波の分類に関する以下の文章の空欄を埋めよ。

　　水の波は，水面変動の規則性や波が存在する位置の水深，波高によって大きく分類することができる。波高や（　①　）が一定で，規則正しく水面が変化する波を（　②　）と呼び，水面が不規則に変化する波を（　③　）と呼ぶ。また，（　④　）と呼ばれる水深と波長の比によって，深水波，浅水波，（　⑤　）に分類することができる。波高による分類では，（　⑥　）と呼ばれる波高 H と波長 L の比，もしくは（　⑦　）と呼ばれる波高 H と水深 h の比が非常に小さい波を（　⑧　）振幅波，そうでない波を（　⑨　）振幅波という。

あなたがここで学んだこと

この節であなたが到達したのは
　□水の波の諸量を説明できる
　□水の波の分類方法を説明できる
　□水の波を分類することができる

　本節では水の波に関する変数について学ぶとともに，水の波の分類方法を学んだ。我々は，身近なところでさまざまな大きさの水の波を容易に見ることができるが，その特性はさまざまである。我々にとっては水深の浅いところであっても，そこに存在する波にとっては非常に深い場合もある。我々の視点・尺度で波の特性を理解しようとするのではなく，そこにある波の視点で現象を把握することが必要である。

9.2 波の方程式（微小振幅波理論）

予習 授業の前にやっておこう!!

速度ポテンシャル

非回転運動の場合，速度ポテンシャル ϕ と水粒子速度 u, v, w（3次元）の間には以下の関係が成り立つ[*1]。

$$u = \frac{\partial \phi}{\partial x}, \quad v = \frac{\partial \phi}{\partial y}, \quad w = \frac{\partial \phi}{\partial z}$$

双曲線関数

双曲線関数と指数関数には，以下の関係式が成り立つ。

$$\sinh\theta = \frac{e^\theta - e^{-\theta}}{2}, \quad \cosh\theta = \frac{e^\theta + e^{-\theta}}{2}, \quad \tanh\theta = \frac{\sinh\theta}{\cosh\theta} = \frac{e^\theta - e^{-\theta}}{e^\theta + e^{-\theta}}$$

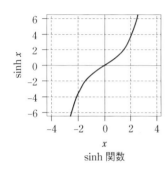
sinh 関数

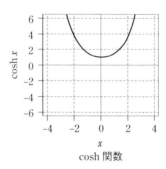
cosh 関数

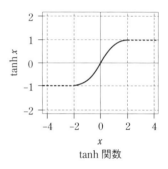
tanh 関数

1. 以下の関数を θ で微分せよ。

    (1) $\sin\theta$　　(2) $\cos\theta$　　(3) e^θ

    (4) $e^{-2\theta}$　　(5) $\sinh\theta$　　(6) $\cosh\theta$

WebにLink 予習問題解答

[*1] **Don't Forget!!**
定常2次元流における流れ関数 ψ と流速 (u, v) の関係，速度ポテンシャルと流れ関数の関係（コーシー–リーマンの関係式）も復習しておこう！（3-5節を参照）

[*2] **+α プラスアルファ**
運動の種類には，並進，伸縮，ずれ，回転があり，一般的にはこれらの組み合わせで表される。

9-2-1 基礎方程式と境界条件

理想的な状況を仮定すると，水は非圧縮・非粘性の流体であり，水の波による水粒子の運動は非回転[*2]であると仮定することができる。すると，非回転運動であることから速度ポテンシャル $\phi(x, z, t)$（9-2-3項参照）を仮定することができ，図9-5のような x-z 平面における波による水粒子の運動の解析には，以下の式を用いることが可能となる。

$$\frac{\partial^2 \phi}{\partial x^2} + \frac{\partial^2 \phi}{\partial z^2} = 0 \tag{9-5}$$

$$\frac{\partial \phi}{\partial t} + \frac{1}{2}\left\{\left(\frac{\partial \phi}{\partial x}\right)^2 + \left(\frac{\partial \phi}{\partial z}\right)^2\right\} + \frac{p}{\rho} + gz = 0 \tag{9-6}$$

式9-5は連続式であり，式9-6は運動方程式である[*3]。$p(x, z, t)$は圧力，gは重力加速度，ρは水の密度（一定）である。

これらの方程式を解くための境界条件は，水面と水底で与えられる（図9-5）。水面のz軸方向の位置は$z=\eta(x, t)$であり，ここでの境界条件としては力学的条件と運動学的条件の2つが考えられる。力学的条件は，水面$z=\eta$において水粒子に作用する圧力が大気圧に等しいことであり，ゲージ圧を用いれば$p(x, \eta, t)=0$になることである[*4]。したがって，式9-6より，次式のように表される。

$$\frac{\partial \phi}{\partial t} + \frac{1}{2}\left\{\left(\frac{\partial \phi}{\partial x}\right)^2 + \left(\frac{\partial \phi}{\partial z}\right)^2\right\} + g\eta = 0 \quad (z=\eta) \qquad 9-7$$

運動学的条件は，水面の運動と水面にある水粒子の運動が一致することである。つまり，水面$z=\eta$の時間変化率$\frac{D\eta}{Dt}$は水面にある水粒子の鉛直速度$w(x, \eta, t)$に等しくなければならない。したがって，以下のように表される。

$$\frac{D\eta(x, t)}{Dt} = \frac{\partial \eta}{\partial t} + u\frac{\partial \eta}{\partial x} = w \quad (z=\eta) \qquad 9-8$$

水深は一様（$z=-h$）で，水底を通過する流れは存在しない（不透過）と考えると，以下の水底での境界条件が得られる。

$$w = \frac{\partial \phi}{\partial z} = 0 \quad (z=-h) \qquad 9-9$$

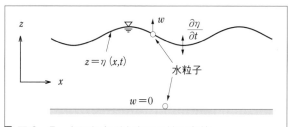

図9-5 水面および水底での境界条件

9-2-2 微小振幅波理論

水の波の解析において，厳密解を求めるためには基礎方程式である式9-5，式9-6が境界条件（式9-7～式9-9）を満足するように解かなければならない。しかし，式9-6～式9-8は非線形項を含んでいるため，厳密解を求めることは困難である。そこで，対象とする波の波高が非常に小さいと仮定して解析解を求めることとする。この理論は1845年にエアリー（Airy）によって提案され，微小振幅波理論（small amplitude wave theory）という[*5]。

微小振幅波理論では，波高が小さいこと（$\eta \fallingdotseq 0$，$\frac{H}{L} \ll 1$または$\frac{H}{h} \ll 1$）を仮定することになる。したがって，水面の空間的な傾きは小さく，波による水粒子の流速も小さいと仮定することにより，式9-6～式9-8

[*3] **Don't Forget!!**
式9-5，9-6はすでに勉強したラプラスの式，非定常流れにおけるベルヌーイの式である。ぜひ覚えておこう。

[*4] **Let's TRY!!**
絶対圧を用いた場合の水面での力学的条件を考えてみよう！

[*5] **＋αプラスアルファ**
波高の大きな場合には，有限振幅波理論（finite amplitude wave theory）を用いる。水深の深いところで適用されるストークス波理論や浅いところで用いられるクノイド波理論は有限振幅波理論の一例である。

の非線形項を無視することができ，微小振幅波理論における波の方程式として線形化された以下の方程式群を得ることができる。

$$連続式：\frac{\partial^2 \phi}{\partial x^2} + \frac{\partial^2 \phi}{\partial z^2} = 0 \qquad 9-10$$

$$運動方程式：\frac{\partial \phi}{\partial t} + \frac{p}{\rho} + gz = 0 \qquad 9-11$$

$$水面での力学的境界条件：\frac{\partial \phi}{\partial t} + g\eta = 0 \quad (z = \eta) \qquad 9-12$$

$$水面での運動学的境界条件：\frac{\partial \eta}{\partial t} = w \quad (z = \eta) \qquad 9-13$$

$$水底での運動学的境界条件：w = 0 \quad (z = -h) \qquad 9-14$$

9-2-3 速度ポテンシャル

　水の波の運動を解析するためには，式9-10〜式9-14を解いて速度ポテンシャル $\phi(x, z, t)$[6] を求めることが必要である。ここで，水面形（波形）を式9-1のように正弦関数であると仮定し，速度ポテンシャル $\phi(x, z, t)$ は水平方向 x と時間 t に関しては波形 $\eta(x, t)$ と同様に周期的に変化し，鉛直方向 z に関しては (x, t) とは独立に変化すると仮定する。$\eta(x, t)$ と $\phi(x, z, t)$ の関係式（式9-12）を考慮して，速度ポテンシャルも次式のように周期関数を用いる[7]。

$$\phi(x, z, t) = Z(z)\sin(kx - \omega t) \qquad 9-15$$

　式9-15を式9-10に代入すると，

$$-Z(z)k^2 + \frac{d^2 Z(z)}{dz^2} = 0 \qquad 9-16$$

となり，この1階の常微分方程式の一般解は，定数 A, B を用いて

$$Z(z) = Ae^{kz} + Be^{-kz} \qquad 9-17$$

となる。したがって，速度ポテンシャルは

$$\phi(x, z, t) = (Ae^{kz} + Be^{-kz})\sin(kx - \omega t) \qquad 9-18$$

となる。さらに，境界条件（式9-12，式9-14）を用いると，微小振幅波の速度ポテンシャルとして次式が得られる。

$$\phi(x, z, t) = \frac{gH}{2\omega} \cdot \frac{\cosh k(h+z)}{\cosh kh}\sin(kx - \omega t) \qquad 9-19$$

[6]
+α プラスアルファ
波は非定常現象なので，3-5節の速度ポテンシャルの独立変数に時間の項が加わっているので注意しよう。

[7]
Let's TRY!!
式9-15のように正弦波（sin関数）でおくことの妥当性を考えてみよう！

WebにLink
速度ポテンシャルの導出

例題 9-2-1 速度ポテンシャルの式 9-19 が，連続式(式 9-10)を満足していることを示せ。

解答 式 9-19 を式 9-10 の左辺に代入し，ゼロになることを示せばよい。したがって，

$$\frac{\partial \phi}{\partial x} = \frac{\partial}{\partial x}\left\{\frac{gH}{2\omega} \cdot \frac{\cosh k(h+z)}{\cosh kh} \cdot \sin(kx - \omega t)\right\}$$

$$= \frac{gH}{2\omega} \cdot \frac{\cosh k(h+z)}{\cosh kh} \cdot \frac{\partial}{\partial x}\{\sin(kx - \omega t)\}$$

$$= \frac{gH}{2\omega} \cdot \frac{\cosh k(h+z)}{\cosh kh} \cdot k\cos(kx - \omega t)$$

$$\frac{\partial^2 \phi}{\partial x^2} = \frac{\partial}{\partial x}\left\{\frac{gH}{2\omega} \cdot \frac{\cosh k(h+z)}{\cosh kh} \cdot k\cos(kx - \omega t)\right\}$$

$$= -k^2 \frac{gH}{2\omega} \cdot \frac{\cosh k(h+z)}{\cosh kh} \cdot \sin(kx - \omega t)$$

$$\frac{\partial \phi}{\partial z} = \frac{\partial}{\partial z}\left\{\frac{gH}{2\omega} \cdot \frac{\cosh k(h+z)}{\cosh kh} \cdot \sin(kx - \omega t)\right\}$$

$$= \frac{gH}{2\omega} \cdot \sin(kx - \omega t) \cdot \frac{\partial}{\partial z}\left\{\frac{\cosh k(h+z)}{\cosh kh}\right\}$$

$$= \frac{gH}{2\omega} \cdot \sin(kx - \omega t) \cdot k\frac{\sinh k(h+z)}{\cosh kh}$$

$$\frac{\partial^2 \phi}{\partial z^2} = \frac{\partial}{\partial z}\left\{\frac{gH}{2\omega} \cdot \sin(kx - \omega t) \cdot k\frac{\sinh k(h+z)}{\cosh kh}\right\}$$

$$= k^2 \frac{gH}{2\omega} \cdot \frac{\cosh k(h+z)}{\cosh kh} \cdot \sin(kx - \omega t)$$

したがって，

$$\frac{\partial^2 \phi}{\partial x^2} + \frac{\partial^2 \phi}{\partial z^2} = (-k^2 + k^2)\frac{gH}{2\omega}\frac{\cosh k(h+z)}{\cosh kh} \cdot \sin(kx - \omega t) = 0$$

9-2-4 波速と波長

速度ポテンシャルの解法において，境界条件(式 9-13)は使用されていない。式 9-13 に式 9-1 と式 9-19 を代入し $z=0$ とおくと，

$$\frac{\omega H}{2}\sin(kx - \omega t) = \frac{gkH}{2\omega}\frac{\sinh kh}{\cosh kh}\sin(kx - \omega t) \qquad \textbf{9-20}$$

を得る[8]。これを変形すると，分散関係式(dispersion relation)と呼ばれる角周波数 $\omega\left(=\dfrac{2\pi}{T}\right)$，水深 h および波数 $k\left(=\dfrac{2\pi}{L}\right)$ の関係式を得ることができる。

$$\omega^2 = gk\tanh kh \qquad \textbf{9-21}$$

この式は，水深 h のある地点で波の時間情報である周期 T がわかれば，空間情報である波長 L がわかる，またはその逆が成り立ち，波の時間情報と空間情報を関係づけることができる水の波にとって重要な関

[8]

Don't Forget!!

速度ポテンシャルと流速の関係，双曲線関数の微分を思い出そう！

9-2 波の方程式(微小振幅波理論) 241

係式である。また，

$$c = \frac{L}{T} = \frac{\omega}{k} \qquad 9\text{-}22$$

に分散関係式(式9-21)を用いると，波速 c と波長 L に関して以下の式が得られる。

$$c = \frac{gT}{2\pi} \tanh \frac{2\pi h}{L} \qquad 9\text{-}23$$

$$L = \frac{gT^2}{2\pi} \tanh \frac{2\pi h}{L} \qquad 9\text{-}24$$

1. 深水波の場合 $\frac{h}{L} > \frac{1}{2}$ を満たす場合，その波は深水波と呼ばれる。また，深水波は沖波とも呼ばれる。$\frac{h}{L} > \frac{1}{2}$ を満たす水域では，図9-6(a)に示すように $\tanh \frac{2\pi h}{L}$ の値は1に漸近する。したがって，式9-23，式9-24は以下のように書き換えることができる[*9]。

[*9] **Let's TRY!**
式9-23，式9-24から深水波の式9-25，式9-26を導いてみよう！

$$c_0 = \frac{gT}{2\pi} = 1.56T \qquad 9\text{-}25$$

$$L_0 = \frac{gT^2}{2\pi} = 1.56T^2 \qquad 9\text{-}26$$

ここで，c_0，L_0 は深水域での波速と波長を表している。

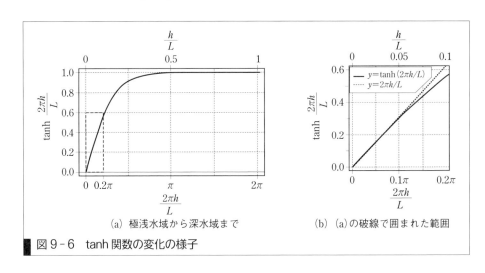

(a) 極浅水域から深水域まで　　(b) (a)の破線で囲まれた範囲

図9-6　tanh関数の変化の様子

例題 9-2-2 水深 80 cm の実験水路で，周期 0.6 s の波を計測した。この波が深水波の場合の波速と波長を求めよ。

解答 波速と波長は式9-23，式9-24から求められる。しかし，深水波であることがわかっている場合は，式9-23，式9-24の代わりに式9-25，式9-26を用いることができる。したがって，

$$c_0 = 1.56T = 1.56 \times 0.6 = 0.936 \text{ m/s}$$

$$L_0 = 1.56\,T^2 = 1.56 \times 0.6^2 = 0.562 \text{ m}$$

となる。

2. 長波の場合　深水域とは逆に，極浅水域$\left(\dfrac{h}{L} < \dfrac{1}{20}\right)$では図 9-6(b)に示すように，$\tanh\dfrac{2\pi h}{L}$ の値は $\dfrac{2\pi h}{L}$ とほぼ等しく，

$$\tanh\frac{2\pi h}{L} \fallingdotseq \frac{2\pi h}{L}$$

とおくことができる。したがって，式 9-25，9-26 は極浅水域では

$$c = \sqrt{gh} \qquad\qquad\qquad 9\text{-}27$$

$$L = cT = \sqrt{gh}\,T \qquad\qquad 9\text{-}28$$

と表すことができる[*10]。つまり，長波（極浅水波）の場合，波速 c は水深 h のみに依存して決まることがわかる。

> **例題　9-2-3**　水深が 5 m の地点における長波の波速を求めよ。また，この波の周期が 30 秒の場合の波長を求めよ。
>
> **解答**　長波の場合の波速と波長は，式 9-27，式 9-28 で求められる。したがって，次のようになる。
>
> $$c = \sqrt{gh} = \sqrt{9.8 \times 5} = 7.00 \text{ m/s}$$
> $$L = \sqrt{gh}\,T = 7.0 \times 30 = 210 \text{ m}$$

[*10]
Let's TRY!!
式 9-23，式 9-24 から長波の式 9-27，式 9-28 を導いてみよう！

9-2-5 水粒子の運動

水粒子の水平および鉛直方向の速度$(u,\ w)$は，速度ポテンシャル ϕ（式 9-19）と流速の関係から次式が得られる。

$$u(x, z, t) = \frac{\partial \phi}{\partial x} = \frac{gkH}{2\omega} \cdot \frac{\cosh k(h+z)}{\cosh kh} \cdot \cos(kx - \omega t) \qquad 9\text{-}29$$

$$w(x, z, t) = \frac{\partial \phi}{\partial z} = \frac{gkH}{2\omega} \cdot \frac{\sinh k(h+z)}{\cosh kh} \cdot \sin(kx - \omega t) \qquad 9\text{-}30$$

さらに，分散関係式 9-21 を用いると，下記のように表すことができる。

$$u = \frac{H\omega}{2} \cdot \frac{\cosh k(h+z)}{\sinh kh} \cdot \cos(kx - \omega t) \qquad 9\text{-}31$$

$$w = \frac{H\omega}{2} \cdot \frac{\sinh k(h+z)}{\sinh kh} \cdot \sin(kx - \omega t) \qquad 9\text{-}32$$

いま，式 9-31，式 9-32 は任意の位置$(x,\ z)$における水粒子の運動（速度）を表している。そこで，ある時刻 t での$(x,\ z)$を，特定の位置（ここでは水粒子の運動の平均位置）$(x_0,\ z_0)$とそこからの変位$(\xi,\ \zeta)$を用

9-2　波の方程式（微小振幅波理論）　**243**

いて表すと，

$$x(t) = x_0 + \xi(t), \quad z(t) = z_0 + \zeta(t)$$

となる。したがって (x, z) での速度ポテンシャル ϕ は，

$$\begin{aligned}
\phi(x, z, t) &= \phi(x_0 + \xi, z_0 + \zeta, t) \\
&= \phi(x_0, z_0, t) + \left(\xi \frac{\partial}{\partial x} + \zeta \frac{\partial}{\partial z} \right) \phi(x_0, z_0, t) \\
&\quad + \frac{1}{2!} \left(\xi^2 \frac{\partial^2}{\partial x^2} + \zeta^2 \frac{\partial^2}{\partial z^2} \right) \phi(x_0, z_0, t) + \cdots
\end{aligned} \qquad 9-33$$

となり，ある時刻 t での水粒子の水平方向速度は，$u = \dfrac{dx}{dt} = \dfrac{\partial \phi}{\partial x}$ より次式のようになる。

$$\begin{aligned}
\frac{dx}{dt} = \frac{d\xi}{dt} &= \frac{\partial \phi(x_0 + \xi, z_0 + \zeta, t)}{\partial x} \\
&= \left(\frac{\partial \phi}{\partial x} \right)_{x_0, z_0} + \left\{ \frac{\partial}{\partial x} \left(\xi \frac{\partial \phi}{\partial x} + \zeta \frac{\partial \phi}{\partial z} \right) \right\}_{x_0, z_0} \cdots
\end{aligned} \qquad 9-34$$

微小振幅波による水粒子の (ξ, ζ) は微小であるので，第 1 次近似として ξ, ζ の掛かった上式の右辺第 2 項以下を省略し，式 9-19 を用いると以下の式を得ることができる。

$$\frac{d\xi}{dt} = \frac{H\omega}{2} \cdot \frac{\cosh k(h + z_0)}{\sinh kh} \cdot \cos(kx_0 - \omega t) \qquad 9-35$$

同様に鉛直方向においても以下の式を得ることができる。

$$\frac{d\zeta}{dt} = \frac{H\omega}{2} \cdot \frac{\sinh k(h + z_0)}{\sinh kh} \cdot \sin(kx_0 - \omega t) \qquad 9-36$$

上 2 式を時間 t で積分すると，

$$\begin{aligned}
\xi &= -\frac{H}{2} \cdot \frac{\cosh k(h + z_0)}{\sinh kh} \cdot \sin(kx_0 - \omega t) \\
&= -A \cdot \sin(kx_0 - \omega t)
\end{aligned} \qquad 9-37$$

$$\begin{aligned}
\zeta &= \frac{H}{2} \cdot \frac{\sinh k(h + z_0)}{\sinh kh} \cdot \cos(kx_0 - \omega t) \\
&= B \cdot \cos(kx_0 - \omega t)
\end{aligned} \qquad 9-38$$

となる。ここで，

$$A = \frac{H}{2} \cdot \frac{\cosh k(h + z_0)}{\sinh kh}, \quad B = \frac{H}{2} \cdot \frac{\sinh k(h + z_0)}{\sinh kh} \qquad 9-39$$

であり，A は長円軌道の長径，B は短径を表している[11]。

これらの両辺を 2 乗してその和をとると以下の式となり，これは水粒子の運動は長円軌道を描くことを示している。

*11

Let's TRY!

A が長径，B が短径 $(A > B$，つまり横に扁平な長円) になることを確認してみよう！

$$\left(\frac{\xi}{A}\right)^2 + \left(\frac{\zeta}{B}\right)^2 = \left(\frac{x-x_0}{A}\right)^2 + \left(\frac{z-z_0}{B}\right)^2 = 1 \qquad\qquad 9{-}40$$

演習問題　A　**基本の確認をしましょう**

WebにLink
演習問題解答

9-2-A1　平均水深が $150\,\mathrm{m}$ の水域で周期 $5\,\mathrm{s}$ の波が計測された。このときの波長と波速を求めよ。

9-2-A2　水深 $50\,\mathrm{cm}$ の実験水路で，波高 $4.0\,\mathrm{cm}$，周期 $1.0\,\mathrm{s}$ の波を発生させたところ，波長が $1.5\,\mathrm{m}$ であった。このとき，水面 $(z=0)$ および水底面 $(z=-h)$ での水粒子運動の水平方向の振幅（最大値）を求めよ。

9-2-A3　前問の波において，水面および水底面での水粒子運動の鉛直方向の振幅（最大値）を求めよ。

演習問題　B　**もっと使えるようになりましょう**

9-2-B1　水深 $1.5\,\mathrm{m}$ 地点で，周期 $1.0\,\mathrm{s}$ の波を計測した。分散関係式を用いて，このときの波長を求めよ。

9-2-B2　沖合 $20\,\mathrm{km}$ の地点で津波が計測された場合，岸に到達するまでの時間を求めよ。ここで，沖合計測点から岸までの間の平均水深は $50\,\mathrm{m}$ であると仮定する[12]。

9-2-B3　深水波の場合，水粒子の運動は円軌道を描く。このことを示せ。

[12]
🔍ヒント

津波は周期が長く，波長も非常に長いため，一般的には太平洋上でも長波と考えることができる。

あなたがここで学んだこと

この節であなたが到達したのは

☐ 微小振幅波理論による波の方程式が説明できる

☐ 微小振幅波理論に基づいて波速や波長を求めることができる

☐ 水粒子の運動を説明することができる

　本節では水の波を理解するための微小振幅波理論の基礎的な内容やその数学的表現方法，それに基づく波速や波長の求め方を学んだ。また，波による水粒子の動きについても学んだ。数学的な記述が多くなってしまったため，苦手意識を持った学生もいたかもしれないが，身近な「水の波」もこのように数学的に表現でき，論理的に解析できることを知ってほしい。ここで学んだ微小振幅波理論はかぎられた条件下でのみ適用できるものであり，自然界の複雑な水の波の現象をすべて明らかにすることは困難である。そのためには，さらに複雑な理論展開や，最近では数値解析（シミュレーション）が必要である。その基礎となっているものが微小振幅波理論であるので，本節の内容はぜひ理解してほしい。

9.3 波のエネルギーとエネルギー輸送

予習 授業の前にやっておこう!!

本節では波のエネルギーについて学習する。すでに物理学で学んでいる質量 m の物体の運動エネルギーや位置エネルギーの知識が基礎となるため、それらについて復習しておこう。

運動エネルギー： $E_k = \dfrac{1}{2} m U^2$

位置エネルギー： $E_p = mgz$

ここで、g は重力加速度、U は物体が運動(移動)している速度、z は物体の位置(高さ)である。位置エネルギーについては、基準位置からの相対高さで表されることが多い[*1]。これらは、それぞれベルヌーイの式の速度水頭 $\left(\dfrac{U^2}{2g}\right)$、位置水頭($z$)に相当する。ベルヌーイの式では、さらに圧力水頭 $\left(\dfrac{p}{\rho g}, \ p：圧力, \ \rho：水の密度\right)$ も含まれており、水(水塊)のエネルギーを考える場合は圧力のエネルギーも考慮する必要がある。

1. 高さ10 mの位置から自然落下させた質量50 gの物体が地面に衝突する直前の速度を求めよ。ただし、空気抵抗などの影響は無視できるものとする。

Webにリンク 予習問題解答

[*1] **Don't Forget!!**
運動エネルギーと位置エネルギーの和を力学的エネルギーという。

9-3-1 波のエネルギー

水の波が伝播すると、水面が上下動することにより位置エネルギー(potential energy)が生じる。また、同時に水粒子が運動することにより運動エネルギー(kinetic energy)も生じる。波のエネルギーは単位幅1波長当たりの平均エネルギーを考えるので、図9-7に示すように、幅 dx、高さ dz の微小直方体(奥行 $dy=1$)を考えると、この微小直方体の質量 m は、

$$m = \rho \, dx \, dz$$

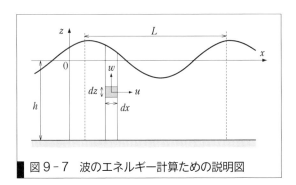

図9-7 波のエネルギー計算ための説明図

であり，位置エネルギーdE_pは，

$$dE_p = mgz = \rho gz \cdot dxdz \qquad \text{9-41}$$

となる。ここでρは水の密度である。波の位置エネルギーE_pは，静水面$(z=0)$からの変位$\eta(x, t)$によって生じるため，dE_pを$z=0\sim\eta$の範囲で積分し，その波長平均値[*2]を計算することで求まる。したがって，

$$\begin{aligned}
E_p &= \frac{1}{L}\int_0^L \int_0^\eta dE_p = \frac{1}{L}\int_0^L \left(\int_0^\eta \rho gz\, dz\right)dx \\
&= \frac{1}{L}\int_0^\eta \left(\frac{\rho g}{2}\eta^2\right)dx \\
&= \frac{1}{L}\int_0^L \left(\rho g\frac{H^2}{8}\cos^2(kx-\omega t)\right)dx \\
&= \frac{1}{16}\rho gH^2 \qquad \text{9-42}
\end{aligned}$$

となる[*3]。また，微小直方体の運動エネルギーdE_kは，

$$dE_k = \frac{1}{2}m(u^2+w^2) = \frac{1}{2}\rho(u^2+w^2)\cdot dxdz \qquad \text{9-43}$$

となる。ここでu, wは図9-7に示すように，それぞれxおよびz方向の流速である。水粒子の運動は幅dxの水柱全体で生じているため，その運動エネルギーの総和であるE_kは，dE_kを水柱全体である$z=-h$$\sim\eta$の範囲で積分し，その波長平均値を計算することで求まる。したがって，

$$E_k = \frac{1}{L}\int_0^L \int_{-h}^\eta dE_k = \frac{1}{L}\int_0^L \left(\int_{-h}^\eta \frac{\rho g}{2}(u^2+w^2)dz\right)dx$$

となる。ここで，微小振幅の仮定から$\dfrac{H}{h}\ll 1$，つまり$\dfrac{\eta}{h}\ll 1$なので，$z=\eta\doteqdot 0$とし，鉛直方向の積分範囲も$z=-h\sim 0$とする。さらに，uおよびwに式9-29，9-30を代入して整理すると次式となる。

$$E_k = \frac{1}{16}\rho gH^2 \qquad \text{9-44}$$

微小振幅波理論では単位幅・単位長さ（単位面積）当たりの平均位置エネルギーE_pと平均運動エネルギーE_kは等しいことがわかる。水の波の全エネルギーEは，これらの和として与えられるので，

$$\begin{aligned}
E &= E_p + E_k = \frac{1}{16}\rho gH^2 + \frac{1}{16}\rho gH^2 \\
&= \frac{1}{8}\rho gH^2 = \rho g\overline{\eta^2} \qquad \text{9-45}
\end{aligned}$$

となる。ここで$\overline{\eta^2}$は次式で表される[*4]。

$$\overline{\eta^2} = \frac{1}{L}\int_0^L \eta^2 dx = \frac{1}{T}\int_0^T \eta^2 dt \qquad \text{9-46}$$

[*2] **＋α プラスアルファ**

波のエネルギーは単位幅1波長当たりの平均値，つまり単位面積当たりの平均値で表されるので，その単位は

$$\mathrm{N}\cdot\frac{\mathrm{m}}{\mathrm{m}^2} = \frac{\mathrm{N}}{\mathrm{m}}$$

である。

[*3] **Don't Forget!!**

三角関数の積分，二重積分を復習しておこう！

[*4] **Let's TRY!!**

式9-46に示されているように，η^2の波長平均と周期平均が等しいことを確かめてみよう。

9-3 波のエネルギーとエネルギー輸送　247

例題 9-3-1 水深 50 cm の実験水路に，波高 5.0 cm，周期 1.0 秒の規則波を発生させた。このときの波の位置エネルギーE_p，運動エネルギーE_k および全エネルギーE を求めよ。ただし，水の密度は 1000 kg/m^3 とする[*5]。

解答 式9−42, 式9−44, 式9−45 からわかるように，波のエネルギーは水深や周期に関係なく，波高のみで決まる。したがって，

$$E_p = \frac{1}{16}\rho g H^2 = \frac{10^3 \times 9.8 \times (5\times 10^{-2})^2}{16} = 1.53 \text{ N/m}$$

$$E_k = E_p = 1.53 \text{ N/m}$$

$$E = E_k + E_p = \frac{1}{8}\rho g H^2 = 3.06 \text{ N/m}$$

[*5] **工学ナビ**
波のエネルギーは波高の2乗に比例するため，波高が2倍になるとそのエネルギーは4倍になる。そのため，構造物などの設計では，そこに作用する波の推定(設定)が非常に重要である。

9-3-2 エネルギー輸送速度

波のエネルギーは，波の伝播によってその進行方向に輸送される。波の単位時間当たりのエネルギー輸送量すなわちエネルギー伝達率 W は

$$W = E c_g \qquad 9-47$$

と表される。ここで，E は式9−45の波の全エネルギーであり，c_g は波のエネルギー輸送速度[*6]で群速度(group velocity)とも呼ばれる。では，このエネルギー輸送速度がどのようなものであるか考えてみよう。

いま，同じ方向に進行する，波高 H が等しく，波長 L と周期 T(すなわち波数 k と角周波数 ω)がわずかに異なる以下の2つの波を考える。

$$\eta_1 = \frac{H}{2}\cos(kx - \omega t), \quad \eta_2 = \frac{H}{2}\cos(k'x - \omega' t)$$

$$k' = k + \Delta k, \quad \omega' = \omega + \Delta\omega \quad (\Delta k \ll k, \Delta\omega \ll \omega)$$

この2つの波が重なり合って形成される波は，線形理論(微小振幅波理論)では解の重ね合わせで得られるため，以下の式となる[*7](図9−8)。

[*6] **Don't Forget!!**
重要な概念なので覚えておこう。

[*7] **Don't Forget!!**
三角関数の加法定理を思い出そう！
$\sin(\alpha+\beta)$
$\quad =\sin\alpha\sin\beta\pm\cos\alpha\cos\beta$
$\cos(\alpha+\beta)$
$\quad =\cos\alpha\cos\beta\mp\sin\alpha\sin\beta$

Let's TRY!!
加法定理を使って，式9−48を導出してみよう！

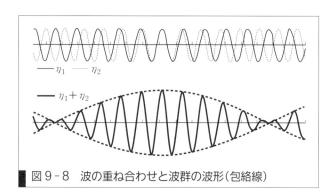

図9−8 波の重ね合わせと波群の波形(包絡線)

$$\eta = \eta_1 + \eta_2$$
$$= H \cos\left(\frac{\Delta k}{2}x - \frac{\Delta \omega}{2}t\right) \cos\left\{\left(k + \frac{\Delta k}{2}\right)x - \left(\omega + \frac{\Delta \omega}{2}\right)t\right\} \qquad 9-48$$

図 9-8 に示したように，重ね合わせでできた波は，波数 $k + \dfrac{\Delta k}{2}$，角周波数 $\omega + \dfrac{\Delta \omega}{2}$ の波（太実線）が緩やかに振幅を変化させながら，包絡線（太破線）でまとめられるいくつかの波の塊（波群）を形成している。この波群の伝播速度が波のエネルギー輸送速度（群速度）に相当する。すなわち，エネルギー輸送速度 c_g は，

$$c_g = \frac{\dfrac{\Delta \omega}{2}}{\dfrac{\Delta k}{2}} = \frac{\Delta \omega}{\Delta k} = \frac{d\omega}{dk} \qquad 9-49$$

となる。ここで，分散関係式 9-21 を用いると，

$$c_g = \frac{d}{dk}\sqrt{gk\tanh kh}$$
$$= \sqrt{\frac{g}{k}\tanh kh} \cdot \frac{1}{2}\left\{1 + \frac{2kh}{\sinh 2kh}\right\}$$
$$= c\frac{1}{2}\left\{1 + \frac{2kh}{\sinh 2kh}\right\} \qquad 9-50$$

$$n = \frac{c_g}{c} = \frac{1}{2}\left\{1 + \frac{2kh}{\sinh 2kh}\right\} \qquad 9-51$$

となる。一方，図 9-8 の太実線で表される個々の波（搬送波）の波速は，$\Delta k \ll k$，$\Delta \omega \ll \omega$ より次式となる。

$$c = \frac{\omega + \dfrac{\Delta \omega}{2}}{k + \dfrac{\Delta k}{2}} \fallingdotseq \frac{\omega}{k} = \sqrt{\frac{g}{k}\tanh kh}$$

係数 n は深水波では 0.5，長波（極浅水波）では 1.0 となり，浅水波ではその中間の値をとる。これは，深水波では包絡線（太破線）で囲まれた波の塊（波群）の進む速度，すなわち波のエネルギーが輸送される速度は，個々の波（太実線）の進む速度の半分であり，長波では個々の波の進む速度と波群が進む速度が等しく，波の伝播と同じ速度でエネルギーも輸送されていることを表している。

係数 n を用いると，式 9-47 のエネルギー伝達率 W は，以下のようにも表すことができる。

$$W = Ec_g = Enc \qquad 9-52$$

例題 9-3-2 水深 20 m 地点で，周期 6 s の波を計測した。この波の波速とエネルギー輸送速度（群速度）を求めよ。

解答 計測した波を深水波と仮定すると，波長は式 9-26 より，

$$L = 1.56T^2 = 1.56 \times 6^2 = 56.2 \text{ m}$$
$$\frac{h}{L} = \frac{20}{56.2} = 0.36 < \frac{1}{2}$$

となる。したがって、この波は浅水波であると推定できる。そこで、上記の $L=56.2$ m を近似値として、式 9-24 の右辺に代入して修正値を求める。

$$L' = \frac{gT^2}{2\pi}\tanh\frac{2\pi h}{L} = 56.2 \times \tanh(2\pi \times 0.36) = 54.9 \; (\neq 56.2)$$

続いて、この計算結果を近似値 L として、再度、L の修正値 L' を求め、近似値と修正値が等しくなるまで計算を繰り返す(この問題では 2 回で等しくなる)。その結果、$L=55.0$ m が求まる。したがって、$\frac{h}{L} = \frac{20}{55.0} = 0.35 < \frac{1}{2}$ となり、この波は浅水波である。波速は式 9-23 より、

$$c = \frac{gT}{2\pi}\tanh\frac{2\pi h}{L} = 1.56 \times 6 \times \tanh\frac{2\pi \times 20}{55.0} = 9.167 \fallingdotseq 9.17 \text{ m/s}$$

となる。また、エネルギー輸送速度と波速の比 n は式 9-51 より、

$$n = \frac{c_g}{c} = \frac{1}{2}\left(1 + \frac{2kh}{\sinh 2kh}\right) = \frac{1}{2}\left(1 + \frac{\frac{4\pi h}{L}}{\sinh\frac{4\pi h}{L}}\right) = 0.5541$$

となる。したがってエネルギー輸送速度は、

$$c_g = nc = 0.5541 \times 9.167 = 5.08 \text{ m/s}$$

いま、水深の変化する水域を波が伝播している状況において、図 9-9 のような波の進行方向線上の水深の異なる 2 地点間での、波のエネルギー収支を考える。

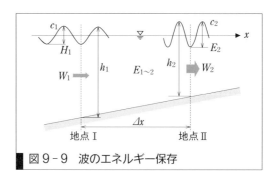

図 9-9 波のエネルギー保存

地点 I、II での鉛直断面を通過する単位時間・単位幅当たりのエネルギー輸送量(フラックス[*8])は、式 9-52 より次式となる。

地点 I: $W_1 = (Ec_g)_1$, 　　地点 II: $W_2 = (Ec_g)_2$

[*8] +α プラスアルファ
「フラックス」とはある面を通過する物理量の、面に対して垂直な方向成分が単位面積・単位時間当たりに通過する量をいう。「流束」とも呼ばれる。

地点Ⅰ～Ⅱ間でのエネルギー保存則を考えると，地点Ⅰと地点Ⅱの間の領域に存在する波のエネルギー$E_{1\sim2}$の時間変化は，地点Ⅰの鉛直断面から入ってくる波のエネルギーと地点Ⅱの鉛直断面から出ていく波のエネルギーの変化量に等しい。すなわち

$$\frac{\partial E_{1\sim2}}{\partial t}+\frac{\partial W}{\partial x}=0 \qquad\qquad 9-53$$

が成り立つ。ここで，地点Ⅰから入ってきた波が，底面摩擦などによるエネルギー損失を生じることなく地点Ⅱを通過するものとすると，地点Ⅰ～Ⅱ間で波のエネルギーは変化しない。したがって，式9-53は

$$\frac{\partial W}{\partial x}=\frac{W_2-W_1}{\varDelta x}=\frac{(Ec_g)_2-(Ec_g)_1}{\varDelta x}=0$$

のように書き換えられる。よって，

$$(Ec_g)_1=(Ec_g)_2 \qquad\qquad 9-54$$

となる。ここに，$E=\dfrac{\rho gH^2}{8}$，$c_g=nc$を代入すると，次式となる。

$$\left(\frac{1}{8}\rho gH^2nc\right)_1=\left(\frac{1}{8}\rho gH^2nc\right)_2 \qquad\qquad 9-55$$

対象とする水の波を津波のような長波とすると，

$$n=0.5, \quad c=\sqrt{gh}$$

である。したがって，式9-55は

$$0.5\sqrt{gh_1}H_1^2=0.5\sqrt{gh_2}H_2^2$$

のように書き換えられる。よって，次式のようになる。

$$\frac{H_2}{H_1}=\left(\frac{h_1}{h_2}\right)^{\frac{1}{4}} \qquad\qquad 9-56$$

これは，津波などの長波が伝播するとき，波が計測された地点の水深h_1とそこでの波高H_1と知りたい地点の水深h_2がわかれば，知りたい地点での波高H_2が計算できることを表している[9]。実際には屈折や水底面摩擦，反射等の影響が生じるため，計算結果と計測結果に差は生じるが，近似式として用いられることが多い。

[9] **工学ナビ**
式9-56はグリーン（Green）の法則と呼ばれ，気象庁による沿岸での津波高さの予測にも用いられている。

例題 9-3-3 水深100 m地点で波高1.0 mの津波を計測した。この津波が水深10 m地点に到達したときの波高を求めよ。

解答 $h_1=100$ m，$H_1=1.0$ m，$h_2=10$ mとすると，式9-56より

$$H_2=H_1\left(\frac{h_1}{h_2}\right)^{\frac{1}{4}}=1.0\times\left(\frac{100}{10}\right)^{\frac{1}{4}}=1.78\,\mathrm{m}$$

9-3 波のエネルギーとエネルギー輸送　251

Webにリンク
演習問題解答

演習問題　A　基本の確認をしましょう

9-3-A1　波のエネルギーに関する以下の文章の空欄を埋めよ。

　　波のエネルギーは（　①　）の2乗に比例し，単位幅・単位長さ（単位面積）当たりの（　②　）エネルギーとして与えられる。そのため，波のエネルギーの単位は（　③　）である。

　　波のエネルギー輸送速度は，（　④　）とも呼ばれる。波のエネルギーをE，エネルギー輸送速度をc_gで表すと，波のエネルギー輸送量（伝達率）Wは，

$$W = (　⑤　)$$

で表される。

9-3-A2　水深1.0 mの実験水路で周期0.5 s，波高0.03 mの深水波を計測した。このときの波の位置エネルギー，運動エネルギーおよび全エネルギーを求めよ。ただし，水の密度は1000 kg/m³とする。

9-3-A3　前問の波のエネルギー輸送速度を求めよ。

演習問題　B　もっと使えるようになりましょう

9-3-B1　水深50 m地点で波高0.5 m，周期10 sの波が観測された。この波のエネルギー伝達率を求めよ。

9-3-B2　水深150 m地点で波高1.2 mの津波が計測された。その後，この津波が陸近くで計測され，その波高が2.0 mであった。この計測地点の水深を求めよ。

9-3-B3　波のエネルギー輸送速度c_gと波速cの比$n\left(=\dfrac{c_g}{c}\right)$の値が深水域では0.5，極浅水域では1.0なることを示せ。

あなたがここで学んだこと

この節であなたが到達したのは

□水の波のエネルギーについて説明できる

□水の波のエネルギー輸送について説明できる

　本節では9-2節までに学んだ水の波に関する知識を用いて，波のエネルギーについて学んだ。微小振幅波理論に基づいた展開であるため，解析的な扱いが可能であり，途中の式展開はやや複雑に感じるかもしれないが，最終的な答えは非常にシンプルである。身近な現象に置き換えて，ぜひ，理解を深めてほしい。

　本書は「水理学」の教科書であるため，水の波については基礎的な部分を解説したにすぎず，具体的な演習問題なども他の章に比べて少ない。もし，水の波に興味を持った学生がいたのであれば，この章での学習を足がかりにさらに学習を深めてほしい。

10章

流れの計測と相似則

仁淀川 平成26年8月台風11号による洪水の状況

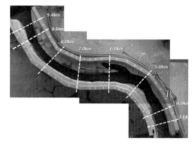

ある河川の1/1000模型水路

左の写真に示す仁淀川では，平成26年8月に台風12号および11号による豪雨により大規模な洪水が起こった。写真は流量が最大となった時間帯に撮影したもので，通常であれば1秒間に20〜50 m^3である流れがおよそ9000 m^3であったとされる。これだけ大規模な流量をどのように算定しているのだろうか。

河川の計画や管理を行う際には，その裏づけデータとなる降水量，河川の水位や流量などの水文量を精度よく計測することが重要である。近年では，超音波ドップラー流速計などの計測機器の発展や高度な解析技術の進展により，これらの水文・水理現象を高精度に計測できるようになってきている。

また，実際の河川で起こっているさまざまな条件下の水理現象を詳細に理解するために，縮小した模型水路を用いて実験を行う。右の写真は，ある河川の河口から3.6 kmから9.4 kmの区間を$\frac{1}{1000}$のスケールに縮小して製作した全長約6 mの水路である。この模型水路に毎秒1 Lの水を流す実験を行うとき，実スケールの河川ではいくらの流量に相当するのだろうか。

●この章で学ぶことの概要

本章では，これまでに学習した開水路および管路における水理現象についてベルヌーイの定理などを活用して流れの計測方法の基礎を学ぶ。また，次元解析および河川や下水道などの模型実験を行う場合に必要な相似則について学ぶ。

10.1 流量の測定

予習 授業の前にやっておこう!!

この節を理解するためには，開水路におけるベルヌーイの定理について理解しておく必要がある。

1. 開水路におけるベルヌーイの定理を示し，各水頭について図示して説明せよ。

2. ベルヌーイの定理を利用したトリチェリの定理について説明せよ。

3. 比エネルギー，限界水深について説明せよ。

Webにlink
予習問題解答

*1
Let's TRY!!
身近にある河川や用水路などにある堰の種類を観察してみよう。堰の種類と用途について考えてみよう。

Webにlink

10-1-1 堰の種類とナップ

堰には，図10-1に示すように頂部が鋭い刃型のものと頂部が広くなっているものがある。前者を刃型堰，後者を広頂堰という。越流部の形状の違いにより，三角堰(図10-3)や四角堰(図10-4)，越流部と水路の幅が等しい全幅堰(図10-5)がある*1。

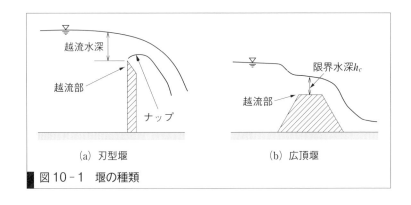

図10-1 堰の種類

また，図10-2に示すように堰を越えて流れる水脈の形状をナップという。このナップには，堰から離れて落水する完全ナップと堰に付着して流れる付着ナップとがある。

10-1-2 三角堰，四角堰，全幅堰の流量公式

図10-3に示す直角三角堰の流量公式は，

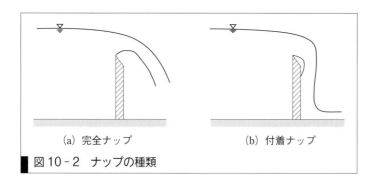

(a) 完全ナップ　　　(b) 付着ナップ

図 10-2　ナップの種類

$$Q = Kh^{\frac{5}{2}} \qquad 10-1$$

であり，堰の流量係数 K は次の式で表される（JIS B 8302-1990）*2。

$$K = 81.2 + \frac{0.24}{h} + \left(8.4 + \frac{12}{\sqrt{D}}\right)\left(\frac{h}{B} - 0.09\right)^2 \qquad 10-2$$

ただし，h, D, B の単位は m，流量 Q の単位は m³/min である*3。式 10-2 の適用範囲は，$B = 0.5 \sim 1.2$ m, $D = 0.1 \sim 0.75$ m, $h = 0.07 \sim 0.26$ m, $h \leq \dfrac{B}{3}$ である。

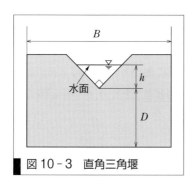

図 10-3　直角三角堰

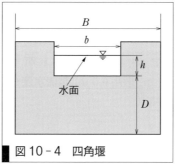

図 10-4　四角堰

図 10-4 に示す四角堰の流量公式は，

$$Q = Kbh^{\frac{3}{2}} \qquad 10-3^{*4}$$

であり，堰の流量係数 K は次の式で表される（JIS B 8302-1990）。

$$K = 107.1 + \frac{0.177}{h} + 14.2\frac{h}{D} - 25.7\sqrt{\frac{(B-b)h}{DB}} + 2.04\sqrt{\frac{B}{D}} \qquad 10-4$$

ただし，h, D, B, b の単位は m，流量 Q の単位は m³/min である。式 10-4 の適用範囲は，$B = 0.5 \sim 6.3$ m, $b = 0.15 \sim 5$ m, $D = 0.1 \sim 3.5$ m, $\dfrac{bD}{B^2} \geq 0.06$, $h = 0.03 \sim 0.45\sqrt{b}$ [m] である。

図 10-5 に示す全幅堰の流量公式

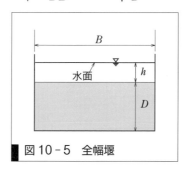

図 10-5　全幅堰

*2
工学ナビ
JIS とは日本工業規格（Japanese Industrial Standard）の略で一般にジスと呼ばれている。流量堰による流量の公式は，JIS B 8302 で定められていて，1990 は改正された年を表している。

*3
Don't Forget!!
この流量公式で得られる値の単位は，m³/s ではなく，m³/min であるので注意すること。

*4
工学ナビ
三角堰と四角堰の流量公式を比較すると，三角堰は $h^{\frac{5}{2}}$ に対して，四角堰は $h^{\frac{3}{2}}$ である。三角堰は流量の小さい場合の測定に用いられることが多い。

10-1　流量の測定　255

は,

$$Q = KBH^{\frac{3}{2}} \qquad 10-5$$

であり,堰の流量係数 K は次の式で表される(JIS B 8302-1990)。

$$K = 107.1 + \left(\frac{0.177}{h} + 14.2\frac{h}{D}\right)(1+\varepsilon) \qquad 10-6$$

ただし,D,h,B の単位は m,流量 Q の単位は m³/min である。ε は補正項で $D \leq 1$ m の場合 $\varepsilon=0$,$D>1$ m の場合 $\varepsilon=0.55(D-1)$ である。式 10−6 の適用範囲は,$B \geq 0.5$ m,$D=0.3 \sim 2.5$ m,$h=0.03$ m $\sim D$[m],(ただし,$h \leq \dfrac{B}{4}$,$h \leq 0.8$ m)である。

例題 10-1-1 図 10−3 に示す直角三角堰において,$D=0.5$ m,$h=0.20$ m,$B=1.0$ m のとき,流量 Q[m³/min]を求めよ。

解答

$$K = 81.2 + \frac{0.24}{0.20} + \left(8.4 + \frac{12}{\sqrt{0.5}}\right)\left(\frac{0.20}{1.0} - 0.09\right)^2 = 82.71$$

$$Q = Kh^{\frac{5}{2}} = 82.71 \times 0.20^{\frac{5}{2}} = 1.48 \text{ m}^3/\text{min}$$

例題 10-1-2 図 10−4 に示す四角堰において,水路幅 2 m,越流幅 1 m,堰高 0.5 m,越流水深 0.3 m のとき,流量 Q[m³/min]を求めよ。

解答

$$K = 107.1 + \frac{0.177}{0.3} + 14.2 \times \frac{0.3}{0.5} - 25.7 \times \sqrt{\frac{(2-1) \times 0.3}{0.5 \times 2}}$$
$$+ 2.04 \times \sqrt{\frac{2}{0.5}} = 106.21$$

$$Q = Kbh^{\frac{3}{2}} = 106.2 \times 1 \times 0.3^{\frac{3}{2}} = 17.5 \text{ m}^3/\text{min}$$

10-1-3 長方形堰の越流量

堰の形状が長方形のものを長方形堰という(図 10−6)。越流量は以下のように表される。

1. 越流水深による表示

$$Q = CBh^{\frac{3}{2}} \qquad 10-7^{*5}$$

適用範囲は,

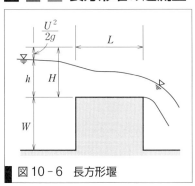

図 10−6 長方形堰

*5 **工学ナビ**
この式は,ラオ(Rao)とムラリダール(Muralidhar)が提案した実験式であり,堰上の流れが $\dfrac{h}{L}$ により (a) 長頂堰流れ,(b) 広頂堰流れ,(c) 狭頂堰流れ,(d) 刃型堰流れの 4 種類の流況に分類されている。詳細については,土木学会「水理公式集」を参照のこと。

$$0 < \frac{h}{L} \leq 0.1 \qquad : C = 1.642\left(\frac{h}{L}\right)^{0.022} \qquad \text{10-7 a}$$

$$0.1 < \frac{h}{L} \leq 0.4 \qquad : C = 1.552 + 0.083\frac{h}{L} \qquad \text{10-7 b}$$

$$0.4 \leq \frac{h}{L} \leq (1.5\sim1.9) : C = 1.444 + 0.352\frac{h}{L} \qquad \text{10-7 c}$$

$$(1.5\sim1.9) \leq \frac{h}{L} \qquad : C = 1.785 + 0.237\frac{h}{W} \qquad \text{10-7 d}$$

ただし，越流量 Q の単位は $\mathrm{m^3/s}$，越流水深 h，堰長 L および堰高 W の単位は m，流量係数 C の単位は $\mathrm{m^{\frac{1}{2}}/s}$ である。

2. 全水頭による表示

$$Q = CBH^{\frac{3}{2}} \qquad \text{10-8}^{*6}$$

$$2.5 < \frac{L}{h} < 10 \quad : C = 1.706\frac{1+1.30\dfrac{W}{h}}{1+1.63\dfrac{W}{h}} \qquad \text{10-8 a}$$

$$0.6 < \frac{L}{h} < 2.5 \quad : C = 1.973 - 0.222\frac{L}{h} \qquad \text{10-8 b}$$

ただし，越流量 Q の単位は $\mathrm{m^3/s}$，堰の幅 B，越流水深 h，堰長 L および堰高 W の単位は m，流量係数 C の単位は $\mathrm{m^{\frac{1}{2}}/s}$ である。

*6 工学ナビ
この式は，ベレシンスキー(Beresinski)が提案したもので，バザン(Bazin)やウッドバーン(Woodburn)の実験値により検証されている。詳細については，土木学会「水理公式集」を参照のこと。

10-1-4 広頂堰の越流量

堰の形状が台形で，堰頂の幅が越流水深よりも大きいものを広頂堰という（図 10-7）。広頂堰の流量は以下のように表される。

1. 越流水深による表示

$$Q = CBh^{\frac{3}{2}} \qquad \text{10-9}^{*7}$$

*7 工学ナビ
この式は，本間が提案した実験式であり，下流水位を変化させた実験から，越流状態を h'（堰頂を基準とする下流水深）／h により，越流量が下流水位の影響を受けない完全越流，堰上に射流部分のないもぐり越流，両者の中間的な状況となる不完全越流の 3 種類に分類している。式 10-9 は完全越流における式であり，不完全越流およびもぐり越流の式については，土木学会「水理公式集」を参照のこと。

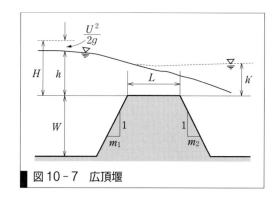

図 10-7 広頂堰

$$m_1 = 0 \sim \frac{4}{3},\ m_2 \geqq \frac{5}{3} \qquad : C = 1.37 + 1.02\frac{h}{W} \qquad \text{10−9 a}$$

$$m_1 = 0 \sim \frac{2}{3},\ m_2 = \frac{1}{1}\text{付近} \qquad : C = 1.28 + 1.42\frac{h}{W} \qquad \text{10−9 b}$$

$$m_1 = 0 \sim \frac{1}{3},\ m_2 \geqq \frac{2}{3}\text{付近} \qquad : C = 1.24 + 1.64\frac{h}{W} \qquad \text{10−9 c}$$

$$m_1 = m_2 = 0,\ \frac{h}{L} < \frac{1}{2} \qquad : C = 1.55 \qquad \text{10−9 d}$$

ただし,越流量 Q の単位は m³/s,堰の幅 B,越流水深 h,堰長 L および堰高 W の単位は m,流量係数 C の単位は $\mathrm{m}^{\frac{1}{2}}/\mathrm{s}$ であり,m_1 および m_2 はそれぞれ上流面勾配,下流面勾配である。

2. 全水頭による表示

$$Q = CBH^{\frac{3}{2}} \qquad \text{10−10}^{*8}$$

$$\frac{C}{C_0} = f\frac{l}{L} \qquad \text{10−10 a}$$

*8 **工学ナビ**
この式は,吉川・芦田・土屋が実施した実験から提案したものである。

ただし,越流量 Q の単位は m³/s,堰の幅 B,堰頂を基準とした上流水路での全水頭 H,刃型堰の越流水脈下面が放出位置から刃型標高に達するまでの水平距離 l(図 10−8),堰長 L の単位は m,流量係数 C,台形堰の上流端で刃型堰を仮定し,同じ H のときの刃型堰の流量係数 C_0 の単位は $\mathrm{m}^{\frac{1}{2}}/\mathrm{s}$ である。$\dfrac{C}{C_0}$ と $\dfrac{l}{L}$ の関係を図 10−9 に示す。

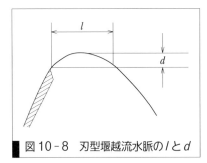

図 10−8 刃型堰越流水脈の l と d

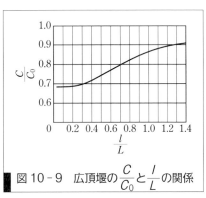

図 10−9 広頂堰の $\dfrac{C}{C_0}$ と $\dfrac{l}{L}$ の関係

10-1-5 ゲートから流出する流量

河川や水路に設置されているゲートは,流量や水位を調整するために利用されている。ゲートからの流れは,下流の水深の条件によって2種類に分けられる。図 10−10(a)のように下流の水深 h_2 がゲートの開度 h_0 よりも小さい場合を自由流出といい,逆に(b)のように下流の水深が大きい場合をもぐり流出という。

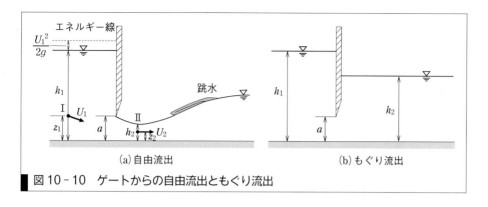

図10-10 ゲートからの自由流出ともぐり流出

ゲートから自由流出する場合の流量は以下のようにして求める。ゲートから流出する流線上の上流側に点Ⅰ，下流側に点Ⅱをとり，2点間にベルヌーイの定理を適用すると，

$$h_1 + \frac{U_1^2}{2g} = h_2 + \frac{U_2^2}{2g} \qquad 10-11$$

となり，接近流速 U_1 を考慮しない場合 ($U_1=0$)，$U_2 = \sqrt{2g(h_1-h_2)}$ と表される。

ゲートの開き a に対して，ゲート下流で収縮した水深 h_2 は，収縮係数 C_a とすると，$h_2 = C_a a$ で表され，ゲートの幅（図の奥行）を B とすると，流量 Q は，

$$Q = B C_a C_v a \sqrt{2g(h_1 - C_a a)} \qquad 10-12$$

で表される。収縮係数 C_a は 0.60〜0.61 で，C_v は流速係数であり，ゲートの先端が刃型の場合には 0.95〜0.99 となる。

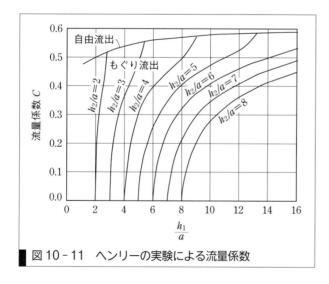

図10-11 ヘンリーの実験による流量係数

また，自由流出およびもぐり流出の流量を算定する方法として，ヘンリー (Henry) が実験から求めた図10-11を用いて $\dfrac{h_1}{a}$ および $\dfrac{h_2}{a}$ の値

から流量係数 C を求め，式 10-13 から流量を算出する方法がある．

$$Q = CBa\sqrt{2gh_1} \qquad 10-13$$

例題 10-1-3 図に示す自由流出における流量を求めよ．ただし，水路幅は $2\,\mathrm{m}$ とし，流量係数は図 10-11 から得られるものとする．

自由流出

解答 図 10-11 より，横軸の $\dfrac{h_1}{a}$ は，$\dfrac{2.5}{0.5} = 5$ であるから，流量係数 C は 0.55 となる．したがって，流量 Q は，

$$Q = CBa\sqrt{2gh_1} = 0.55 \times 2.0 \times 0.5 \times \sqrt{2 \times 9.8 \times 2.5} = 3.85\,\mathrm{m^3/s}$$

10-1-6 ベンチュリーメータによる流量計測

次に，管路内を流れる流量を計測するために用いるベンチュリーメータ（Venturi meter）について説明する．この管は一様断面と収縮断面の管路を組み合わせ，両断面の間に生じる圧力差を計測して流量を算定する．

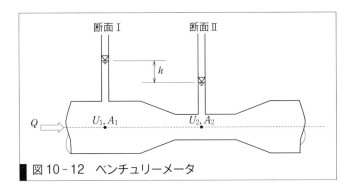

図 10-12 ベンチュリーメータ

図 10-12 に示すように，水平に設置された管路を考え，断面 I の一様断面および断面 II の収縮断面の流水断面積，流速をそれぞれ A_1，A_2，U_1，U_2 とする．各断面の間にベルヌーイの定理を適用すると[*9]，

$$\frac{U_1^2}{2g} + z_1 + \frac{p_1}{\rho g} = \frac{U_2^2}{2g} + z_2 + \frac{p_2}{\rho g} \qquad 10-14$$

となる．管路を水平に設置しているので，$z_1 = z_2$ であり，

$$h = \frac{p_1}{\rho g} - \frac{p_2}{\rho g} = \frac{U_2^2}{2g} - \frac{U_1^2}{2g} = \frac{Q^2}{2g}\left(\frac{1}{A_2^2} - \frac{1}{A_1^2}\right) \qquad 10-15$$

[*9] **Don't Forget!!**
ベルヌーイの定理，それを応用したピトー管やベンチュリー管による流速，流量の計測原理を確実に理解しよう．

となる。よって，流量 Q は，

$$Q = C \frac{A_1 A_2}{\sqrt{A_1^2 - A_2^2}} \sqrt{2gh} \qquad 10-16$$

で表される。なお，C は管路の縮小や拡大にともなう損失エネルギーを考慮した流量係数である。この式から管路の流水断面積が既知であれば，両断面の水頭差 h を計測することにより，流量 Q が求まることがわかる。また，水頭差が大きくなる場合には，水銀を用いた差圧式のベンチュリーメータが用いられ，流量を求める式は式 $10-16$ とは異なる[10]。

[10]
Let's TRY!!
水銀を用いた差圧式ベンチュリーメータについて調べてみよう。

WebにLink

例題 **10-1-4** 図 $10-12$ において，一様管路の内径 $D_1 = 600\ \mathrm{mm}$，収縮断面管路の内径が $D_2 = 300\ \mathrm{mm}$，水頭差が $20\ \mathrm{cm}$ であった。このとき，管路の流量 Q はいくらになるか。ただし，流量係数 C は 1 とする。

解答

$$A_1 = \frac{\pi D_1^2}{4} = \frac{\pi \times 0.6^2}{4} = 0.283\ \mathrm{m}^2$$

$$A_2 = \frac{\pi D_2^2}{4} = \frac{\pi \times 0.3^2}{4} = 0.071\ \mathrm{m}^2$$

$$Q = C \frac{A_1 A_2}{\sqrt{A_1^2 - A_2^2}} \sqrt{2gh} = 1 \times \frac{0.283 \times 0.071}{\sqrt{0.283^2 - 0.071^2}} \sqrt{2 \times 9.8 \times 0.2}$$

$$= 0.145\ \mathrm{m}^3/\mathrm{s}$$

10-1-7 ベンチュリーフリュームによる流量計測

次に，ベンチュリーフリュームによる流量計測方法について説明する。ベンチュリーフリュームは，スロート部（縮流部）を有する開水路において流量を計測する装置である。図 $10-13$ に示すように，断面幅が滑らかに漸縮，漸拡する開水路において，流量 Q が流れるとき，下流区間で射流になれば，スロート部において限界流が生じる。スロート部における流量 Q は，水路幅，限界水深および流速の積で求められる。

$$Q = B_2 h_c U_c \qquad 10-17$$

比エネルギー E を限界水深 h_c で表すと，

$$E = \frac{3}{2} h_c \qquad 10-18$$

となり，限界流速 U_c は

$$U_c = \sqrt{gh_c} \qquad 10-19$$

で表されるので，流量係数を C として，式 $10-17$ に式 $10-18$ および

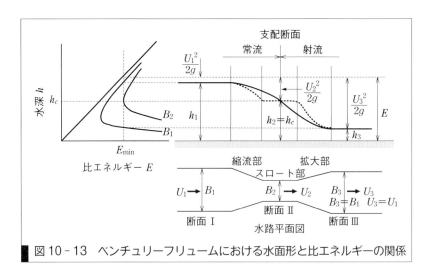

図 10-13 ベンチュリーフリュームにおける水面形と比エネルギーの関係

式 10-19 を代入すると,

$$Q = CB_2\sqrt{g}\left(\frac{2E}{3}\right)^{\frac{3}{2}} \quad 10-20$$

となる。比エネルギー E は,

$$E = h_1 + \frac{U_1^2}{2g} = h_1 + \frac{Q^2}{2gB_1^2 h_1^2} \quad 10-21$$

と表される。したがって,上流側の水深 h_1 を計測することにより,流量 Q を算定することができる。これがベンチュリーフリュームによる流量の計測原理である。この原理を応用した流量計として,パーシャルフリュームなどがある*11。

*11

パーシャルフリュームは,JIS B 7553 に定められている。
形状や用途を調べてみよう。
WebにLink

WebにLink
演習問題解答

演習問題 A 基本の確認をしましょう

10-1-A1 図 10-6 に示す長方形堰において,幅 15 m,堰高 1.0 m,堰長 1.5 m,越流水深 0.3 m のとき,流量 $Q\,[\text{m}^3/\text{s}]$ を求めよ。

演習問題 B もっと使えるようになりましょう

10-1-B1 図に示すもぐり流出における流量を求めよ。ただし,水路幅

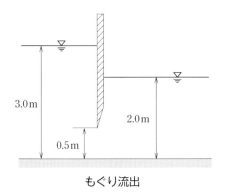

もぐり流出

は3mとし，流量係数は図10-11から得られるものとする。

10-1-B2　図10-12のようにベンチュリーメータにある流量 Q を流したとき，圧力水頭差は h であった。流量を2倍にした場合，圧力水頭差は何倍になるか求めよ。

あなたがここで学んだこと

この節であなたが到達したのは

□各種の堰について説明ができ，堰を越流する流量計算ができる

□ゲートから流出する流れの種類について説明ができ，流量計算ができる

□ベンチュリーメータおよびベンチュリーフリュームによる流量の計測原理を説明し，その計算ができる

　本節では，堰を越える流れやゲートから流出する流れの量を把握するための方法について学んだ。これらは河川や用水路に行けば多く目にする。これまでは何気なく見ていたものが，この節を学んだあとでは水理学の考え方が実生活にも多く活用されていることを再認識できるだろう。

10　2　流速の測定

予習　授業の前にやっておこう!!

この節を理解するためには，水理実験の実施にあたって基礎的な計測手法であるマノメータの原理，管路におけるベルヌーイの定理を理解しておく必要がある。

1. 静水圧の3つの性質について説明せよ。

2. 管路におけるベルヌーイの定理を示し，各水頭について図示して説明せよ。

3. 図のように密度 $\rho=1010 \text{ kg/m}^3$ の液体が流れている管路にマノメータを接続すると，マノメータ内の液体の高さが $h=10 \text{ cm}$ であった。このときの管路内の圧力 p はいくらか。

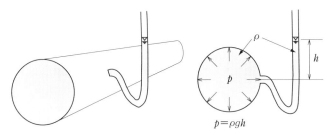

(a) 管路とマノメータ　　(b) (a)を簡略化した図
マノメータによる圧力計測

10-2-1 ピトー管による流速計測

*1 工学ナビ
ピトー管（Pitot tube）は，航空機の速度計などにも用いられている。

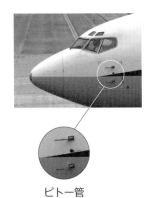

ピトー管

次に，ベルヌーイの定理を応用した流速の計測方法として，ピトー管による方法を説明する。図10-14に示すように，直角に折り曲げた管を流れと平行に管の入り口を流れに向けて入れると，管の入り口の流れは流速が減少して圧力が増加し，管内の水を押し上げる。図の管の入り口（点Ⅱ）では，よどみ点（流速がゼロ）となり，管内の水位は流水面よりも h だけ高くなる[*1]。

この現象について考えるために，管の中心を基準面として同じ流線上でピトー管の影響を受けない十分離れた点Ⅰと点Ⅱの間にベルヌーイの定理を適用すれば，

$$\frac{u_1^2}{2g}+z_1+\frac{p_1}{\rho g}=\frac{u_2^2}{2g}+z_2+\frac{p_2}{\rho g} \tag{10-22}$$

となる。$z_1=z_2$，$u_2=0$ より，

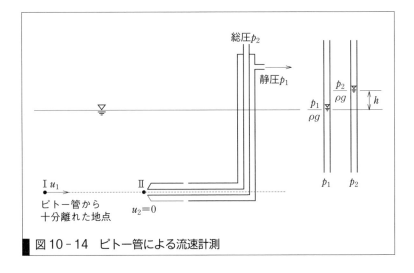

図 10-14 ピトー管による流速計測

$$\frac{u_1^2}{2g} + 0 + \frac{p_1}{\rho g} = \frac{0^2}{2g} + 0 + \frac{p_2}{\rho g} \qquad 10\text{-}23$$

となり，よって，

$$\frac{u_1^2}{2g} = \frac{p_2}{\rho g} - \frac{p_1}{\rho g} = h \qquad 10\text{-}24$$

$$u_1^2 = 2gh, \quad u_1 = \sqrt{2gh} \qquad 10\text{-}25$$

となる。したがって，点Ⅰと点Ⅱの圧力水頭差 h を計測することにより，流速を算定することができる。ピトー管は2つの管を組み合わせて製作されており，内側の管を総圧管，外側の管を静圧管という。静圧管には側面に小穴があり，流れの影響を受けないため，上式のピトー管から十分離れた点と同じ圧力水頭，速度水頭となる。このことから，流れの中にピトー管を設置することにより，速度水頭を圧力水頭に変換することでその流線上の流速を算定することができる。なお，実際の流速はピトー管係数 C を乗じた式

$$u = C\sqrt{2gh} \qquad 10\text{-}26$$

で表される。係数 C は使用するピトー管によって異なるが，事前に検定を行って C の値を定めておく。

10-2-2 河川における各種流速計測法

　河川の計画や管理を実施する際の基礎データとして，洪水時や平水時に流量がいくら流れているかを計測し，データを蓄積していくことはきわめて重要である。一般に河川で流速を計測する場合には，前述のピトー管は使わずに別の方法が用いられる。従来から洪水時の流量計測法として多く用いられてきた方法として，図 10-15 に示す浮子法がある。浮

子は水深に応じて長さの設定された棒状の浮きで，橋などから投下して見通し区間を流下する時間を計測することによって流下速度を算定する。さらに，更正係数という補正係数を乗じることによって横断面内で分割された各断面の平均流速が求められる。

また，各水深における流速を計測する機器として，プライス式流速計(図10-16)やプロペラ式流速計(図10-17)などがあり，それぞれの回転数から流速を計測する。

開水路における流速の鉛直分布は，一般的には図10-18のような放物線であり，平均流速 U は水面から水深 h の6割付近に生じる($h_m=0.6h$)ことが知られている。そこで，簡易的に水深方向の平均流速を把握する方法として，1点法の場合は水面から $0.6h$ の地点を，2点法の場合には水面から $0.2h$ と $0.8h$ の地点の流速の平均値を用いる。

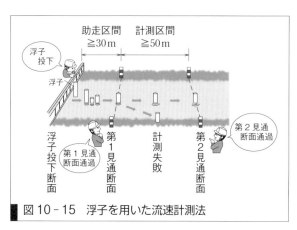

図10-15 浮子を用いた流速計測法

図10-16 プライス式流速計

図10-17 プロペラ式流速計

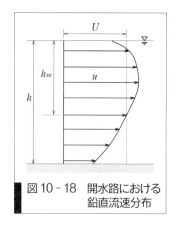

図10-18 開水路における鉛直流速分布

演習問題 A　基本の確認をしましょう

10-2-A1 ピトー管をある点に設置したとき，総圧管と静圧管の読み値の差が 2.1 cm であった。この地点の流速を求めよ。ただし，ピトー管係数 C は 0.98 とする。

演習問題 B　もっと使えるようになりましょう

10-2-B1 ピトー管を用いて流速を計測する際に，流速が小さい場合には総圧管，静圧管を接続したマノメータを傾斜させるとよい。その理由を説明せよ。

10-2-B2 図に示すような水と水銀の水頭差があるマノメータにおいて，管内の圧力 p を求めよ。ただし，水銀の密度は $\rho_q = 13600 \text{ kg/m}^3$ とする。

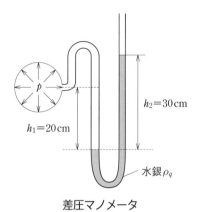

差圧マノメータ

あなたがここで学んだこと

この節であなたが到達したのは
☐ ピトー管による流速計測の原理を説明し，計算ができる
☐ 河川における流速計測方法，水深平均流速の簡易計測方法を説明できる

　本節では，管路および開水路の実験水路で一般的に用いられる流速の計測方法，河川で実際に行われている流速計測法について学んだ。近年，河川における計測技術の向上により，ビデオカメラ画像を用いた表面流速分布の解析手法や，超音波ドップラー流速計を用いた詳細な流速分布の計測手法が多く用いられるようになった。これらの技術については，国土交通省「河川砂防技術基準［調査編］」に詳しく記載されている。さらに知りたい諸君はそちらを参照してほしい。

10 3 模型実験と相似則

予習 授業の前にやっておこう!!

この節を理解するためには，流れの性質を表す無次元数であるフルード数 F_r およびレイノルズ数 R_e について理解しておく必要がある。

1. レイノルズ数 R_e の工学的意味，計算式を説明せよ。

WebにLink
予習問題解答

2. フルード数 F_r の工学的意味，計算式を説明せよ。

10-3-1 次元解析

水理学で用いる物理量は，SI 単位のなかでもおもに質量，長さ，時間の 3 つの基本単位で表される。次元とは，この 3 つの基本単位の kg，m，s をそれぞれ [M]，[L]，[T] で表す。たとえば，密度 ρ は単位体積質量 kg/m³ であるから $[\mathrm{ML}^{-3}]$，静水圧の単位であるパスカル Pa は単位面積当たりに作用する力 kg × m/s²/m² であるから $[\mathrm{ML}^{-1}\mathrm{T}^{-2}]$ となる。

次元解析とは，ある物理量に対して関係する物理量をあげ，基本単位である質量 [M]，長さ [L]，時間 [T] などの積によって次元を整理することにより，それらの関係式を調べる方法である。次元解析法には，レイリーの方法とバッキンガムの $\overset{\scriptsize バイ}{\varPi}$ 定理がある。

レイリーの方法は，対象とする物理量 [X] に対して，この物理量に関係する因子 [A]，[B]，[C] を $[\mathrm{X}]=[\mathrm{A}]^{\alpha}[\mathrm{B}]^{\beta}[\mathrm{C}]^{\gamma}$ のように指数乗した等式で表して，両辺の指数が常に等しいという次元の同次性という原理から物理量 [X] を表現する。

例として，四角堰の流量公式（式 10-3）をレイリーの方法を用いて考える。四角堰の流量 Q に関する物理量として，密度 ρ，重力加速度 g，幅 b，越流水深 h があげられる。ここで，単位幅流量 $q\left(=\dfrac{Q}{b}\right)$ として考えると，

$$q = f(\rho, g, h) = C\rho^{\alpha}g^{\beta}h^{\gamma} \qquad\qquad \mathbf{10-27}$$

と表せる。ここで，C は無次元の係数である。式 10-27 で次元の同次性を考えて両辺の次元が等しくなるようにそれぞれの基本量に対して方程式を立てると，

268　10章　流れの計測と相似則

$$[\mathrm{L}^2\mathrm{T}^{-1}] = [\mathrm{ML}^{-3}]^\alpha[\mathrm{LT}^{-2}]^\beta[\mathrm{L}]^\gamma \qquad\qquad 10-28$$

$$[\mathrm{M}]：0 = \alpha$$

$$[\mathrm{L}]：2 = -3\alpha + \beta + \gamma$$

$$[\mathrm{T}]：-1 = -2\beta$$

となり，この連立方程式を解くと，各指数の値として，

$$\alpha = 0, \quad \beta = \frac{1}{2}, \quad \gamma = \frac{3}{2}$$

が得られる。これらの値を式 10-27 に代入すると，

$$q = Cg^{\frac{1}{2}}h^{\frac{3}{2}}$$

となり，式 10-3 で示したように，越流水深 h の $\frac{3}{2}$ 乗に比例することがわかる。このように，$[\mathrm{M}]$，$[\mathrm{L}]$，$[\mathrm{T}]$ の基本単位に対する 3 つの連立方程式を立てて関係式を求めるため，現象に関係する物理量が 3 つ以内の場合に有効な方法となる。

例題 10-3-1 投影面積 A の物体が流速 U の一様な流れにおいて受ける抗力 D をレイリーの方法により求めよ。ただし，流体の密度を ρ とする。

解答 抗力 D は，

$$D = f(\rho, A, U) = \frac{1}{2}C_D\rho^\alpha A^\beta U^\gamma \qquad\qquad \text{(a)}$$

で表される。C_D は抗力係数（無次元）である。各物理量の単位は，投影面積 $A\,[\mathrm{m}^2]$，流速 $U\,[\mathrm{m/s}]$，抗力 $D\,[\mathrm{N=kg \times m/s^2}]$，密度 $\rho\,[\mathrm{m^3/s}]$ であるから，次元の同次性を考えて両辺の次元が等しくなるようにそれぞれの基本量に対して方程式を立てると，

$$[\mathrm{MLT}^{-2}] = [\mathrm{ML}^{-3}]^\alpha[\mathrm{L}^2]^\beta[\mathrm{LT}^{-1}]^\gamma \qquad\qquad \text{(b)}$$

$$[\mathrm{M}]：1 = \alpha$$

$$[\mathrm{L}]：1 = -3\alpha + 2\beta + \gamma$$

$$[\mathrm{T}]：-2 = -\gamma$$

となる。この連立方程式を解くと，各指数の値として，$\alpha = 1$，$\beta = 1$，$\gamma = 2$ となり，これらの値を式(a)に代入すると，抗力 D は

$$D = \frac{C_D\rho AU^2}{2} \qquad\qquad \text{(c)}$$

で表される。

次に，バッキンガムの $\varPi$ 定理とは，i 個の基本単位から成る物理現象

に対して関係する物理量が j 個あるとき，この現象を支配する $j-i$ 個の独立な無次元量 $\varPi$ を持つ方程式が成立するという定理である。つまり，対象としている物理現象が j 個の物理量 $q_1,\ q_2,\ q_3, \cdots,\ q_j$ により，$F\ (q_1,\ q_2,\ q_3, \cdots,\ q_j)=0$ と表される。この式はバッキンガムの $\varPi$ 定理から，たがいに独立した $j-i$ 個の無次元量 $\varPi_1,\ \varPi_2, \cdots,\ \varPi_{j-i}$ を変数として $f(\varPi_1,\ \varPi_2, \cdots,\ \varPi_{j-i})=0$ の形に置き換えられる。

例として，例題 10-3-1 で求めた投影面積 A の物体が流速 U の一様な流れにおいて受ける抗力 D の式において，抗力係数 C_D についてさらに考察する。一様な流れ場にある球に働く抗力 D を考えると，対象となる物理量は，抗力 D，密度 ρ，球の直径 d，物体の流速 U に流体の粘性係数 μ を加えた $j=5$ 個である。基本量の数は質量 M，長さ L，時間 T の $i=3$ であるから，$5-3=2$ 個の無次元数 $\varPi_1,\ \varPi_2$ がそれぞれ $i+1=4$ 個の物理量によって構成される。

$$\varPi_1 = \rho^{\alpha_1} U^{\beta_1} d^{\gamma_1} D \qquad\qquad 10\text{-}29$$

$$\varPi_2 = \rho^{\alpha_2} U^{\beta_2} d^{\gamma_2} \mu \qquad\qquad 10\text{-}30$$

式 10-29 について両辺の指数を考えると，

$$[\mathrm{M}^0\mathrm{L}^0\mathrm{T}^0] = [\mathrm{ML}^{-3}]^{\alpha_1}[\mathrm{LT}^{-1}]^{\beta_1}[\mathrm{L}]^{\gamma_1}[\mathrm{MLT}^{-2}]$$

$$[\mathrm{M}]：0 = \alpha_1 + 1$$
$$[\mathrm{L}]：0 = -3\alpha_1 + \beta_1 + \gamma_1 + 1$$
$$[\mathrm{T}]：0 = -\beta_1 - 2$$

となり，この連立方程式を解けば，各指数の値として $\alpha_1 = -1,\ \beta_1 = -2,$ $\gamma_1 = -2$ が得られる。これらの値を式 10-29 に代入すると，次式

$$\varPi_1 = \rho^{-1} U^{-2} d^{-2} D = \frac{D}{\rho U^2 d^2} \qquad\qquad 10\text{-}31$$

が得られる。同様に，式 10-30 については，

$$[\mathrm{M}^0\mathrm{L}^0\mathrm{T}^0] = [\mathrm{ML}^{-3}]^{\alpha_2}[\mathrm{LT}^{-1}]^{\beta_2}[\mathrm{L}]^{\gamma_2}[\mathrm{ML}^{-1}\mathrm{T}^{-1}]$$

$$[\mathrm{M}]：0 = \alpha_2 + 1$$
$$[\mathrm{L}]：0 = -3\alpha_2 + \beta_2 + \gamma_2 - 1$$
$$[\mathrm{T}]：0 = -\beta_1 - 1$$

となる。これより，$\alpha_1 = -1,\ \beta_1 = -1,\ \gamma_1 = -1$ となり，次式

$$\varPi_2 = \rho^{-1} U^{-1} d^{-1} \mu = \frac{\mu}{\rho U d} \qquad\qquad 10\text{-}32$$

が得られる。以上より，式 10-33 に示す無次元数を持つ関数式

$$f(\varPi_1, \varPi_2) = f\left(\frac{D}{\rho U^2 d^2}, \frac{\mu}{\rho U d}\right) = 0 \qquad 10-33$$

となる。ここで，$\varPi_2$ は代表長さを球の直径 d とするレイノルズ数
$R_e = \dfrac{\rho U d}{\mu}$ の逆数になっていることがわかる。

また，式 10−33 は $\varPi_1 = f(\varPi_2)$ とおけるので，

$$\frac{D}{\rho U^2 d^2} = f(R_e) \qquad 10-34$$

となり，d^2 は投影面積 A に比例するから，

$$D = A\frac{\rho U^2}{2} f(R_e) \qquad 10-35$$

となる。したがって，例題 10−3−1 の式(c)と比較すると，抗力係数
C_D は，レイノルズ数 R_e の関数になっていることがわかる。

10-3-2 相似則

　河川や水路で起こっている水理現象を詳しく理解するための手法の一つとして模型実験がある。模型実験の計測結果から実際の現象で現れる諸量を知るためには，実際の水理現象との間に相似性が成立していなければならない。この相似性を定める法則を相似則という。模型実験の実施にあたっては，3つの相似則を満たす必要がある。

　幾何学的相似：対応する代表長さの比がすべて等しく形状が同じ

　運動学的相似：対応する流線が幾何学的に相似で，かつ対応する点における速度の比が等しい

　力学的相似：対応する 2 点に作用している力の比が同じ

　しかしながら，すべての相似則を満たす模型実験はできないため，対象とする現象において卓越する力に注目して相似則を考える。たとえば，慣性力と重力が卓越する現象にはフルード相似則を，慣性力と粘性力が卓越する現象にはレイノルズの相似則を用いる[1]。

1. レイノルズ相似則　4 章で学習したように，レイノルズは実験から流れが層流になるか乱流になるかについて，レイノルズ数 R_e という慣性力と粘性力の比で表される無次元量によって整理できることを示した。

　図 10−19 に示すような幾何学的に相似な流れにおいて，両者のレイノルズ数が等しいとき，これらの流れは同じと考えることができる。これをレイノルズの相似則という。たとえば，実物(Prototype)，模型(Model)の諸量をそれぞれ接尾語(suffix)に p と m をつけて表すと，

$$R_e = \frac{U_p L_p}{\nu_p} = \frac{U_m L_m}{\nu_m} \qquad 10-36$$

となるような模型実験を行う必要がある。

[1]
Let's TRY!!

フルード相似則，レイノルズ相似則以外にどんな相似則があるか調べてみよう。

WebにLink

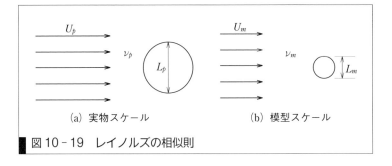

(a) 実物スケール　　(b) 模型スケール

図 10-19　レイノルズの相似則

2. フルード相似則　開水路における流れや海の波では，重力や慣性力が卓越する現象となるため，実スケールと模型のフルード数を一致させることにより，力学的相似条件を満たすようにする。これをフルード相似則という。

$$F_r = \frac{U_p^2}{\sqrt{gL_p}} = \frac{U_m^2}{\sqrt{gL_m}} \qquad 10-37$$

演習問題 A　基本の確認をしましょう

10-3-A1　河川のある区間を $\frac{1}{2000}$ に縮小した模型水路において，流速の縮尺はいくらになるか求めよ。

演習問題 B　もっと使えるようになりましょう

10-3-B1　代表長さ 6 m の自動車が時速 60 km で走行する場合を想定した模型実験を行う。模型に与える風速を 50 m/s とし，レイノルズ数を一致させるためには模型の縮尺はいくらになるか求めよ。

10-3-B2　縮尺 $\frac{1}{200}$ の模型水路に流量 5 L/s を流す場合，実スケールではいくらの流量が流れていることになるか求めよ。

あなたがここで学んだこと

この節であなたが到達したのは

□ 次元解析の方法として，レイリーの方法について理解し，計算ができる

□ 模型実験を行う際の相似則の考え方を説明でき，計算ができる

本節では，次元解析の方法および流れの相似則について学習した。模型実験を行う際には，取り扱う現象に応じて相似則を考えなければいけないため，事前に十分検討してから行う必要がある。

● 参 考 文 献 ●

［1］秋山壽一郎・朝位孝二・大串浩一郎・大本照憲・多田彰秀・羽田野袈裟義・松永信博・矢野真一郎：新編
水理学，理工図書，2011

［2］浅枝　隆・有田正光・玉井信行・福井吉孝：水理学，オーム社，1997

［3］荒木正夫，椿　東一郎：水理学演習　下巻，森北出版，1962

［4］有田正光：流れの科学，東京電機大学出版局，1998

［5］有田正光・中井正則：水理学演習，東京電機大学出版局，1999

［6］井上和也・綾　史郎・石垣泰輔・澤井健二・戸田圭一・後野正雄：図説わかる水理学，学芸出版社，2008

［7］岩佐義明：水理学，朝倉書店，1967

［8］内山雄介：水理学，オーム社，2013

［9］大西外明：最新水理学Ⅰ，森北出版，1981

［10］岡本芳美：開水路の水理学解説，鹿島出版会，1991

［11］荻原国宏：流体力（新体系土木工学 25），技報堂，1986

［12］日下部重幸・檀　和秀・湯城豊勝：水理学，コロナ社，2002

［13］國澤正和・福山和夫・西田秀行：絵解き水理学（改訂 2 版），オーム社，1998

［14］国土交通省：河川砂防技術基準［調査編］第 2 章水文・水理観測　第 4 節　流量観測

［15］国土交通省：河川砂防技術基準［設計編］

［16］谷一郎：流れ学第 3 版，岩波書店，1967

［17］鮏川　登：水理学，コロナ社，1987

［18］鈴木幸一：水理学演習，森北出版，1990

［19］椿　東一郎：水理学Ⅰ，森北出版，1973

［20］椿　東一郎：水理学Ⅱ，森北出版，1973

［21］土木学会：水理公式集　昭和 46 年改訂版，1971

［22］土木学会：水理公式集―昭和 60 年版―，1985

［23］土木学会 水理公式集平成 11 年版，第 3 編ダム・発電編，第 1 章せきと越流頂，pp.241−246，1999

［24］土木学会：水理実験解説書 2015 年度版，2015

［25］土木学会編：土木工学ハンドブック（第 4 版），技法堂出版，1989

［26］日本工業規格 JIS B7553-1993 パーシャルフリューム式流量計

［27］禰津家久：水理学・流体力学，朝倉書店，1995

［28］禰津家久・富永晃宏：水理学，朝倉書店，2000

［29］林　泰造：基礎水理学，鹿島出版会，1996

［30］日野幹男：明解　水理学，丸善，1983

［31］プラントル：流れ学　上，コロナ社，1972

［32］細井正延・杉山綿雄：水理学，コロナ社，1971

［33］本間　仁：標準水理学，丸善，1972

［34］本間　仁，安芸皎一：物部水理学，岩波書店，1974

［35］本間　仁：低溢流堰堤の流量係数，土木学会誌，第 26 巻，6 号，pp.635−645，9 号，pp.849−862，1940

［36］真野　明・田中　仁・風間　聡・梅田　信：水理学入門，共立出版，2010

［37］安田孝志：基本がわかる水理学，コロナ社，1998

［38］ 山口浩樹：道具としての流体力学，日本実業出版社，2005

［39］ 吉川秀夫：水理学，技報堂，1975

［40］ Chow, V. T. : Open-Channel Hydraulics, McGraw-Hill International Book Company, Inc., 1982.

［41］ Henry, H. R. : Discussion of "Diffusion of submerged jets", Trans. ASCE, Vol.115, pp. 687 − 694, 1950.

［42］ Moody, L. F. : Friction factors for pipe flow, Transactions of the ASME, Nov., 1944.

［43］ Mostkow, M. A. : Handbuch der Hydraulik, V. V. T. Berlin, p. 190, 1956.

［44］ Nikuradse, J. : "Strömungsgesetze in rauhen Rohren." VDI-Forschungsheft 361. Beilage zu "Forschung auf dem Gebiete des Ingenieurwesens" Ausgabe B Band 4, July/August 1933.

［45］ Rao, N. S. G. and Muralidhar, D. : Discharge characteristics of weirs of finite-crest width, La Houille Blanche, No. 5, pp. 537 − 545, Août/Sep., 1963.

［46］ Reichardt, H. : Vollständige Darstellung der turbulenten Geschwindigkeitsverteilung in glatten Leitungen, Zeitschrift für angewandte Mathematik und Mechanik 31(7), pp. 208 − 219, 1951.

［47］ Rouse, H. : Elementary mechanics of fluids, Dover, 1946.

問題解答

1 章

●予習

1-1
1. 2000 kg/m^3
2. 2 N

1-2
1. せん断力 $\text{N}, [\text{MLT}^{-2}]$
   せん断応力 $\text{N/m}^2, \dfrac{\text{MLT}^{-2}}{\text{L}^2} = [\text{ML}^{-1}\text{T}^{-2}]$
2. 49 kPa

演習問題

1-1-A1 100 kPa
1-1-A2 510 kg/m^3
1-1-A3 250 m/s
1-1-B1 地球上：2.94 N
     月　面：0.49 N
1-1-B2 $52.0 \text{ kgf} \dfrac{\text{s}^2}{\text{m}^4}$
1-1-B3 2 m/s^2
1-2-A1 $790 \text{ kg/m}^3, 7740 \text{ N/m}^3$
1-2-A2 $0.114 \times 10^{-6} \text{ m}^2/\text{s}$
1-2-A3 3 mm
1-2-B1 2450 N/m^3
1-2-B2 -1.1 cm
1-2-B3 速度勾配 $4.24 \dfrac{1}{\text{s}}, 9.49 \dfrac{1}{\text{s}}$
   せん断応力 $15.5 \times 10^{-4} \times 4.24 \fallingdotseq 6.6 \times 10^{-3} \text{ N/m}^2$
   $15.5 \times 10^{-4} \times 9.49 \fallingdotseq 1.5 \times 10^{-2} \text{ N/m}^2$

2 章

●予習

2-1
1. (1) 密度 $[\text{ML}^{-3}]$ (2) 単位体積重量 $[\text{ML}^{-2}\text{T}^{-2}]$
   (3) 圧力 $[\text{ML}^{-2}\text{T}^{-1}]$
2. $F = 5.0 \text{ N}, \theta = 30.2°$

2-2
1. (1) 0.4 N
   (2) 41 cm^3

2-3
1. 物体は列車の進行方向とは反対向きに，Ma の慣性力を受ける。
2. 周期 2.5 s, 角速度 2.5 rad/s

演習問題

2-1-A1 1013 hPa
2-1-A2 199.3 kPa
2-1-A3 0.7 kN
2-1-A4

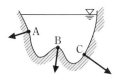

2-1-B1 ①油と水との境界面　19.8 kPa
   ②水と海水との境界面　38.5 kPa
   ③水槽の底面　75.6 kPa
2-1-B2 全水圧 16.6 kN　左側の池から右側の池に向かって作用する。作用点まで 2.7 m
2-1-B3 (1) $h_1 = 3.46 \text{ m}$　$h_2 = 4.90 \text{ m}$
   (2) $d_1 = 3.69 \text{ m}, d_2 = 1.77 \text{ m}, d_3 = 0.53 \text{ m}$
2-1-B4 (1) 0.69 m　(2) 18.33 kN
2-2-A1 1051 m^3
2-2-A2 $9.2 \times 10^{-3} \text{ m}^3$
2-2-A3 21.1 N
2-2-A4 0.65 m
2-2-A5 -0.113 m
2-2-B1 略
2-2-B2 直径 D が 1.2 m 以上で安定する。
2-2-B3 略
2-3-A1 $50.7°$
2-3-A2 0.01 m
2-3-B1 $\beta = \tan^{-1} \dfrac{a \cos \theta}{g + a \sin \theta}$
2-3-B2 $\beta = \tan^{-1} \dfrac{\sin \theta \cos \theta}{1 - \sin \theta \sin \theta}$
2-3-B3 50.7 rpm

3 章

●予習

3-1
1. 15.0 m/s

3-2
1. 999.7 kg
2. 909 kg/m^3

3-3
1. $E_A = mgz_A + \dfrac{m \cdot 0.0^2}{2} = mgz_A$　$E_B = mgz_B + \dfrac{m \cdot U^2}{2}$
2. 5.42 m/s
3. $\dfrac{E}{mg} = z + \dfrac{U^2}{2g}$

3-4
1. 地球の重力場
   $U(t+dt) = U(t) + \dfrac{dU(t)}{dt} dt = U(t) + g dt$

276　問題解答

宇宙空間

$U(t+dt)=U(t)$

2. $0.35\,\mathrm{kg}$

3-5

1. $\omega_1+\omega_2=(x_1+x_2)+i(y_1+y_2)$

$\omega_1\times\omega_2=(x_1x_2-y_1y_2)+i(x_1y_2+x_2y_1)$

$\dfrac{\omega_1}{\omega_2}=\dfrac{x_1x_2+y_1y_2}{x_2^2+y_2^2}+i\dfrac{x_2y_1-x_1y_2}{x_2^2+y_2^2}$

$\omega_1^2=(x_1^2-y_1^2)+i(2x_1y_1)$

2. $\omega^n=(re^{i\theta})^n=r^ne^{in\theta}$

3. $y=\dfrac{x^3}{3}$

演習問題

3-1-A1

■管路

流水断面積 A	$4.00\,\mathrm{m}^2$
潤辺 S	$8.00\,\mathrm{m}$
径深 R	$0.500\,\mathrm{m}$
流量 Q	$8.00\,\mathrm{m}^3/\mathrm{s}$

■開水路

流水断面積 A	$2.00\,\mathrm{m}^2$
潤辺 S	$4.00\,\mathrm{m}$
径深 R	$0.500\,\mathrm{m}$
流量 Q	$4.00\,\mathrm{m}^3/\mathrm{s}$

3-1-A2

■管路

流水断面積 A	$3.14\,\mathrm{m}^2$
潤辺 S	$6.28\,\mathrm{m}$
径深 R	$0.500\,\mathrm{m}$
流量 Q	$6.28\,\mathrm{m}^3/\mathrm{s}$

■開水路

流水断面積 A	$1.57\,\mathrm{m}^2$
潤辺 S	$3.14\,\mathrm{m}$
径深 R	$0.500\,\mathrm{m}$
流量 Q	$3.14\,\mathrm{m}^3/\mathrm{s}$

3-1-A3

■管路

流水断面積 A	$2.31\,\mathrm{m}^2$
潤辺 S	$6.93\,\mathrm{m}$
径深 R	$0.333\,\mathrm{m}$
流量 Q	$4.62\,\mathrm{m}^3/\mathrm{s}$

■開水路

流水断面積 A	$0.577\,\mathrm{m}^2$
潤辺 S	$2.31\,\mathrm{m}$
径深 R	$0.250\,\mathrm{m}$
流量 Q	$1.15\,\mathrm{m}^3/\mathrm{s}$

3-1-A4

流量 Q の大きい順：

四角形 $(0.500\,h^2)>$ 円形 $(0.393\,h^2)>$ 三角形 $(0.144\,h^2)$

径深 R の大きい順：

四角形 $(0.250\,h)=$ 円形 $(0.250\,h)>$ 三角形 $(0.125\,h)$

3-1-B1 $1.62\,\mathrm{m}^3/\mathrm{s}$

3-1-B2 $A=2.53\,r^2$ $S=4.19\,r$ $R=0.603\,r$

3-1-B3

■流水断面積 A

$$A=\frac{B_1+B_2}{2}h=\frac{B_1+(B_1+2h\cdot a)}{2}h$$
$$=h(B_1+h\cdot a)$$

■潤辺 S

$$S=B_1+2r=B_1+2h\sqrt{1+a^2}$$

■径深 R

$$R=\frac{A}{S}=\frac{h(B_1+h\cdot a)}{B_1+2h\sqrt{1+a^2}}=\frac{h(B_1+h\cdot a)}{B_1+2h\sqrt{1+a^2}}$$

3-1-B4 $A=540\,\mathrm{m}^2$, $S=170\,\mathrm{m}$, $R=3.17\,\mathrm{m}$,
$Q=1080\,\mathrm{m}^3/\mathrm{s}$

3-2-A1 $1.23\,\mathrm{m}$

3-2-A2 $U_2=2.78\,\mathrm{m/s}$ $U_3=25.0\,\mathrm{m/s}$ $Q=0.196\,\mathrm{m}^3/\mathrm{s}$

3-2-A3 $0.500\,\mathrm{m/s}$

3-2-A4 $3.25\,\mathrm{m/s}$

3-2-B1 $3.00\,\mathrm{m/s}$

3-2-B2 $1.73\,D$

3-2-B3 $\left(\dfrac{D_1}{D_2}\right)^2 U_{水面}$

3-2-B4 $U_1=0.500\,\mathrm{m/s}$ $U_3=1.00\,\mathrm{m/s}$
$U_4=1.12\,\mathrm{m/s}$

3-3-A1 ①位置水頭 $2.00\,\mathrm{m}$ ②圧力水頭 $3.04\,\mathrm{m}$
③速度水頭 $3.27\,\mathrm{m}$

3-3-A2 $U_2=9.00\,\mathrm{m/s}$ 圧力水頭 $-3.08\,\mathrm{m}$

3-3-A3 (1) $U=\sqrt{2g(h_1+h_2)}$ (2) $0.440\,\mathrm{m}^3/\mathrm{s}$

3-3-A4 $4.90\,\mathrm{m}$

3-3-B1 (1) $p_{\mathrm{A}}=0.0$ p_{B}(水槽側)$=\rho gh$
p_{B}(管路側)$=-2\,\rho gL$
$p_{\mathrm{C}}=0.0$ p_{D}(水槽側)$=\rho gh$
p_{D}(管路側)$=-\rho gL$
$p_{\mathrm{E}}=\rho gL$ $p_{\mathrm{F}}=\rho gL$ $p_{\mathrm{G}}=0.0$
(2) $U_{\mathrm{C}}=\sqrt{2g(2L+h)}$ $U_{\mathrm{G}}=\sqrt{2g(L+h)}$

3-3-B2 $1.41\,h$

3-3-B3 $D=D_0\left(\dfrac{2gh}{U_0^2}+1\right)^{-\frac14}$

3-3-B4 $U_1=U_2=\sqrt{2gh}$ $U_3=\sqrt{\left(1+\dfrac{\rho_1}{\rho_2}\right)gh}$

(水槽1) $=$ (水槽2) $>$ (水槽3)

3-4-A1 (1) $65.1\,\mathrm{N}$ (2) $88.6\,\mathrm{N}$

3-4-A2 $25.7\,\mathrm{N}$

3-4-A3 $0.0248\,\mathrm{m}^3/\mathrm{s}$

3-4-B1 $221\,\mathrm{N}$

3-4-B2 $F=\rho Q_1 U_1\cos\theta$,
$\dfrac{Q_2}{Q_1}=\dfrac{1+\sin\theta}{2}$, $\dfrac{Q_3}{Q_1}=\dfrac{1-\sin\theta}{2}$

3-4-B3　$\lambda = 1.12$

3-5-A1　(b)

3-5-A2　$\Omega = Ce^{-i\delta}\omega = C(\cos\delta - i\sin\delta)(x + iy)$
$= C(x\cos\delta + y\sin\delta) - iC(x\sin\delta - y\cos\delta)$
$\phi = C(x\cos\delta + y\sin\delta), \ \psi = -C(x\sin\delta - y\cos\delta)$
$u = \dfrac{\partial \phi}{\partial x} = C\cos\delta, \ v = \dfrac{\partial \phi}{\partial y} = C\sin\delta$

3-5-A3　$\Omega = \dfrac{C}{\omega} = \dfrac{C}{re^{i\theta}} = \dfrac{1}{r}Ce^{-i\theta} = \dfrac{1}{r}C\cos\theta - i\dfrac{1}{r}C\sin\theta$

$\phi = \dfrac{C\cos\theta}{r}, \ \psi = -\dfrac{C\sin\theta}{r}$
$u_r = \dfrac{\partial \phi}{\partial r} = \dfrac{\partial \psi}{r\partial \theta} = -\dfrac{C\cos\theta}{r^2}$
$u_\theta = \dfrac{\partial \phi}{r\partial \theta} = -\dfrac{\partial \psi}{\partial r} = -\dfrac{C\sin\theta}{r^2}$

3-5-B1　$\psi = 3x^2 y + \dfrac{3}{2}x^2 - \dfrac{3}{2}y^2 + C$

（C は定数）

3-5-B2　$\Omega = \phi + i\psi, \ \phi = x^3 - 3xy^2, \ \psi = 3x^2 y - y^3$

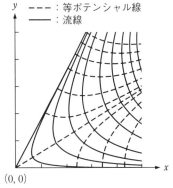

流速　$u = 3x^2 - 3y^2, \ v = -6xy$

3-5-B3　$\Omega = \phi + i\psi, \ \phi = C\left(r + \dfrac{a^2}{r}\right)\cos\theta,$

$\psi = C\left(r - \dfrac{a^2}{r}\right)\sin\theta,$
$u_r = C\left(1 - \dfrac{a^2}{r^2}\right)\cos\theta,$
$u_\theta = -C\left(1 + \dfrac{a^2}{r^2}\right)\sin\theta$

4 章

●予習

4-1
1. 2.98 m/s
2. 流速　3.98 m/s　圧力水頭　1.85 m

4-2
1. $U = \dfrac{1}{A}\displaystyle\int_A u\, dA = \dfrac{1}{\pi a^2}\displaystyle\int_0^a 2\pi(a-y)u\, dy$
2. (1) 略
   (2) 略

4-3
1. 運動量 $= \rho Q(U_2 - U_1)$
   外力 $= W\sin\theta$
   圧力 $= p_1 A_1 - p_2 A_2$
   運動量保存則
   　$\rho Q(U_2 - U_1) = (p_1 A_1 - p_2 A_2) - W\sin\theta$
2. ①　摩擦損失　　②　形状損失
   ③　摩擦損失係数
   ④　ダルシー－ワイズバッハの式

演習問題

4-1-A1　レイノルズ数　7.65×10^3　乱流

4-1-A2　$Q = 12.2\ \text{cm}^3/\text{s}$　$U = 6.89\ \text{cm/s}$
$\tau_0 = 3.68 \times 10^{-2}\ \text{N/m}^2$

4-1-A3　$1.32\,D$

4-1-B1　(1) $u_1 = 3.59\ \text{cm/s}$　$u_2 = 4.78\ \text{cm/s}$
(2) $4.77 \times 10^{-3}\ \text{N/m}^2$

4-1-B2　略

4-1-B3　略

4-2-A1　0.051

4-2-A2　平均流速　228 cm/s　流量　17.9 L/s

4-2-A3　シェジーの式：1.03 m/s,
マニングの式：1.03 m/s
ヘーゼン－ウィリアムスの式：1.37 m/s

4-2-B1　平均流速　71.1 cm/s　流量　5.58 L/s

4-2-B2　(1) 1.17×10^5　(2) 0.017　(3) 2.03 m
(4) 0.0251

4-2-B3　摩擦損失係数　0.038
平均流速　1.24 m/s　最大流速　1.57 m/s

4-3-A1　A　0.0416 m　B　0.208 m　C　0.146 m
D　0.204 m　E　0.409 m　F　0.0535 m
G　0.0380 m

4-3-A2　0.322 m

4-3-A3　(1)　速度水頭　　　　　0.0823 m
(2)　形状損失水頭
　　点A：入口損失水頭　　　0.0412 m
　　点B：曲がりによる損失水頭　0.00448 m
　　点C：屈折による損失水頭　0.0151 m
　　点D：コックによる損失水頭　0.128 m
　　点E：出口損失水頭　　　0.0823 m
(3)　摩擦損失水頭　　0.105 m
(4)　両水槽の水面差 H　0.376 m

4-3-B1　(1) $\left\{\left(\dfrac{1}{A_1} - \dfrac{1}{A}\right)^2 + \left(\dfrac{1}{A} - \dfrac{1}{A_2}\right)^2\right\}\dfrac{Q^2}{2g}$

(2) $A = \dfrac{2}{\dfrac{1}{A_1} + \dfrac{1}{A_2}}$

4-3-B2　略

4-3-B3　たとえば，最小二乗法による線形近似より

(1) $K_{sc} = 0.46 \left(1 - \dfrac{A_2}{A_1}\right) = 0.46 \left\{1 - \left(\dfrac{D_2}{D_1}\right)^2\right\}$

(2) $K'_{sc} + K_{sc} = 0.52 \left(1 - 0.95\dfrac{A_2}{A_1}\right)$

$= 0.52 \left\{1 - 0.95\left(\dfrac{D_2}{D_1}\right)^2\right\}$

5 章

●予習

5-1

1. ① 摩擦損失　② 形状損失

2. 略

3. 略

5-2

1. ① 摩擦　② 形状　③ 2　④ 摩擦損失係数
   ⑤ 長さ　⑥ 直径　⑦ 急縮　⑧ 入口
   ⑨ 出口　⑩ 曲がり　⑪ $K_i \dfrac{U^2}{2g}$

2. 略

5-3

1. 略

2. ① ポンプ　② 発電機

3. 0.288 kW

演習問題

5-1-A1　略

5-1-A2　(1)　$U = 2.30$ m/s,　$Q = 0.163$ m³/s

(2)　略

(3)　8.07 m

5-1-A3　(1)　$Q = \dfrac{\pi D^2}{4}\sqrt{\dfrac{2gH}{\left(f\dfrac{l}{D}+1\right)}}$

(2)　$\dfrac{Q_*}{Q} = \sqrt{\dfrac{fl+D}{2fl+D}}$

5-1-A4　① サイフォン　② 負圧　③ 大気圧
　　　　　④ キャビテーション　⑤ −8

5-1-A5　$U = \sqrt{\dfrac{2gH}{K_e + K_{b1} + K_{b2} + f\dfrac{l_1+l_2+l_3}{D} + K_o}}$

5-1-B1　(1)　略

(2)　$H = \left(K_e + f_1\dfrac{l_1}{D_1}\right)\dfrac{U_1^2}{2g} + \left(K_{sc} + f_2\dfrac{l_2}{D_2} + K_o\right)\dfrac{U_2^2}{2g}$

(3)　$U_1 = \dfrac{D_2^2}{D_1^2}U_2$

(4)　4.13 m³/s

5-1-B2　(1)　12 m 以上

(2)　略

(3)　$U = 8.57$ m/s,　$\dfrac{p_B}{\rho g} = -6.5$ m

5-1-B3　(1)　略

(2)　$U = 6.33$ m/s,　$Q = 3.18$ m³/s

(3)　0.67

(4)　$Q = 3.80$ m³/s,　$\dfrac{p_C}{\rho g} = 2.24$ m

5-2-A1　$\dfrac{\sqrt{2}}{2}$

5-2-A2　$Q_1 = 0.176$ m³/s,　$Q_2 = 0.124$ m³/s

5-2-A3　0.144 m³/s

5-2-B1　(1)　$Q_1 = \dfrac{Q}{\left(1 + \sqrt{\dfrac{f_1 l_1 D_2^5}{f_2 l_2 D_1^5}}\right)}$,　$Q_2 = \dfrac{Q}{\left(1 + \sqrt{\dfrac{f_2 l_2 D_1^5}{f_1 l_1 D_2^5}}\right)}$

(2)　$Q_1 = 0.228$ m³/s,　$Q_2 = 0.072$ m³/s

(3)　0.5

5-2-B2　(1)　$H = \dfrac{8fl}{\pi^2 g D^5}Q_1^2$

(2)　$H_B - H = \dfrac{8fl}{\pi^2 g D^5}Q_2^2$

(3)　$H_C - H = \dfrac{8fl}{\pi^2 g D^5}Q_3^2$

(4)　$Q_1 = Q_2 + Q_3$

(5)　$Q_3 = \sqrt{\dfrac{H_C - H_B}{K_1} + Q_2^2}$

(6)　$Q_1 = 0.207$ m³/s,　$Q_2 = 0.049$ m³/s,
　　　$Q_3 = 0.158$ m³/s

5-2-B3　$Q_1 = 2.255$ m³/s (A→B),
　　　　　$Q_2 = 0.745$ m³/s (A→C),
　　　　　$Q_3 = 1.745$ m³/s (C→B)

5-3-A1　① ポテンシャル　② 運動　③ 水車
　　　　　④ 発電機　⑤ 水力発電　⑥ 機械的
　　　　　⑦ 揚水　⑧ ポンプ

5-3-B1　(1)　略

(2)　$H_P = H + \left(\dfrac{8f_1 l_1}{\pi^2 g D_1^5} + \dfrac{8f_2 l_2}{\pi^2 g D_2^5}\right)Q^2$

(3)　39.9 kW

5-3-B2　(1)　略

(2)　750 kW

6 章

●予習

6-1

1. (1)　A　0.796 m/s,　B　3.18 m/s
   (2)　5.31×10^4 N/m²　(3)　5.42 m

2. $x = 1$ のとき，$y = 2$

6-2

1. 略　2. 略

6-3

1. 24.7 N

2. 図は略，$h = \left(\dfrac{q^2}{g}\right)^{\frac{1}{3}}$

問題解答　　279

演習問題

6-1-A1 限界水深 0.612 m

最小の比エネルギー 0.918 m

6-1-A2 図略

比エネルギーが 1.5 m のときの交代水深を求めると，それぞれ，1.38 m と 0.47 m となる

6-1-A3 0.639 m³/s

6-1-B1 $Q = B\sqrt{\dfrac{2gh_1^2 h_2^2}{h_1 + h_2}}$

6-1-B2 ⑴ 略

⑵ 略

6-2-A1 略

6-2-A2 ⑴ $h_c = 0.368 \, \text{m} > h$ より，射流

⑵ $F_r = 2.5 > 1$ より，射流

6-2-A3 流速 4.54 m/s

流量 95.3 m³/s

6-2-A4 略

6-2-B1 $F_r = \dfrac{U}{C} = \dfrac{Q}{h^2 \tan\theta}\sqrt{\dfrac{2}{gh}} = \sqrt{\dfrac{2Q^2}{gh^5 \tan^2\theta}}$

6-2-B2 限界水深 0.499 m 隆起部の高さ 0.495 m

6-3-A1 263 kN

6-3-A2 水深 h_2 0.473 m 損失水頭 $\Delta E = 1.57$ m

6-3-A3 3.88 m²/s

6-3-B1 $\tau_0 = \dfrac{B}{(h_1 + h_2 + B)L}\left\{\left(\dfrac{\rho q^2}{h_1} + \dfrac{\rho g h_1^2}{2}\right)\right.$

$\left. - \left(\dfrac{\rho q^2}{h_2} + \dfrac{\rho g h_2^2}{2}\right) + \rho g\dfrac{h_1 + h_2}{2}L\sin\theta\right\}$

6-3-B2 段落ち部の高さ 2.21 m

損失水頭 2.44 m

7 章

●予習

7-1

1. $R = \dfrac{h}{1 + 2\dfrac{h}{B}} ≒ h$

2. $h_0 = \left(\dfrac{nQ}{BI_e^{\frac{1}{2}}}\right)^{\frac{3}{5}}$

7-2

1. $\dfrac{dz}{dx}$：河床勾配，$\dfrac{dz}{dx} + \dfrac{dh}{dx}$：水面勾配，

$\dfrac{dz}{dx} + \dfrac{dh}{dx} + \dfrac{d}{dx}\left(\dfrac{U^2}{2g}\right)$：エネルギー勾配

2. $I_c = \dfrac{n^2 g^{\frac{10}{9}}}{q^{\frac{2}{9}}}$

7-3

1. $\dfrac{\partial A}{\partial t} + \dfrac{\partial Q}{\partial x} = 0$

2. 略

演習問題

7-1-A1 2.20 m

7-1-A2 $Q = A\dfrac{1}{n}R^{\frac{2}{3}}I^{\frac{1}{2}}$

$= 4.69 \times \dfrac{1}{0.015} \times 0.85^{\frac{2}{3}} \times \left(\dfrac{1}{500}\right)^{\frac{1}{2}}$

$= 12.6 \, \text{m}^3/\text{s}$

7-1-B1 $Q = Q_1 + Q_2 = 5313 + 353 = 5666 \, \text{m}^3/\text{s}$

7-1-B2 $I = \left(\dfrac{nQ}{AR^{\frac{2}{3}}}\right)^2 = \left(\dfrac{0.022 \times 8}{2.35 \times 0.59^{\frac{2}{3}}}\right)^2$

$= 0.0113 = \dfrac{1}{88}$

7-1-B3 水深 8.38 m 水面幅 19.4 m

7-2-A1 ⑴ 0.61 m

⑵ 等流水深 h_{01} 1.25 m，h_{02} 0.45 m

フルード数 F_{r1} 0.34，F_{r2} 1.58

⑶ 略

7-2-A2 ⑴ h_{01} 0.559 m h_{02} 1.19 m h_c 0.972 m

⑵ 略

7-2-B1 断面 B 5.003 m，断面 C 5.250 m，

断面 D 5.917 m

7-2-B2 断面 B 4.835 m，断面 C 4.927 m，

断面 D 5.599 m

7-3-A1 1 分間に 0.1 m 上昇した

7-3-A2 1.482 m/s

7-3-B1 略

7-3-B2 4：3

8 章

●予習

8-1 略

8-2 略

演習問題

8-1-A1 略

8-1-A2 略

8-1-B1 略

8-1-B2 略

8-2-A1 略

8-2-B1 略

8-2-B2 略

9 章

●予習

9-1

1. ⑴〜⑶ sin 関数は奇関数，cos 関数は偶関数，

280 問題解答

tan 関数は奇関数

(4) (5) (6) 略

9 -2

1. (1) $(\sin \theta)' = \cos \theta$ (2) $(\cos \theta)' = -\sin \theta$

(3) $(e^{\theta})' = e^{\theta}$ (4) $(e^{-2\theta})' = -2e^{-2\theta}$

(5) $(\sinh \theta)' = \cosh \theta$ (6) $(\cosh \theta)' = \sinh \theta$

9 -3

1. 14.0 m/s

演習問題

9 -1-A1   (1) 波高 1.0, 周期 15, 波長 100

(2) 波高 0.1, 周期 1.0, 波長 2.0

(3) 波高 1.0, 周期 15, 波長 100

(4) 波高 0.05, 周期 2.0, 波長 4.0

9 -1-A2   波数 0.25 m^{-1}, 周波数 0.25 Hz,
角周波数 1.57 rad/s

9 -1-A3   相対水深 1.67   相対波高 0.1
波形勾配 0.167   深水波

9 -1-B1   (a) 波高 0.8 m, 波長 13 m,
波数 0.48 m^{-1}
空間波形であるため, 時間情報である
周期 T, 周波数 f は求められない

(b) 波高 0.16 m, 周期 1.33 s,
周波数 0.75 Hz
時間波形であるため, 空間情報である
波長 L, 波数 k は求められない

9 -1-B2   浅水波, 波速 5.0 m/s

9 -1-B3   ① 周期(または波長) ② 規則波

③ 不規則波 ④ 相対水深

⑤ 極浅水波(または長波) ⑥ 波形勾配

⑦ 相対波高 ⑧ 微小 ⑨ 有限

9 -2-A1   波長 39 m   波速 7.8 m/s

9 -2-A2   水面 0.13 m/s
水底 0.032 m/s

9 -2-A3   水面 0.13 m/s
水底 0.00 m/s

9 -2-B1   1.56 m

9 -2-B2   905 s(約 15 分)

9 -2-B3   略

9 -3-A1   ① 波高 ② 平均

③ N/m(または, N·m/m^2)

④ 群速度 ⑤ $E \cdot c_g$

9 -3-A2   位置エネルギー 0.55 N/m
運動エネルギー 0.55 N/m
全エネルギー 1.1 N/m

9 -3-A3   0.39 m/s

9 -3-B1   2603 W/(m·s)

9 -3-B2   19.4 m

9 -3-B3   略

10 章

● 予習

10 -1

1. 略   2. 略   3. 略

10 -2

1. 略   2. 略   3. 990 Pa

10 -3

1. 略   2. 略

演習問題

10 -1-A1   3.87 m^3/s

10 -1-B1   4.60 m^3/s

10 -1-B2   4 倍

10 -2-A1   62.9 cm/s

10 -2-B1   略

10 -2-B2   38.02 kPa

10 -3-A1 $\sqrt{\dfrac{1}{2000}}$

10 -3-B1   0.34 倍

10 -3-B2   2828.4 m^3/s

問題解答   281

索引

記号

▽(自由水面) ————————————14

Σ ————————————————26

A-Z

cos ————————————————232

JIS ————————————————255

log と ln ————————————110

rpm ————————————————49

SI ————————————————12

sin ————————————————232

tan ————————————————232

あ

圧縮応力(compressive stress) ————16

圧縮性(compressibility) ————17,52

圧縮性流体(compressible fluid) ————53

圧力 ————————————————13

圧力エネルギー ————————70,71

圧力水頭(pressure head) ————27,71

圧力抵抗(pressure drag) ————214,220

圧力方程式(Bernoulli's equation for potential
　flow) ————————————————228

アルキメデスの原理 ————————40

安定 ————————————————41

位相関数 ————————————233

位相差 ————————————233

位置エネルギー(potential energy) ——69,246

位置水頭(elevation head) ————71

入口損失 ————————————126

渦(vortex) ————————92,222

渦度(vorticity) ————————91

渦なし流れ(irrotational flow) ————91

運動エネルギー(kinetic energy) ——69,246

運動方程式 ————————12,239

運動量(momentum) ————————80

運動量補正係数 ————————111

運動量保存則(law of conservation of momentum)

————————————————80

エネルギー勾配 ————————111

エネルギー式 ————————137

エネルギー線(energy line) ————72

エネルギー損失 ————————111

エネルギー伝達率 ————————248

エネルギー補正係数(kinetic energy correction
　factor) ————————————72,111

エネルギー保存則(energy conservation law) ——69

エネルギー輸送速度 ————————248

遠心加速度 ————————————48

鉛直水路断面 ————————154

オイラー的観測 ————————60

オイラーの運動方程式(Eulerian equations of
　motion) ————————————72

オイラーのつり合いの方程式 ————46

応力(stress) ————————————16

オーダーエスティメーション(order estimation) —143

沖波 ————————————————242

か

開水路(open channel) ————56

開水路の流れ ————————154

回転数 ————————————45,49

回転速度 ————————————49

角周波数(角振動数) ————————233

角速度 ————————————45

河床勾配 ————————————193

仮想質量(virtual mass) ————228

加速度 ————————————12,53

加速度勾配 ————————————194

ガルデル(Gardel)の式 ————130

カルマン(Kármán)定数 ————104

カルマンの渦列 ————————222

緩勾配水路 ————————————196

慣性の法則(law of inertia) ————80

慣性力 ————————————45

完全粗面 ————————————108

完全ナップ ————————————254

完全流体(perfect fluid) ————53,72,81

完全流体の運動方程式 ————72

管網 ————————————142,145

管網解析 ————————————145

管路(pipeline) ————————56

規則波(regular waves) ————234

きっ水(喫水) ————————————40

基本量 ————————————12

キャビテーション(cavitation) ————138

急拡損失 ————————————123,124

急勾配水路 ————————————196

急縮損失	125
急変流	155
共役水深(conjugate depth)	174
境界層(boundary layer)	215,218
凝集力(cohesion)	19
極座標(polar coordinates)	90
極浅水波(very shallow water waves)	235,243
空洞現象	138
偶力	41
組立単位	12
クライツ－セドンの法則(Kleitz-Seddon's law)	208
グリーン(Green)の法則	251
群速度(group velocity)	248
形状損失	123,134
形状抵抗(form drag)	214
傾心	41
径深(hydraulic radius)	56
傾心高	41
ゲージ圧	24
ゲート	258
限界状態(critical condition)	85
限界水深(critical depth)	85,157
限界流(critical flow)	85,163
限界流速	163
限界レイノルズ数	99
検査領域(control volume)	81
工学単位系	12
高限界レイノルズ数	100
洪水流	207
交代水深(alternative depth)	158
広頂堰	254,257
効率	150
後流	211
合流管	143,144
抗力(drag force)	213
抗力係数(coefficient of drag)	220
コーシー－リーマンの関係式(Cauchy-Riemann relations)	93
国際単位系(SI)	12
コック	129
弧度法	233
コリオリ係数	111
混合距離	103
コントロールヴォリューム(control volume)	81

■ さ

差圧計	29
サイフォン(siphon)	137
差動マノメータ	29
三角堰	254
シェジー係数	118
シェジー(Chézy)の式	118,185
シェジーの式による抵抗評価	194
シェジーの流速係数	185
四角堰	254
四角堰の流量公式	255
次元	12,268
次元解析(dimensional analysis)	215,268
次元式	12
仕事率	149
質量	12
質量保存則(mass conservation law)	12,63,64
質量力	46
支配断面(control section)	167
射流(supercritical flow)	164
射流水深(super-critical depth)	85
周期	45,233
重心	31
自由水面	14,27,56
収束計算	188
周波数	233
自由流出	258
重量(weight)	12,13,14
重力(gravity)	14
重力加速度	14
重力単位系	12
重力波	233
縮流	125
縮流管(nozzle)	83
循環(circulation)	224
潤辺(wetted perimeter)	56
常流(subcritical flow)	164
常流水深(sub-critical depth)	85
深海波(deep water waves)	235
深水波	235,242
水圧	14
水圧機	30
吸込み(sink)	95
水頭(head)	27,70
水面勾配	194
水理学的滑面	107

水理学的に有利な断面 —————190	粗度 —————117
水理特性曲線 —————189	粗度係数 —————185
水力発電 —————149	粗度要素 —————106
水路断面 —————154	損失水頭 —————111
スカラー量(scalar quantity) —————91	
図心 —————31	■ た………………………………
ストークスの抵抗法則(Stokes' law of resistance)	大気圧 —————24
—————221	体積力 —————46
スルースゲート —————172	ダブレット(doublet) —————95
静圧管 —————265	ダランベールのパラドックス(d'Alembert's
正弦関数 —————232	paradox) —————215
静水圧 (hydrostatic pressure) —————14,24	ダルシー－ワイズバッハ(Darcy-Weisbach)の式 —114
正接関数 —————232	単位(unit) —————12
堰上げ背水曲線 —————197	単位重量 —————16
接触角(angle of contact) —————20	単位体積重量 (unit weight) —————16
絶対圧 —————24	単一管路 —————135
節点 —————145	単位幅流量 —————157
遷移領域 —————106	段波 —————178
浅海波 (shallow water waves) —————235	断面一次モーメント —————33
漸拡損失 —————127	断面二次モーメント —————33
漸縮損失 —————127	断面平均流速 —————53
全水圧 (total pressure) —————14,25	力 —————12,13
全水頭(total head) —————71	力のつり合い —————26
浅水波 —————235	力のモーメント —————33
せん断応力 (shear stress) —————16,18	逐次近似法 —————144
せん断力 (shearing force) —————18	中立 —————41
全微分(total differential) —————90	跳水(hydraulic jump) —————167,176
全幅堰 —————254	長波 (long waves) —————87,235,243
全幅堰の流量公式 —————255	長方形堰 —————256
漸変流 —————155	直角三角堰の流量公式 —————254
全揚程 —————150	低下背水曲線 —————197
総圧管 —————265	低限界レイノルズ数 —————100
相似則 —————271	抵抗則 —————114
相対水深 (relative depth) —————235	定常流(steady flow) —————55,155
相対粗度 —————115	出口損失 —————123,125
相対的に静止 —————46	テンターゲート —————34
相対波高 —————235	伝播速度(propagation velocity) —————87
相当粗度 —————117	動圧 —————216
層流(laminar flow) —————18,55	等圧面 —————46
層流境界層(laminar boundary layer) —————218	等角写像(conformal mapping) —————93
粗滑遷移領域 —————107	等価砂粗度 —————117
速度 —————52,53	動水勾配 —————112
速度欠損則 —————108	動水勾配線(hydraulic gradient line) —————72
速度勾配 —————18	動粘性係数(coefficient of kinematic viscosity)
速度水頭(velocity head) —————71	—————18,99
速度ポテンシャル(velocity potential) —————91,240	等ポテンシャル線(equipotential line) —————91

等流(uniform flow) ——————55,155

等流水深 ——————186

動力 ——————148

トリチェリの定理(Torricelli theorem) ——————75

トルク ——————33

■ な

流れ関数(stream function) ——————92

流れの可視化(flow visualization) ——————52,59

流れの遷移 ——————175

ナップ ——————254

ナビエ－ストークス方程式 ——————72

二重吹出し(doublet) ——————95

にぶい物体(bluff body) ——————221

ニュートン ——————13

ニュートン－ラフソン法(Newton-Raphson
method) ——————86

ニュートンの運動第1法則(Newton's first law) ——80

ニュートンの運動第2法則(Newton's second law)
——————12,13,51,72

ニュートンの粘性法則(Newton's law of
viscosity) ——————18

ねじりモーメント ——————33

粘性(viscosity) ——————18,52

粘性係数(coefficient of viscosity) ——————18,53

粘性底層 ——————105

粘性流体(viscous fluid) ——————53,97

ノズル(nozzle) ——————83

ノンスリップ条件(no-slip condition) ——————217

■ は

ハーゲン－ポアズイユ(Hagen-Poiseuille)の法則 —102

パーシャルフリューム ——————262

ハーディー－クロス法 ——————145

ハイエトグラフ ——————205

ハイドログラフ ——————205

刃型堰 ——————254

剥離点(separation) ——————222

波形勾配 ——————235

波高 ——————233

波数 ——————233

パスカルの原理 ——————30

波速 ——————233

波長 ——————233

バッキンガムのΠ定理 ——————215,269

バッファー域 ——————105

速さ ——————52

バルブ ——————129

非圧縮性流体(incompressible fluid) ——————17,53

ピエゾ水頭 ——————71,136

比エネルギー(specific energy) ——————156

比エネルギー図(specific energy diagram) ——————157

非回転流れ(irrotational flow) ——————91

微小振幅波 ——————235

微小振幅波理論(small amplitude wave theory) —239

引張応力(tensile stress) ——————16

非定常流(unsteady flow) ——————55,155

非定常流の連続式 ——————205

ピトー管(Pitot tube) ——————76,264

非粘性流体(inviscid fluid) ——————53

標準気圧 ——————16

標準逐次計算法 ——————200

表面張力(surface tension) ——————20

表面張力波 ——————233

表面抵抗(friction drag) ——————213

表面力 ——————46

比力(specific force) ——————84,174

比力図(specific force diagram) ——————174

負圧 ——————137

不安定 ——————41

付加質量(added mass) ——————228

不規則波(random waves または irregular waves)
——————234

吹出し(source) ——————95

復原力 ——————41

復元力 ——————233

複素関数(complex function) ——————90

複素速度ポテンシャル(complex velocity
potential) ——————93

ブシネスク係数 ——————111

浮子法 ——————265

浮心 ——————39

付着ナップ ——————254

不等流(non-uniform flow) ——————55,155

浮揚面 ——————40

プライス式流速計 ——————266

ブラシウス(Blasius)の実験式 ——————115

フラックス ——————250

プラントル－カルマン(Prandtl-Kármán)の対数分
布則 ——————104

浮力 ——————34,39

フルード数(Froude number) ——————163

索引 285

フルード相似則 ————————————272
フローネット(flow net) ——————————92
フローネット解析(flow net analysis) ——————92
プロペラ式流速計 ————————————266
分岐管 ————————————————143
分散関係式(dispersion relation) ——————241
噴流(jet) ———————————————82
平均流速 ———————————————53
平均流速公式 ———————————117,184
並列管 ————————————————142
ヘーゼン-ウィリアムス(Hazen-Williams)の式 ——119
ベクトル量(vector quantity) ———————91
ベスの定理 ———————————————160
ベランジェ-ベスの定理(Béranger-Böss theorem)
—————————————————160
ベランジェの定理 ———————————160
ベルヌーイの式(Bernoulli equation) ————70
ベルヌーイの定理(Bernoulli theorem) ————70
ベンチュリーフリューム ——————————261
ベンチュリーメータ(Venturi meter) ———76,260
法線応力 ————————————————16
ポテンシャル流れ(potential flow) —————91
ボルダ(Borda)の式 ————————————124
ポンプ ————————————————149

■ ま ————————————————————

摩擦応力 ————————————————18
摩擦勾配 ————————————————194
摩擦速度 ————————————————104,113
摩擦損失 ————————————————134
摩擦損失係数 ———————————————113
摩擦損失勾配 ———————————————194
摩擦抵抗(friction drag) ————————213
摩擦力(friction force) —————————18
マニング-ストリックラー(Manning-Strickler)の
式 ————————————————120
マニング(Manning)の式 ——————118,185
マニングの式による抵抗評価 ——————194
マニングの粗度係数 ———————118,185
マノメータ ———————————————27
水の圧縮率(modulus of compressibility) ———17
水の密度 ————————————————16
密度(density) ———————————12,13
ムーディー線図 ——————————————116
メタセンタ ———————————————41
毛管現象(capillarity) —————————20

毛管高(capillary height) —————————20
モーメント ———————————————33
もぐり流出 ———————————————258
模型実験 ————————————————271

■ や ————————————————————

有限振幅波 ———————————————235
有限振幅波理論(finite amplitude wave theory) —239
有効落差 ————————————————150
揚水式発電 ———————————————149,150
揚程 —————————————————150
揚力(lift force) ————————————213,224
揚力係数(coefficient of lift) ———————225
余弦関数 ————————————————232
よどみ点 ————————————————216

■ ら ————————————————————

ラグランジュ的観測 ————————————60
ラジアルゲート ——————————————34
ラジアン(radian) ————————————233
ラプラスの方程式(Laplace's equation) ————90
乱流(turbulent flow) ——————————18,55
乱流拡散 ————————————————102
乱流境界層(turbulent boundary layer) ————220
力学的エネルギー —————————————246
理想流体(ideal fluid) ——————————53
流管(stream tube) ———————————59
流水断面積(cross sectional area) ————56
流積 —————————————————56
流跡線(path line) ————————————58
流線(stream line) ———————————57
流線形(streamlined body) ————————221
流速(velocity) ——————————————53
流束 —————————————————250
流速係数(coefficient of velocity) ————75,113
流体抵抗係数 ———————————————113
流体力 ————————————————212
流脈線(streak line) ———————————59
流量(discharge) ————————————54
流量係数 ————————————————255
流量公式 ————————————————254
流量図(discharge diagram) ————————159
レイノルズ応力 ——————————————103
レイノルズ数 ———————————————99
レイノルズの相似則 ————————————271
レイリーの方法 ——————————————268

286　索引

連続式（continuity equation）———————64,239

連続の条件 ——————————————49

ローリングゲート ————————————34

■ わ……………………………………………………………

湧出し（source）——————————————95

索引　287

●本書の関連データがwebサイトからダウンロードできます。

https://www.jikkyo.co.jp で

「水理学」を検索してください。

提供データ：web に Link，問題の解答

■監修

PEL 編集委員会

■執筆

泉山寛明 元国立研究開発法人土木研究所研究員
（現国土交通省国土技術政策総合研究所
研究官）(8 章)

宇野宏司 神戸市立工業高等専門学校教授(2 章)

岡田将治 国立高等専門学校機構
高知工業高等専門学校教授(10 章)

長田健吾 国立高等専門学校機構
阿南工業高等専門学校准教授(7 章)

加藤 茂 国立大学法人豊橋技術科学大学教授
(9 章)

■編著 （主担当章）

神田佳一 国立高等専門学校機構
明石工業高等専門学校教授(3 章)

中村文則 国立大学法人長岡技術科学大学准教授(3 章)

八田茂実 国立高等専門学校機構
苫小牧工業高等専門学校教授(6 章)

東野 誠 国立高等専門学校機構
大分工業高等専門学校准教授(1 章)

三輪 浩 国立大学法人鳥取大学教授(4 章)

和田 清 国立高等専門学校機構
都城工業高等専門学校校長(5 章)

●表紙デザイン・本文基本デザイン──エッジ・デザイン・オフィス
●DTP 制作──株式会社ディー・クラフト・セイコウ

Professional Engineer Library

水理学

2016 年 10 月 10 日　初版第 1 刷発行
2024 年 4 月 1 日　　第 6 刷発行

●執筆者　神田佳一　ほか10 名(別記)
●発行者　小田良次
●印刷所　壮光舎印刷株式会社

●発行所　実教出版株式会社

〒102-8377
東京都千代田区五番町 5 番地
電話［営　業］(03)3238-7765
　　　［企画開発］(03)3238-7751
　　　［総　務］(03)3238-7700
https://www.jikkyo.co.jp

無断複写・転載を禁ず

© K.Kanda 2016

ISBN978-4-407-33788-4　C3051

Printed in Japan